China's Ecological Civilization

Great Thoughts Guide Great Endeavors

中国生态文明建设

伟大思想指引伟大实践

马建堂 主编

中国发展出版社
CHINA DEVELOPMENT PRESS

图书在版编目（CIP）数据

中国生态文明建设：伟大思想指引伟大实践/马建堂主编. —北京：中国发展出版社，2022.10
ISBN 978-7-5177-1314-2

Ⅰ.①中… Ⅱ.①马… Ⅲ.①生态环境建设—研究—中国 Ⅳ.①X321.2

中国版本图书馆CIP数据核字（2022）第154500号

书　　　名：中国生态文明建设：伟大思想指引伟大实践
主　　　编：马建堂
责 任 编 辑：郭心蕊
出 版 发 行：中国发展出版社
联 系 地 址：北京经济技术开发区荣华中路22号亦城财富中心1号楼8层（100176）
标 准 书 号：ISBN 978-7-5177-1314-2
经 销 者：各地新华书店
印 刷 者：河北鑫兆源印刷有限公司
开　　　本：710mm×1000mm　1/16
印　　　张：25.75
字　　　数：308千字
版　　　次：2022年10月第1版
印　　　次：2022年10月第1次印刷
定　　　价：98.00元

联 系 电 话：（010）68990630　82097226
购 书 热 线：（010）68990682　68990686
网 络 订 购：http://zgfzcbs.tmall.com
网 购 电 话：（010）88333349　68990639
本 社 网 址：http://www.develpress.com
电 子 邮 件：174912863@qq.com

习近平生态文明思想指引我们
奋进在建设美丽中国的伟大征程上

马建堂

生态文明建设是关乎中华民族永续发展的根本大计。习近平生态文明思想是习近平新时代中国特色社会主义思想的重要组成部分，是建设美丽中国的方向指引和根本遵循。党的十八大以来，在习近平生态文明思想指引下，我国生态文明建设开展系列重大实践，取得世界瞩目、人民满意的巨大成就，美丽中国建设迈出重大步伐，习近平生态文明思想也在实践中不断丰富和发展。我们要学深悟透习近平生态文明思想，切实用习近平生态文明思想指导决策咨询研究工作，不断增强为中央决策服务的本领和能力。

一、习近平生态文明思想博大精深，彰显理论伟力

党的十八大以来，习近平总书记传承中华民族传统文化、顺应时代潮流和人民意愿，站在坚持和发展中国特色社会主义、实现中华民族伟大复兴中国梦的战略高度，深刻回答了为什么建设生态文明、建

设什么样的生态文明、怎样建设生态文明等重大理论和实践问题，形成了习近平生态文明思想。习近平总书记强调，新时代推进生态文明建设，必须坚持党对生态文明建设的全面领导、生态兴则文明兴、人与自然和谐共生、绿水青山就是金山银山、良好生态环境是最普惠的民生福祉、绿色发展是发展观的深刻革命、山水林田湖草是生命共同体、用最严格制度最严密法治保护生态环境、建设美丽中国全民行动、共谋全球生态文明建设的原则。习近平生态文明思想博大精深，具有重大的理论价值和实践价值。

（一）着重把握习近平生态文明思想的精髓要义

一是生态文明建设是国之大者。生态环境是关系党的使命宗旨的重大政治问题，也是关系民生的重大社会问题。习近平总书记强调，"在'五位一体'总体布局中，生态文明建设是其中一位；在新时代坚持和发展中国特色社会主义的基本方略中，坚持人与自然和谐共生是其中一条；在新发展理念中，绿色是其中一项；在三大攻坚战中，污染防治是其中一战；在到本世纪中叶建成社会主义现代化强国目标中，美丽中国是其中一个"①。以习近平同志为核心的党中央，将生态文明视为国之大者，明确生态文明建设在党和国家事业发展全局中的重要地位。

二是民有所呼，我有所应。环境就是民生，青山就是美丽，蓝天也是幸福。习近平总书记指出，"对人的生存来说，金山银山固然重要，但绿水青山是人民幸福生活的重要内容，是金钱不能代替的"②。

---

① 习近平：《努力建设人与自然和谐共生的现代化》，《求是》2022年第11期。
② 《十三、建设美丽中国（习近平新时代中国特色社会主义思想学习纲要（14））》，《人民日报》2019年8月8日第6版。

良好生态环境是最普惠的民生福祉，要重点解决损害群众健康的突出环境问题，提供更多优质生态产品以满足人民日益增长的优美生态环境需要，让老百姓呼吸上新鲜的空气、喝上干净的水、吃上放心的食物、生活在宜居的环境中，切实感受到经济发展带来的实实在在的环境效益，这生动体现了习近平总书记一以贯之为人民做实事的不变信念。

三是绿水青山就是金山银山。绿水青山既是自然财富、生态财富，又是社会财富、经济财富。绿水青山和金山银山决不是对立的，关键在人，关键在思路。让绿水青山充分发挥经济社会效益，关键是要深入贯彻新发展理念，坚持生态优先，因地制宜选择好发展产业，源源不断创造经济社会生态的综合效益。绿水青山就是金山银山，揭示了保护生态环境就是保护生产力、改善生态环境就是发展生产力的道理，指明了发展和保护协同共生的新路径，把我们党对经济发展和环境保护辩证规律的认识提升到新高度。

四是让制度真正成为硬约束。习近平总书记指出，"要像保护眼睛一样保护生态环境，像对待生命一样对待生态环境"[①]。只有实行最严格的制度、最严密的法治，才能为生态文明建设提供可靠保障。生态文明制度建设要加快制度创新，增加制度供给，完善制度配套，强化制度执行。制度的刚性和权威必须牢固树立起来，要严格用制度管权治吏，有权必有责、有责必担当、失责必追究，让制度成为"长牙齿的老虎"，成为不可触碰的高压线，这体现了中国共产党人先进的制度思维。

五是抓生态文明建设离不开伟大精神。习近平总书记对"牢记使

---

① 习近平：《推动我国生态文明建设迈上新台阶》，《求是》2019年第3期。

命、艰苦创业、绿色发展的塞罕坝精神"作出批示，强调"抓生态文明建设，既要靠物质，也要靠精神"①。塞罕坝精神是中国共产党精神谱系的重要组成部分。在生态文明建设过程中，涌现出一大批类似塞罕坝精神的生动案例。例如，延安人民发扬"延安精神"，开展退耕还林，创造了陕北高原从黄土满坡到秀美山川的绿色奇迹。修复风沙成患、山川贫瘠的不毛之地，在恶劣的自然条件中求生存、谋发展，体现了中国人民"为有牺牲多壮志，敢教日月换新天"的奋斗和拼搏精神，这是久久为功推进美丽中国建设的不竭动力。

六是共同构建地球生命共同体。生态环境是人类生存和发展的根基，建设生态文明关乎人类未来。应对全球气候变化挑战，任何一个国家都无法置身事外、独善其身。国际社会应携手同行，秉持人与自然生命共同体理念，构建经济与环境协同共进的清洁美丽世界。中国坚持绿色发展，把应对气候变化摆在国家治理突出位置，实施积极应对气候变化国家战略，推进碳达峰碳中和。推动共建公平合理、合作共赢的全球气候治理体系，加强绿色国际合作，为全球可持续发展提供原创性的中国智慧和中国方案。

（二）深刻理解习近平生态文明思想的重大价值

一是习近平生态文明思想开辟了马克思主义人与自然关系思想的理论新境界。中国共产党是马克思主义政党。中国共产党为什么能，中国特色社会主义为什么好，归根到底是因为马克思主义行。习近平总书记指出，"学习马克思，就要学习和实践马克思主义关于人与自然关系的思想。马克思、恩格斯认为，'人靠自然界生活'，人类在

---

① 《抓生态文明建设，既要靠物质，也要靠精神》，求是网，2021年8月27日，http://www.qstheory.cn/laigao/ycjx/2021-08/27/c_1127800223.htm。

同自然的互动中生产、生活、发展，人类善待自然，自然也会馈赠人类，但'如果说人靠科学和创造性天才征服了自然力，那么自然力也对人进行报复'"①。习近平生态文明思想传承马克思主义人与自然关系理论，提出生态兴则文明兴、人与自然和谐共生、绿水青山就是金山银山等理念和原则，极大地拓展了马克思主义人与自然关系思想的理论内容，开辟了马克思主义自然观的新境界，为实现人与自然和谐共生的现代化提供理论指引。

二是习近平生态文明思想拓展了中国特色社会主义理论内涵。党在领导中国人民建设社会主义的伟大实践中，不断深化对生态环境保护的理论思考和认识。社会主义革命和建设时期，资源节约和环境保护的基本理念初步形成。改革开放和社会主义现代化建设新时期，党中央将环境保护确立为基本国策，实施可持续发展战略和科学发展观，从"两个文明"到"三位一体""四位一体"，党对生态环境保护的认识也在深化。党的十八大以来，中国特色社会主义进入新时代，生态文明建设是新时代中国特色社会主义的一个重要特征。人民群众对清新空气、干净饮水、安全食品、优美环境的要求越来越强烈。以习近平同志为核心的党中央，把生态文明建设作为"五位一体"总体布局的重要内容，把生态文明建设提升到前所未有的战略高度，在思想、法律、体制、组织、作风等方面，开展了一系列根本性、开创性、长远性工作，形成了习近平生态文明思想。习近平生态文明思想对新时代坚持和发展中国特色社会主义、建设社会主义现代化强国，从人与自然和谐共生的维度，赋予了丰富的科学内涵，成为习近平新时代中国特色社会主义思想的重要组成部分，推动党的理论不断发展。

---

① 习近平：《推动我国生态文明建设迈上新台阶》，《求是》2019年第3期。

　　三是习近平生态文明思想提出解决生态环境外部性的新思想新理论。解决生态破坏和环境污染问题，关键是要控制外部性。在解决外部性的主体上，与西方强调依靠庇古税、科斯定理实现外部性内部化的主张不同，习近平生态文明思想强调加强党对生态文明建设的领导，要求各级党委和政府担负起生态文明建设的政治责任，让领导干部的责任担当先于理性经济人的避重就轻，领导干部成为解决环境外部性的关键主体。在解决污染制造者对受害者造成的负外部性方面，习近平生态文明思想强调让制度成为不可触碰的高压线，以高压态势严格执法，大幅提高排污企业违法成本，在短期内快速遏制违法排污行为。在解决前一代人对当代人造成的遗留外部性方面，习近平总书记指出，"我国生态环境矛盾有一个历史积累过程，不是一天变坏的，但不能在我们手里变得越来越坏，共产党人应该有这样的胸怀和意志"①，这是依靠全心全意为人民服务的宗旨，解决生态环境历史遗留问题。在避免当代人对子孙后代造成的潜在外部性方面，习近平生态文明思想提出实行领导干部生态文明建设责任制度和问责制度，对造成生态环境损害负有责任的领导干部实行终身追责，促使领导干部对生态环境问题立行立改，把生态环境问题解决在当下，不要推卸给子孙后代。

　　四是习近平生态文明思想为全球可持续发展提出中国理论主张。习近平总书记指出，"我们不能吃祖宗饭、断子孙路，用破坏性方式搞发展"②，"把一个清洁美丽的世界留给子孙后代"③。这是对可持续发展理论倡导的"既满足当代人的需要，又不对后代人满足其需要的能

---

① 习近平：《在中央财经领导小组第五次会议上的讲话》（2014年3月14日），中国共产党新闻网。
② 出自2017年1月18日习近平在联合国日内瓦总部的演讲。
③ 出自2021年4月22日习近平在领导人气候峰会上的讲话。

力构成危害"的思想所作出的中国表达。"国际社会要加强合作，心往一处想、劲往一处使，共建地球生命共同体"①，这是中国对构建全球环境治理体系作出的突出理论贡献，为各国合力保护人类共同的地球家园提供了重要理论支撑。

二、习近平生态文明思想指引生态文明建设，展现实践伟力

党的十八大以来，在习近平生态文明思想指引下，我国生态文明体制改革不断深化，打好污染防治攻坚战取得阶段性成果，碳达峰碳中和工作稳步开局，生态修复和保育渐显成效，生态文明建设全面推进。

一是实施生态文明体制改革。一方面，生态文明制度体系加快完善。党的十八大以来，在《中共中央关于全面深化改革若干重大问题的决定》中，明确提出紧紧围绕建设美丽中国深化生态文明体制改革，其后中央相继出台《关于加快推进生态文明建设的意见》和《生态文明体制改革总体方案》，并制定了数十项生态文明专项改革方案；建立了生态文明建设目标评价考核、中央生态环境保护督察等重大制度；修订实施《中华人民共和国环境保护法》，制定实施《中华人民共和国环境保护税法》等重要法律。另一方面，生态文明机构改革顺利实施。重新组建自然资源部、生态环境部等机构，实施生态环境保护综合执法。福建、江西、贵州和海南积极推进国家生态文明试验区建设，开展生态文明制度重大示范。

---

① 出自2021年10月12日习近平在《生物多样性公约》第十五次缔约方大会领导人峰会上的讲话。

二是打好污染防治攻坚战。习近平生态文明思想指引我们集中力量攻克老百姓身边的突出生态环境问题。2013—2021年，中央接续对打好污染防治攻坚战作出全面决策部署，相继出台大气、水、土壤污染防治行动计划。打好蓝天保卫战，多措并举治理重污染天气、臭氧污染、柴油货车污染等，深入推进京津冀及周边等区域的大气污染联防联控。打好碧水保卫战，实施城市黑臭水体治理、保护和修复长江黄河、治理海洋污染、改善饮用水质量等行动举措。打好净土保卫战，实施土壤污染监测和调查，掌握土壤污染底数；推进土壤污染防治和修复，提升污染地块安全利用率；实施生活垃圾分类，建设无废城市，全面禁止洋垃圾进口。

三是稳步推进碳达峰碳中和。加快构建起碳达峰碳中和"1+N"政策体系。2021年，中央出台《关于完整准确全面贯彻新发展理念做好碳达峰碳中和工作的意见》，对碳达峰碳中和作出全面系统安排。教育、财政、科技等领域支持碳达峰碳中和的政策陆续制定。推进能源结构转型和能效提升，优先发展非化石能源，推进煤电清洁高效发展；实施能源消费强度和总量双控制度，推广节能先进技术，实施数百项国家节能标准。严格控制高耗能高排放项目盲目扩张，提高土地、环保、节能、技术、安全等方面的准入标准，依法依规淘汰落后产能。推行绿色制造，发展战略性新兴产业。推广绿色建筑，发展绿色交通。

四是实施生态修复和保育。习近平总书记指出，"要坚持保护优先、自然恢复为主，实施山水林田湖生态保护和修复工程"①。中央印发《建立国家公园体制总体方案》，对自然生态系统保护体制改革作出决策部署。实施多规合一的国土空间规划体系，划定生态保护红

---

① 《让绿水青山造福人民泽被子孙》，《人民日报》2021年6月3日第1版。

线，推进生态空间管控。已设立 5 个国家公园，稳步建立起以国家公园为主体的自然保护地体系。开展山水林田湖草一体化保护修复，在全国重点生态功能区实施试点工程。推进大规模国土绿化，全面保护天然林，扩大退耕还林还草规模。加强生物多样性保护，把 35 个生物多样性保护优先区域纳入生态保护红线，管控国家重点保护物种栖息地，实施濒危野生动植物抢救性保护。

五是积极参与全球生态环境治理。中国积极推动落实 2030 年全球可持续发展议程。坚持践行多边主义，捍卫以联合国为核心的国际体系和以国际法为基础的国际秩序，推动《巴黎协定》达成和生效。习近平主席多次在国际重要场合宣示中方如期实现"双碳"目标的决心，向国际社会传播中国生态文明故事。不断深化"一带一路"国家和地区在基建、能源、金融等领域的绿色合作，不再新建境外煤电项目。近年来，年均投资 20 多亿美元共建可再生能源项目；完善"一带一路"绿色发展国际联盟、"一带一路"绿色投资原则等多边合作平台。积极推进海洋、荒漠化、生物多样性等全球环境公约履约与合作。中国坚持共同但有区别的原则，推动全球环境治理走深走实。

三、生态文明建设取得伟大成就，厚植生态文明新形态

党的十八大以来，在习近平生态文明思想指引下，在全国人民共同努力下，我国生态文明建设取得方方面面的伟大成就。生态文明理念深入人心，生态文明制度加快完善，优质生态产品加快供给，绿色发展全面推进，全国人民自信昂扬地走在生产发展、生活富裕、生态良好的文明发展道路上。

一是生态文明理念不断深入人心。党政领导干部绿色政绩观基本树立。2021 年，国务院发展研究中心资源与环境政策研究所在全国开展的调查显示，公职人员对生态文明议题的关注度较高，也比较了解生态文明建设相关工作。绿色发展理念正实实在在地成为领导干部的行为准则。企业环境守法意识提高。2020 年，国务院发展研究中心资源与环境政策研究所针对 455 家企业开展的调查显示，大多数企业能够自觉遵守环境保护法律的相关要求，环境守法意识和绿色转型的自觉性都在增强。公众生态文明意识提高。调查发现，日常能够一直做到随手关灯、节约粮食、节约用水的受访者比重都在六成以上，公众更加自觉地参与生态文明建设。

二是生态文明制度效能明显增强。国家生态文明建设相关机构设置更加健全，工作职责进一步优化，解决了以往环境监管空白和监管交叉等问题。生态文明制度供给质量提高，形成了源头严防、过程严管、责任追究的生态文明制度体系。生态文明执法力度显著加大，依靠法治保护生态环境得到有效落实，制度的刚性约束大幅提升。国家生态文明试验区建设顺利推进，探索出一批可推广的生态文明重大制度，取得预期示范效应。地方积极贯彻落实中央生态文明决策部署，发挥首创精神，大胆探索，因地制宜开展一系列卓有成效的制度创新，增强了中央生态文明顶层设计的实施成效。

三是生态环境质量大幅改善。我国空气质量连续 7 年改善，2021 年 PM$_{2.5}$ 浓度降至 30 微克 / 立方米，比 2015 年下降 34.8%；全国地级及以上城市空气质量优良天数比例提高到 87.5%，蓝天白云美如画。全国地表水优良水质断面比例提高到 84.9%，鱼翔浅底清如许。土壤更加安全，全国受污染耕地安全利用率稳定在 90% 以上。森林覆盖率提高到 23.04%，森林蓄积量达 175.6 亿立方米，祖国大地青山常在、生机盎然。国务院发展研究中心连续 10 年开展的"中国民生调查"数据显示，公众对生态环境质量的满意度不断提高，2021 年达到了 80.5%，人民群众更有获得感。

四是绿色成为高质量发展的底色。生态环境保护的成败，归根到底取决于经济结构和经济发展方式。2013—2021 年，我国经济保持中高速增长，人均 GDP 从 6300 美元提升至 12551 美元，同期各种污染物排放强度和碳排放强度持续下降，大部分污染物排放总量达峰后开始快速下降。2012—2021 年，我国以年均 3% 的能源消费增速，支撑了平均 6.5% 的经济增长。一方面，传统工业绿色转型加快。重点行业主要污染物排放强度降低 20% 以上。落后钢铁产能加快淘汰，落后电解铝、水泥产能基本退出，燃煤机组全面完成超低排放改造。另一方面，新技术新业态蓬勃发展。战略性新兴产业发展迅速，高技术制造业占比从 2012 年的 9.4% 提升到 2020 年的 15.1%；新能源汽车累计推广量超过 550 万辆，连续多年居全球第一位。在习近平生态文明思想指引下，保护绿水青山正在源源不断地带来金山银山。例如，福建长汀经过数十年水土流失治理，既改善了生态环境，又发展了生态农业和生态旅游。

五是生态文明建设产生积极的世界影响。中国作为世界上最大的发展中国家，较早开展生态环境治理，比发达国家更早达到环境拐点。西方国家的环境拐点一般出现在人均收入 1.7 万 ~ 1.8 万美元，中国则在 0.8 万美元左右。中国积极应对气候变化，2020 年碳排放强度相比 2005 年下降 48.4%，超额完成向国际社会承诺的目标；清洁能源占能源消费比重达 24.3%，光伏、风能装机容量和发电量均居世界首位，太阳能电池组件在全球市场份额占比达 71%。中国"双碳"目标的提出，以及风电、光伏、电动汽车产品的大量出口，提振了全球绿色低碳转型的信心。中国生态文明建设的努力和成就赢得国际社会赞许，并广为传播。2016 年联合国环境署发布报告，高度认可中国生态文明理念和方案。

四、学深悟透习近平生态文明思想，不断增强为中央决策服务的本领和能力

习近平生态文明思想是在坚持和发展中国特色社会主义的伟大实践中，形成和发展起来的科学理论体系，符合中国国情，能够有效解决中国自身面临的生态环境问题，实现绿色发展。我们必须倍加珍惜这来之不易的重大理论成果，必须坚定不移地学习好、贯彻好、研究好。

一是习近平生态文明思想不断丰富和发展，要求我们跟进学。习近平总书记科学研判生态文明建设新形势、新进展，不断对生态文明建设作出新论述，接续对生态文明建设作出新部署，推动习近平生态文明思想在实践中不断完善。把碳达峰碳中和纳入生态文明建设整体布局，是习近平生态文明思想在新形势下丰富和发展的重要理论成果，标志着我国生态文明建设进入了以降碳为重点战略方向、减污降碳协同增效的关键期。同时，地方积极贯彻落实习近平生态文明思想，开展丰富而卓有成效的基层创新实践，这也是习近平生态文明思想最新理论成果的重要组成部分。

二是接续完成生态文明建设的新目标新任务，要求我们深入学。在全面建设社会主义现代化国家新征程上，广大人民群众对天蓝、地绿、水清、食品安全的新期待越来越多。我国将完成全球最高碳排放强度降幅，建成美丽中国，共建清洁美丽世界，这不是轻轻松松就能

实现的。我们要持续不断地推动经济社会发展全面绿色转型，完成降碳、减污、扩绿、协同增长等方方面面的新目标新任务。中国加快走向世界舞台中央，要为全球可持续发展提供越来越多的中国智慧和中国方案。这些目标和愿景的实现，要求我们必须坚定不移地贯彻好、落实好、研究好习近平生态文明思想。

三是满足中央越来越高的生态文明决策咨询服务需求，要求我们学以致用。国务院发展研究中心作为党领导下的国家高端智库，开展生态文明建设和绿色发展问题研究是我们的重要职责、重要使命。我们要在习近平生态文明思想指引下，牢记为人民做实事的初心使命，进一步做好生态文明领域决策咨询研究，力争为中央提供更多更有价值的意见和建议。

第一，深入调查研究，不断提高服务能力。习近平总书记多次强调，调查研究是谋事之基、成事之道，要用好调查研究这一"传家宝"，做好调查研究这一"基本功"。做好生态文明领域决策咨询研究，必须对生态文明建设的成功案例、好的做法以及紧迫问题深入研究，掌握精准情况，提炼经验规律，提出管用对策。为此，需要在"脚"上下足功夫。脚跟要稳。要把人民立场作为开展调查研究的根本立场，把满足人民群众对美好生态环境的要求作为我们调查研究的努力目标。只有这样，才能确保调查研究工作深入细致，始终坚持正确的政治方向和价值取向，才能保证美丽中国建设始终契合人民的需求。脚步要勤。研究工作不能刻舟求剑，不能闭门造车，要切实做好做足"脚底板下的文章"。我们要主动加强与地方的联系和交流，多出去跑跑、多出去看看、多出去听听，用双眼认真观察各地生态文明建设的鲜活案例，用双脚实地感知各地生态文明建设的巨大成效。脚印要深。要努力深入基层、深入群众，既要看到生态文明建设成效显著的区域，也要注意兼顾生态文明矛盾突出的地方，好的差的都要看，把情况摸实摸全摸透，这样我们的调查研究才能真正贴近生态文明建设实际，我们的决策咨询服务才能更具针对性、具有高质量。

第二，坚持问题导向，提供更多有价值建议。提升"抓问题""把关键"的能力非常重要，甚至直接决定了所提的决策建议是否有价值。怎样才能找准、找好生态文明领域的真问题？要做好"眼"的文章。眼光要远。我国仍处于并将长期处于社会主义初级阶段的基本国情没有变，我们要善于用历史的、发展的眼光来看待生态文明建设，善于从建设社会主义现代化国家、实现中华民族伟大复兴的长远视角来把握发展与环境的关系、发展与减排的关系，做好当代人与后代人、现实问题与长远发展的大文章。眼界要宽。要善于从多个角度、多个维度观察世界，注意总结借鉴发达国家生态文明建设的经验和教训，善于用百年未有之大变局的宽广镜头观照现实，从人与自然、经济发展与环境保护、气候变化与国际合作竞争的视角把准我国生态文明建设的坐标和定位。眼力要准。要善于在生态文明建设实践中发现问题，既能见人之所见，又能见人之所未见，切实关注生态文明领域中关系国计民生的大事、涉及群众切身利益的难事，不断提高处理复杂问题的本领。总之，只有坚持问题导向，找准并深入研究生态文明领域的真问题，我们提出的政策建议才可能更富有价值、利国利民。

第三，开展协同研究，切实形成工作合力。2020 年，国务院发展研究中心设立习近平生态文明思想研究室，目前已形成跨学科、多领域专家队伍，推出了一批成果，具备了一定特色，但与目标要求相比，还有不小差距，需要着力推进协同研究，以便整合资源，形成合力。从当前实际出发，迫切需要在三个方面增强合力。一要进一步加强调研工作统筹。国务院发展研究中心要与地方政府研究中心、相关部委以及研究机构等进一步深化联合调研，发挥好生态文明建设调研基地作用，共享调研资料，实现资源互用、优势互补。二要提高数据等研究资源的共享水平。要加快建立全中心统一的生态文明领域统计数据库、调查数据库、案例库，着力推进各类研究资源的共建共享。三要加强研究工作的协同推进力。充分建好用好生态文明制度与政策研究网络，加强与地方政府研究中心、高校和科研院所的协同研究，进一步提升交叉创新能力和成果产出质量。

序二

做习近平生态文明思想的
坚定信仰者、深入研究者、忠实传播者

隆国强

生态文明建设是关系中华民族永续发展的根本大计。党的十八大以来，习近平总书记站在坚持和发展中国特色社会主义、实现中华民族伟大复兴中国梦的战略高度，深刻回答了为什么建设生态文明、建设什么样的生态文明、怎样建设生态文明等重大理论和实践问题，系统形成了习近平生态文明思想。我们要坚守为中央决策服务的初心与使命，切实履行为党咨政、为国建言、为民服务的职责，认真学习和贯彻习近平新时代中国特色社会主义思想，对习近平生态文明思想的深刻内涵和丰富实践进行深入学习、系统研究和广泛传播，全心全意做习近平生态文明思想的坚定信仰者、深入研究者、忠实传播者，为走绿色低碳现代化发展道路、建设美丽中国坚守初心、担当使命、建言献策。

一、做习近平生态文明思想的坚定信仰者

习近平生态文明思想是习近平新时代中国特色社会主义思想的重要

组成部分，指导中国走人与自然和谐共生的现代化道路。习近平生态文明思想内涵丰富、博大精深，集中体现为坚持党对生态文明建设的全面领导，生态兴则文明兴、生态衰则文明衰的深邃历史观，人与自然和谐共生的人地关系观，绿水青山就是金山银山的绿色发展观，良好生态环境是最普惠的民生福祉的基本民生观，绿色发展是发展观的深刻革命的全局战略观，山水林田湖草沙是生命共同体的整体系统观，用最严格的制度保护生态环境的严密法治观，全社会共同建设美丽中国的全民行动观，共谋全球生态文明建设的国际合作观。这些基本原则和方法，是我们在马克思主义唯物辩证法指导下处理人与自然关系的认识论和方法论，体现了以人为本的价值观和共产党的为民情怀，构成了中国坚定不移地走生产发展、生活富裕、生态良好的绿色发展道路的根本遵循。

习近平生态文明思想是对马克思主义关于人与自然关系基本原理的运用、发展和创新，有着强大的理论自信。马克思主义对人与自然关系作了辩证阐释，指出人不是自然界的主宰者，而是自然界的一部分，人靠自然界生活。同时，人不是简单地适应自然，而是可以通过实践有意识地改造自然。在改造自然时，"不要过分陶醉于我们人类对自然界的胜利。对于每一次这样的胜利，自然界都对我们进行报复"①。习近平总书记坚持把马克思主义基本原理同中国具体实际相结合，针对我国人口众多、环境容量有限、生态系统脆弱的基本国情，深刻而辩证地提出，人与自然是生命共同体，人与自然是一种共生关系，对自然的伤害最终会伤及人类自身。我们必须坚持人与自然和谐共生，"要像保护眼睛一样保护生态环境，像对待生命一样对待生态环境"②。

习近平生态文明思想传承和发展了中华民族丰富的生态智慧，是

---

① 出自恩格斯《自然辩证法》。
② 习近平：《推动我国生态文明建设迈上新台阶》，《求是》2019年第3期。

马克思主义基本原理同中华优秀传统文化相结合的典范。中华民族历来讲究人与自然和谐，在五千多年的历史积淀中，形成了质朴睿智又具有历史穿透力的自然观。例如，《易经》中写道，"观乎天文，以察时变；观乎人文，以化成天下"，先人把"天文"和"人文"联系在一起，把治国理政和顺应自然联系在一起。道家经典《道德经》中写道，"人法地，地法天，天法道，道法自然"，意思是人最终受到自然规律的制约。中华传统文化中的朴素自然观，与马克思主义人与自然关系的基本原理相近相通，都强调人类活动要遵循大自然的规律。习近平生态文明思想将二者结合，提出人类必须敬畏自然、尊重自然、顺应自然、保护自然。

习近平生态文明思想植根于习近平同志在每个岗位都亲力亲为抓生态环境工作的经历，有着丰富的实践来源。在河北正定担任县委书记期间，习近平提出农业经济只有在生态系统协调的基础上，才可能获得稳定而迅速的发展。在福建工作期间，习近平强调要把生态优势、资源优势转换为经济优势和产业优势，推进"绿化福州"和"生态省建设"。在浙江工作期间，习近平首次明确提出并多次撰文阐述"绿水青山就是金山银山"的内涵和实现路径。在谋划浙江长远发展战略时，提出发挥八个方面优势、推进八个方面举措的"八八战略"，其生态文明建设举措推动了浙江绿色发展走在全国前列。习近平同志在地方工作期间一以贯之推进当地生态文明建设，这是习近平生态文明思想的重要实践来源。

习近平生态文明思想指导我国生态文明建设发生历史性转变，彰显了思想的伟力。中国共产党领导中国人民自觉保护生态环境有着较长历史，并在20世纪70年代正式开启了我国现代环境保护事业。和我国现代化事业经历过艰辛探索一样，生态文明建设也走过了曲折历程。党的十八大以来，我国加强党对生态文明建设的全面领导，把生态文明建设摆在全局工作的突出位置，将生态文明确定为我国"五位一体"现代化事业的一个重要方面，把生态文明写入党章、宪法，开展了一系列根本性、开创性、长远性工作，决心之大、力度之大、成效之大前所未有，生态文明建设从认识到实践都发生了历史性、转折性、全局性的变化。绿水青山就是金山银山的理念日益深入人心，发展和生态两条底线不断筑牢，生态环境质量大幅改善，经济社会发展全面绿色转型加快推进。习近平生态文明思想指导着中国的现代化建设实践，又在实践中不断丰富和发展，中国特色社会主义现代化事业不断迈上新台阶。

二、做习近平生态文明思想的深入研究者

习近平生态文明思想是生态文明认识论、价值观、方法论和实践论的总集成，我们要勤学苦练，做到真信、真学、真懂、真用，将学习的成效转化为认识问题、研究问题、解决问题的立场和本领。国务院发展研究中心作为党领导下的国家高端智库，不断提高政治站位，认真贯彻新发展理念，把系统学习和深入研究习近平生态文明思想作为一项政治任务，我们秉承"唯实求真、守正出新"的研究理念，全面而深入地开展习近平生态文明思想的理论研究和实践研究，设立了习近平生态文明思想研究室，不断努力提高为中央决策服务的水平。

系统研究习近平生态文明思想的深刻内涵。我们借助自身具备开展综合性政策研究、拥有跨学科跨领域专业人才的优势，认真学习习近平总书记关于生态文明建设的重大论述，运用多学科、多领域专门知识对之进行学理化、系统化阐释，深入挖掘习近平生态文明思想的深刻内涵，深入理解党中央推进生态文明建设的战略决策部署，全

面瞄准党中央对生态文明建设和美丽中国建设的决策需求，为开展生态文明政策研究苦练基本功、打好打牢基础。

特色鲜明地研究习近平生态文明思想的丰富实践。及时总结、全面贯彻落实习近平生态文明思想的经验和做法，及时发现各地推进生态文明建设普遍面临的那些迫切、棘手的重大体制机制问题，及时提出解决这些问题的对策建议，为中央加快推进生态文明建设提供决策参考，是我们开展习近平生态文明思想研究的首要特色。此外，始终保持跨部门、跨领域的中立客观研究，这也是我们的一大特色。近年来，我们围绕生态文明体制改革、绿色发展新道路、碳达峰碳中和等重大议题，开展重点学习研究和实地调研，研究基础和研究积累不断夯实。

深入研究生态文明体制改革。习近平总书记指出，"推动绿色发展，建设生态文明，重在建章立制，用最严格的制度、最严密的法治保护生态环境"[1]。我们深入研究生态文明制度体系，包括自然资源资产产权制度、国土空间开发保护制度、空间规划体系、资源总量管理和全面节约制度、资源有偿使用和生态补偿制度、环境治理体系、环境治理和生态保护市场体系、生态建设评价考核和责任追究制度等。其中，建立体现生态文明要求的经济社会发展考核评价体系、健全具有中国特色的生态文明问责体系至关重要。在习近平法治思想的指引下，我们深入研究生态文明法治体系，研究用法治思维和法治方式推进生态文明建设和生态文明体制改革，持续开展生态文明领域的相关立法、执法、司法研究。

深入研究绿色发展新道路。习近平总书记指出，"绿水青山既是自然财富，又是社会财富、经济财富"[2]。保护生态环境就是保护生产

---

[1] 出自2017年5月26日习近平在主持十八届中共中央政治局第四十一次集体学习时的讲话。
[2] 出自2020年4月20日至23日习近平总书记在陕西调研时的讲话。

力，改善生态环境就是发展生产力。这要求我们把生态文明思想、绿色发展理念融入经济社会发展政策的全过程，研究构建经济效益、生态效益共生共赢的综合政策体系。党的十八大以来，我们深入开展绿色低碳循环发展经济体系的研究，在绿色规划、绿色生产、绿色生活、绿色消费等细分领域，形成一定研究积累。在开展国家重大区域发展战略研究和评估中，例如海南自由贸易港建设、长江三角洲区域一体化发展，我们都把生态环境保护作为重点研究内容，站在"五位一体"现代化全局的高度研究生态环境保护问题，贯彻落实绿水青山就是金山银山的理念。

深入研究碳达峰碳中和。2020 年 9 月 22 日，习近平主席在第七十五届联合国大会一般性辩论上发表讲话，提出中国二氧化碳排放力争于 2030 年前达到峰值，努力争取 2060 年前实现碳中和。这是中国基于推动构建人类命运共同体的责任担当以及实现可持续发展的内在要求作出的重大战略决策，将推动广泛而深刻的经济社会系统性变革。为贯彻落实中央这一重大决策，我们在习近平生态文明思想的指导下，深入研究如何把"双碳"目标纳入生态文明建设整体布局，突出顶层设计和问题导向，围绕下述几方面开展细致而深入的研究，包括：推进能源结构调整，构建清洁低碳安全高效的能源体系；推动产业结构优化，实施重点行业领域减污降碳行动；完善绿色低碳政策和市场体系，健全法律法规和标准体系；倡导绿色低碳生活，营造绿色低碳生活新时尚；加强应对气候变化国际合作。通过深入研究，努力提出更多有针对性、可操作性的政策举措。

深入研究持续打好污染防治攻坚战。习近平总书记指出，"环境保护和治理要以解决损害群众健康突出环境问题为重点，坚持预防为主、综合治理，强化水、大气、土壤等污染防治"①。绿水青山不仅是金山银山，也是人民群众健康的重要保障。党的十八大以来，瞄准党中央、国务院对打好污染防治攻坚战的决策需求，我们在大气、水、土壤、垃圾处理、农村人居环境整治等领域开展深入研究，在完善相关法律法规体系、健全生态环境监管体制、推进能源革命等方面积累了不少研究成果。"十四五"期间，我国持续改善环境质量的压力仍较大，打好污染防治攻坚战不能松懈。

在习近平生态文明思想的指导下，我们将围绕依法、科学、精准治污的政策决策需求，重点研究生态环境保护法律法规的执行机制、生态环境监测体系、碳核算和排放监测体系、山水林田湖草沙系统修复治理体系、黄河流域生态保护和高质量发展政策体系等。

三、做习近平生态文明思想的忠实传播者

传播习近平生态文明思想具有重大意义。一方面，生态文明事业本身的特征决定了要加强广泛传播。中国建设生态文明，事关全中国人民，也事关世界各国人民。习近平总书记指出，"生态文明是人民群众共同参与共同建设共同享有的事业，要把建设美丽中国转化为全体人民自觉行动。每个人都是生态环境的保护者、建设者、受益者，没有哪个人是旁观者、局外人、批评家，谁也不能只说不做、置身事外"②。习近平总书记对全球生态文明建设作出重要论述，"只要心往一处想、劲往一处使，同舟共济、守望相助，人类必将能够应对好全球气候环境挑战，把一个清洁美丽的世界留给子孙后代"③。另一方面，

---

① 出自2013年5月24日习近平在主持十八届中共中央政治局第六次集体学习时的讲话。
② 出自2021年4月30日习近平在主持十九届中共中央政治局第二十九次集体学习时的讲话。
③ 出自2021年4月22日习近平在"领导人气候峰会"上的讲话。

传播习近平生态文明思想是国家高端智库的职责。在深入研究的基础上，向社会客观、准确、通俗、明了地传播和解读习近平生态文明思想，传播和展示我国生态文明建设的成就，让全国乃至全世界更多的人了解为什么建设生态文明、建设什么样的生态文明、怎样建设生态文明。这既是普及生态文明知识、提升公众生态文明意识的必然要求，也是形成生态文明共识、营造良好国内外舆论环境的重要举措；既是我们提升生态文明政策研究水平的需要，也是我们以专业化知识全心全意服务于全社会的需要。

结合调查研究，把习近平生态文明思想传播到户。调查研究是我们党的传家宝。习近平总书记对调查研究、政策制定、政策宣传的关系作出重要论述。2016年习近平总书记在黑龙江考察时指出，"出台政策措施要深入调查研究，摸清底数，广泛听取意见，兼顾各方利益。政策实施后要跟踪反馈，发现问题及时调整完善。要加大政策公开力度，让群众知晓政策、理解政策、配合执行好政策"。我们将政策研究和政策解读紧密结合在一起，在生态文明调查研究中传播习近平生态文明思想，在传播中加深生态文明研究。例如，在国务院发展研究中心"中国民生调查"课题实施中，研究人员面对面了解受访者对生态环境质量状况的主观感受和关切点。研究人员在开展家庭入户调查时，直接与受访群众交流周边生态环境质量状况、环境污染问题、垃圾分类等环境民生问题，既听取了群众心声，也将国家改善环境民生的政策向群众讲解和普及。这为我们深入开展习近平生态文明思想研究，搜集到了"带露珠""冒热气"的第一手资料，形成了有"泥土味""现场感"的高质量研究成果。

开展国际交流，向世界各国传播习近平生态文明思想。习近平生态文明思想的丰富实践，为讲好中国故事提供了丰富素材。共谋全球生态文明建设是习近平生态文明思想的重要内容。作为党领导下的国家高端智库，开展智库外交、开展国际交流合作是我们的重要职责。近年来，我们与世界银行、亚洲开发银行等国际机构开展了一系列中国生态文明建设的合作研究课题，客观、真实展示了中国的生态文明建设成效。通过"中国发展高层论坛""丝路国际论坛"等平台，及时向国际社会讲述了中国的生态文明故事。此外，研究人员通过与国际绿色经济专家的学术交流，及时传递和交换了生态文明学术观点。

建立固定调研基地，向地方和基层传播习近平生态文明思想。为进一步加强与地方的交流互动，及时了解地方开展习近平生态文明思想实践的经验，向地方传播生态文明建设最新政策，同时促进各地之间交流互动，我们在地方设立了若干生态文明建设固定调研基地，并建立常态化联系机制。经过探索和努力，建立固定调研基地这种机制，在研究和传播习近平生态文明思想实践方面取得了积极成效。

总之，习近平生态文明思想在实践中不断丰富和发展，学习、研究、传播习近平生态文明思想要及时跟进，持之以恒。世界正经历百年未有之大变局，充满风险，又充满机遇。贯彻新发展理念，加快绿色低碳转型，是在危机中育先机、于变局中开新局的重要出路。习近平生态文明思想为这一进程提供根本遵循，指引我们在建设人与自然和谐共生的现代化道路上自信昂扬、攻坚克难。我们将坚定不移地做习近平生态文明思想的坚定信仰者、深入研究者和忠实传播者，为建设美丽中国不断奋斗努力！

目 录

第一篇　伟大思想

第二篇　伟大实践

第一篇 / 伟大思想

导　言

　　生态文明是人类文明在工业文明发展到一定阶段的产物，是人类为保护和建设美好生态环境、实现人与自然和谐共生而取得的物质成果、精神成果和制度成果的总和，反映了一个社会的文明进步状态。习近平生态文明思想是习近平新时代中国特色社会主义思想的重要组成部分，深刻回答了为什么建设生态文明、建设什么样的生态文明、怎样建设生态文明这一重大理论和实践问题，是我国推进生态文明建设的根本遵循。本篇内容共有两章，第一章尝试从其科学内涵、核心要义、实践要求三个方面，学习和理解习近平生态文明思想理论体系和重要内容[①]，第二章尝试深入发掘习近平生态文明思想的重大思想和理论价值。

（一）为什么建设生态文明

　　生态兴则文明兴，生态衰则文明衰。在人类发展史上特别是近现代以来的工业化进程中，曾有过在大量消耗自然资源过程中肆意破坏生态环境、造成严重环境事件、酿成重大人类损失的惨痛

---

　　① 2022年7月出版的《习近平生态文明思想学习纲要》提出，习近平生态文明思想的主要方面集中体现为"十个坚持"，即：坚持党对生态文明建设的全面领导，坚持生态则文明兴，坚持人与自然和谐共生，坚持绿水青山就是金山银山，坚持良好生态环境是最普惠的民生福祉，坚持绿色发展是发展观的深刻革命，坚持统筹山水林田湖草沙系统治理，坚持用最严格制度最严密法治保护生态环境，坚持把建设美丽中国转化为全体人民自觉行动，坚持共谋全球生态文明建设之路。本书总体上包含了这些内容。

教训。习近平总书记纵观世界发展史和人类文明史，深刻地指出，"生态环境是人类生存和发展的根基，其变化直接影响文明兴衰演替"①。生态环境质量事关人类生存繁衍和文明兴衰，生态环境保护是功在当代、利在千秋的事业，这体现了习近平生态文明思想深邃的历史观。

绿水青山就是金山银山。习近平总书记强调，"绿水青山既是自然财富，又是社会财富、经济财富"②。保护生态环境就是保护生产力，改善生态环境就是发展生产力。在农耕社会，绿水青山、肥田沃土固然是最重要的生产要素，在人类进入工业社会后，绿水青山所代表的自然资本仍然是人类财富重要来源，让绿水青山充分发挥经济社会效益，不是要把它破坏了，而是要把它保护得更好。保护自然就是增值自然价值和自然资本，体现了习近平生态文明思想的绿色发展观。

良好生态环境是最普惠的民生福祉。习近平总书记指出，"对人的生存来说，金山银山固然重要，但绿水青山是人民幸福生活的重要内容，是金钱不能代替的""积极回应人民群众所想、所盼、所急，大力推进生态文明建设，提供更多优质生态产品，不断满足人民群众日益增长的优美生态环境需要"③。生态环境是关系党的使命宗旨的重大政治问题，也是关系民生的重大社会问题，体现了习近平生态文明思想的民生观。

（二）建设什么样的生态文明

实现人与自然和谐共生。习近平总书记指出，"要像保护眼睛一

① 《像保护眼睛一样保护生态环境——习近平生态文明思想引领共建人与自然生命共同体》，《人民日报》2022年6月4日第1版。
② 出自2014年3月习近平在参加十二届全国人大二次会议贵州代表团审议时的讲话。
③ 闻言：《推进美丽中国建设的根本遵循》，《人民日报》2022年4月7日第6版。

样保护生态环境，像对待生命一样对待生态环境""多做治山理水、显山露水的好事，让群众望得见山、看得见水、记得住乡愁，让自然生态美景永驻人间，还自然以宁静、和谐、美丽"①。人与自然是生命共同体。人类应该以自然为根，尊重自然、顺应自然、保护自然。实现人与自然和谐共生，是生态文明建设的本质目标。

建设美丽中国。习近平总书记指出，"让良好生态环境成为人民生活的增长点、成为展现我国良好形象的发力点，让老百姓呼吸上新鲜的空气、喝上干净的水、吃上放心的食物、生活在宜居的环境中、切实感受到经济发展带来的实实在在的环境效益，让中华大地天更蓝、山更绿、水更清、环境更优美，走向生态文明新时代"②。建设生态文明，实现美丽中国的现代化建设目标，就是要让人民群众在绿水青山中享受丰富物质生活的同时，共享自然之美、生命之美、生活之美。

建设美丽地球。地球是我们的共同家园，建设绿色家园是人类的共同梦想。习近平主席指出，"中国将继续承担应尽的国际义务，同世界各国深入开展生态文明领域的交流合作，推动成果共享，携手共建生态良好的地球美好家园"③。2020年9月22日，习近平主席在第七十五届联合国大会一般性辩论上，承诺中国二氧化碳排放力争于2030年前达到峰值，努力争取2060年前实现碳中和。建设美丽地球，就是要共建人与自然和谐的地球家园。

（三）怎样建设生态文明

加强党对生态文明建设的全面领导。我国已经把生态文明理念和生态文明建设写入党章、宪法。2018年，习近平总书记在全国生态

---

① ② ③ 《让绿水青山造福人民泽被子孙》，《人民日报》2021年6月3日第1版。

环境保护大会上指出，"各级党委和政府要自觉把经济社会发展同生态文明建设统筹起来，坚持党委领导、政府主导、企业主体、公众参与，坚决摒弃'先污染、后治理'的老路，坚决摒弃损害甚至破坏生态环境的增长模式"①。生态环境保护能否落到实处，关键在领导干部。2021 年 4 月 30 日，中共中央政治局就新形势下加强我国生态文明建设进行第二十九次集体学习，习近平总书记再次强调，"各级党委和政府要担负起生态文明建设的政治责任，坚决做到令行禁止，确保党中央关于生态文明建设各项决策部署落地见效"②。党的领导，是生态文明建设的根本保证。

生态环境保护和经济发展协同。习近平总书记指出，"我国建设社会主义现代化具有许多重要特征，其中之一就是我国现代化是人与自然和谐共生的现代化，注重同步推进物质文明建设和生态文明建设"③。建设生态文明，就是要推动绿色低碳循环发展，实现更高质量、更有效率、更加公平、更可持续、更为安全的发展，走出一条生产发展、生活富裕、生态良好的文明发展道路。

依靠制度保护生态环境。2018 年，习近平总书记在全国生态环境保护大会上指出，"我国生态环境保护中存在的突出问题大多同体制不健全、制度不严格、法治不严密、执行不到位、惩处不得力有关。要加快制度创新，增加制度供给，完善制度配套，强化制度执行，让制度成为刚性的约束和不可触碰的高压线"④。2021 年，习近平总书记再次强调，"要深入推进生态文明体制改革，强化绿色发展法律和政策保障。要完善环境保护、节能减排约束性指标管理，建立健全稳

---

① 习近平：《推动我国生态文明建设迈上新台阶》，《求是》2019年第3期。
② 《让绿水青山造福人民泽被子孙》，《人民日报》2021年6月3日第1版。
③ 习近平：《努力建设人与自然和谐共生的现代化》，《求是》2022年第11期。
④ 《习近平出席全国生态环境保护大会并发表重要讲话》，新华社，2018年5月19日。

定的财政资金投入机制。要全面实行排污许可制，推进排污权、用能权、用水权、碳排放权市场化交易，建立健全风险管控机制"①。依靠制度和法治，是生态文明建设的重要保障。

推进绿色发展。生态环境问题归根结底是发展方式和生活方式问题。习近平总书记指出，"要从根本上解决生态环境问题，必须贯彻创新、协调、绿色、开放、共享的发展理念，加快形成节约资源和保护环境的空间格局、产业结构、生产方式、生活方式，把经济活动、人的行为限制在自然资源和生态环境能够承受的限度内，给自然生态留下休养生息的时间和空间"②。2021 年 4 月 30 日，中共中央政治局就新形势下加强我国生态文明建设进行第二十九次集体学习，习近平总书记指出，"要把实现减污降碳协同增效作为促进经济社会发展全面绿色转型的总抓手，加快推动产业结构、能源结构、交通运输结构、用地结构调整"③。走绿色发展道路，是生态文明建设的战略路径。

加强污染治理和环境保护。生态环境是可以治理好的，不是什么绝症。习近平总书记指出，"要坚持标本兼治、常抓不懈，从影响群众生活最突出的事情做起，既下大气力解决当前突出问题，又探索建立长久管用、能调动各方面积极性的体制机制，改善环境质量，保护人民健康，让城乡环境更宜居、人民生活更美好"④。2021 年 4 月 30日，中共中央政治局就新形势下加强我国生态文明建设进行第二十九

---

① 《习近平在中共中央政治局第二十九次集体学习时强调 保持生态文明建设战略定力 努力建设人与自然和谐共生的现代化》，《人民日报》2021年5月2日第1版。
② 《习近平出席全国生态环境保护大会并发表重要讲话》，新华社，2018年5月19日。
③ 《习近平在中共中央政治局第二十九次集体学习时强调 保持生态文明建设战略定力 努力建设人与自然和谐共生的现代化》，《人民日报》2021年5月2日第1版。
④ 中共中央文献研究室：《习近平关于社会主义生态文明建设论述摘编》，中央文献出版社，2017年版第83页。

次集体学习，习近平总书记指出，"要深入打好污染防治攻坚战，集中攻克老百姓身边的突出生态环境问题，让老百姓实实在在感受到生态环境质量改善。要坚持精准治污、科学治污、依法治污，保持力度、延伸深度、拓宽广度，持续打好蓝天、碧水、净土保卫战"①。坚持不懈治理环境污染，为广大人民群众提供优质生态产品，是生态文明建设的宗旨要求。

开展山水林田湖草沙系统治理。山水林田湖是一个生命共同体，习近平总书记指出，"人的命脉在田，田的命脉在水，水的命脉在山，山的命脉在土，土的命脉在树"②。2018年，习近平总书记在全国生态环境保护大会上进一步指出，"这个生命共同体是人类生存发展的物质基础，要从系统工程和全局角度寻求新的治理之道，不能再是头痛医头、脚痛医脚，各管一摊、相互掣肘，而必须统筹兼顾、整体施策、多措并举，全方位、全地域、全过程开展生态文明建设"③。2021年4月30日，中共中央政治局就新形势下加强我国生态文明建设进行第二十九次集体学习，习近平总书记指出，要"从生态系统整体性出发，推进山水林田湖草沙一体化保护和修复，更加注重综合治理、系统治理、源头治理"④。山水林田湖草沙系统治理，体现生态文明建设的科学系统观念。

全民参与生态文明建设。要动员全社会力量推进生态文明建设。习近平总书记指出，"生态文明是人民群众共同参与共同建设共同享有的事业，要把建设美丽中国转化为全体人民自觉行动。每个人都是

---

① 《习近平在中共中央政治局第二十九次集体学习时强调 保持生态文明建设战略定力 努力建设人与自然和谐共生的现代化》，《人民日报》2021年5月2日第1版。
② 《山水林田湖草是生命共同体》，《人民日报》2020年8月13日第5版。
③ 《习近平出席全国生态环境保护大会并发表重要讲话》，新华社，2018年5月19日。
④ 《习近平在中共中央政治局第二十九次集体学习时强调 保持生态文明建设战略定力 努力建设人与自然和谐共生的现代化》，《人民日报》2021年5月2日第1版。

生态环境的保护者、建设者、受益者，没有哪个人是旁观者、局外人、批评家，谁也不能只说不做、置身事外。要增强全民节约意识、环保意识、生态意识，培育生态道德和行为准则，开展全民绿色行动"①。全民参与生态文明建设，是生态文明建设的群众路线。

参与全球环境治理。我国已成为全球生态文明建设的重要参与者、贡献者、引领者。2018 年，习近平总书记在全国生态环境保护大会上指出，"要深度参与全球环境治理，增强我国在全球环境治理体系中的话语权和影响力，积极引导国际秩序变革方向，形成世界环境保护和可持续发展的解决方案"②。2021 年 4 月 30 日，中共中央政治局就新形势下加强我国生态文明建设进行第二十九次集体学习，习近平总书记指出，"要积极推动全球可持续发展，秉持人类命运共同体理念，积极参与全球环境治理，为全球提供更多公共产品，展现我国负责任大国形象"③。参与全球环境治理，是中国生态文明建设的国际责任。

习近平生态文明思想传承和发展了马克思主义关于人与自然关系的基本理论，丰富了中国特色社会主义理论内涵，是在几代中国共产党人不懈探索的基础上的总结和创新，是充分反映中国具体实际和中国优秀传统文化的绿色发展理论体系，开创了中国生态文明新时代，为中国和全球的可持续发展贡献了智慧。

---

①② 《习近平出席全国生态环境保护大会并发表重要讲话》，新华社，2018年5月19日。
③ 《习近平在中共中央政治局第二十九次集体学习时强调 保持生态文明建设战略定力 努力建设人与自然和谐共生的现代化》，《人民日报》2021年5月2日第1版。

第一章

准确把握习近平生态文明思想的核心要义

一、生态兴则文明兴

（一）深入理解生态兴则文明兴的科学内涵

习近平总书记从人类生存繁衍和文明发展传承的高度，强调保护生态环境就是保护人类自身生存空间和确保文明延续的重要性。在2018年全国生态环境保护大会上，习近平总书记历数古今中外人类发展与生态环境变迁交织的历史，强调"生态兴则文明兴、生态衰则文明衰"①。这一关于生态环境变化直接影响文明兴衰演替的"文明兴衰论"，体现了习近平总书记深邃的历史观，警示人们必须跳出个体生命周期，从更大时空认识人与自然的关系。习近平总书记指出，"古代埃及、古代巴比伦、古代印度、古代中国四大文明古国均发源于森林茂密、水量丰沛、田野肥沃的地区。奔腾不息的长江、黄河是中华民族的摇篮，哺育了灿烂的中华文明。而生态环境衰退特别是严重的土地荒漠化则导致古代埃及、古代巴比伦衰落。我国古代一些地区也有过惨痛教训。古代一度辉煌的楼兰文明已被埋藏在万顷流沙之下，

① 习近平：《推动我国生态文明建设迈上新台阶》，《求是》2019年第3期。

那里当年曾经是一块水草丰美之地。河西走廊、黄土高原都曾经水丰草茂，由于毁林开荒、乱砍滥伐，致使生态环境遭到严重破坏，加剧了经济衰落。唐代中叶以来，我国经济中心逐步向东、向南转移，很大程度上同西部地区生态环境变迁有关"①。

作为唯物主义者，习近平总书记多次强调，"生态环境是人类生存和发展的根基"②。作为坚定的马克思主义者，他倡导我们要学习和实践马克思主义关于人与自然关系的思想，理解人与自然复杂的共生关系。在纪念马克思诞辰 200 周年大会上，习近平总书记指出，"马克思认为，'人靠自然界生活'，自然不仅给人类提供了生活资料来源，如肥沃的土地、渔产丰富的江河湖海等，而且给人类提供了生产资料来源。自然物构成人类生存的自然条件，人类在同自然的互动中生产、生活、发展，人类善待自然，自然也会馈赠人类，但'如果说人靠科学和创造性天才征服了自然力，那么自然力也对人进行报复'"③。

习近平总书记提出，"人类经历了原始文明、农业文明、工业文明，生态文明是工业文明发展到一定阶段的产物，是实现人与自然和谐发展的新要求"④。如果说原始和农耕时代，自然生态和人类栖息的山水林田湖草沙对人类生存繁衍有直接的决定作用，那么进入工业化后，人类对大自然的无节制索求和对环境的肆意污染，其对人类健康的影响更直接、对人类生产生活的范围更加广泛。工业革命以来，特别是 20 世纪以来，严重环境污染影响人类健康的恶性事件就是恶化的生态环境对现代文明报复的证据，近年来气候变暖带来的极端天

---

①② 习近平：《推动我国生态文明建设迈上新台阶》，《求是》2019年第3期。
③ 习近平：《在纪念马克思诞辰200周年大会上的讲话》，新华社，2018年5月4日。
④ 中共中央文献研究室：《习近平关于社会主义生态文明建设论述摘编》，中央文献出版社，2017年版第6页。

气事件，更敲响了人类文明面临灭顶之灾的警钟。所以，联合国和一些国家都宣布世界已经进入气候危机状态，甚至气候紧急状态。"纵观人类文明发展史，生态兴则文明兴，生态衰则文明衰。工业化进程创造了前所未有的物质财富，也产生了难以弥补的生态创伤。杀鸡取卵、竭泽而渔的发展方式走到了尽头，顺应自然、保护生态的绿色发展昭示着未来"[①]，是以建设生态文明去保留和拯救人类文明和人类自身的时候了。

（二）深入理解为什么要坚持生态兴则文明兴

1. 坚持生态兴则文明兴，符合自然规律

人是自然界发展的产物，人的生存和发展依赖于自然界。习近平生态文明思想充分肯定了自然是人类生存的基础条件。人类文明历史，贯穿始终的是如何认识和处理人与自然的关系。我们要坚持以人民为中心的发展，并不是某时某地坚持人类中心主义甚至是少部分人的中心主义，而是要从人类生存繁衍、世界永续发展的角度看待和处理人与自然的关系，树立"人与自然和谐共生"的价值观。

人是大自然的产物，人的活动也会对大自然产生影响，人与自然通过物质能量交换形成生命共同体。"人类进入工业文明时代以来，在创造巨大物质财富的同时，也加速了对自然资源的攫取，打破了地球生态系统平衡，人与自然深层次矛盾日益显现"[②]。为了弥合人类追求自身发展而与地球自然系统稳定存续的矛盾，生态学家提出了人与自然共生的盖亚假说，人类与自然相互作用，应使地球保持适度的稳

① 习近平：《共谋绿色生活，共建美丽家园——在2019年中国北京世界园艺博览会开幕式上的讲话》，新华社，2019年4月28日。

② 习近平：《共同构建人与自然生命共同体——在"领导人气候峰会"上的讲话》，新华社，2021年4月22日。

定状态，以使生命继续生存。学术界提出，地球的地质年代自工业革命开始，就进入了一个全新的地质时代，即人类自身活动对地球的地质地表的改变产生巨大影响的人类世。

中华民族几千年发展历史，也是我们学会如何与大自然相处的历史。一方面，"中国人民是具有伟大奋斗精神的人民。在几千年历史长河中，中国人民始终革故鼎新、自强不息，开发和建设了祖国辽阔秀丽的大好河山，开拓了波涛万顷的辽阔海疆，开垦了物产丰富的广袤粮田，治理了桀骜不驯的千百条大江大河，战胜了数不清的自然灾害，建设了星罗棋布的城镇乡村，发展了门类齐全的产业，形成了多姿多彩的生活"①。另一方面，"中华民族向来尊重自然、热爱自然，绵延 5000 多年的中华文明孕育着丰富的生态文化。《易经》中说，'观乎天文，以察时变；观乎人文，以化成天下'，'财成天地之道，辅相天地之宜'。《老子》中说："人法地，地法天，天法道，道法自然。'"②"这些观念都强调要把天地人统一起来、把自然生态同人类文明联系起来，按照大自然规律活动，取之有时，用之有度，表达了我们的先人对处理人与自然关系的重要认识"③。"中华文明根植于农耕文明。从中国特色的农事节气，到大道自然、天人合一的生态伦理；从各具特色的宅院村落，到巧夺天工的农业景观；从乡土气息的节庆活动，到丰富多彩的民间艺术；从耕读传家、父慈子孝的祖传家训，到邻里守望、诚信重礼的乡风民俗，等等，都是中华文化的鲜明标签，都承载着华夏文明生生不息的基因密码，彰显着中华民族的思想智慧和精神追求"④。历史也同时记载着，自然生态环境的变化如

① 习近平：《在第十三届全国人民代表大会第一次会议上的讲话》，《求是》2020年第10期。

②③ 习近平：《推动我国生态文明建设迈上新台阶》，《求是》2019年第3期。

④ 习近平：《论坚持全面深化改革》，中央文献出版社，2018年版第406页。

何影响我国西部地区经济社会衰落。近年来的中华环境史和气候史研究发现，历史上的气候变化影响了北方游牧民族生机，他们往往不得不南下寻找生存机会，其结果就是对中原地区的入侵，导致中原地区生活的人民遭受战火兵荒[1][2][3]。但总体而言，中原地区人民能够长期处理好人与土地、山林、河流的关系，较早建立了农耕文明，并创造辉煌的农耕文明，保持了历史上最完整的文明延续。"锦绣中华大地，是中华民族赖以生存和发展的家园，孕育了中华民族 5000 多年的灿烂文明，造就了中华民族天人合一的崇高追求"[4]。

2. 坚持生态兴则文明兴，符合人类历史发展规律

建设生态文明，是实现中华民族永续繁衍的需要，也是建设中国式现代化新路的必然要求，是创造人类文明新形态的重要内容。近现代 300 年的工业文明以人类征服自然为主要特征，最典型的就是科学技术的发展使人类得以大规模地开采和使用化石能源、矿产资源，创造了当今世界丰富的物质文明，支撑了人类历史上从未有过的庞大人口享受从未有过的高水平物质生活。然而伴随着经济飞速发展，地球生态环境遭到极大破坏。习近平总书记指出，"人类追求发展的需求和地球资源的有限供给是一对永恒的矛盾。古人'天育物有时，地生财有限，而人之欲无极'的说法，从某种意义上反映了这一对矛盾"[5]。1972 年第一次联合国人类环境会议发布《人类环境宣言》，呼吁必须更加审慎地考虑行动对环境产生的后果。自此，生态环境的重

---

① 竺可桢：《中国近五千年来气候变迁的初步研究》，《考古学报》1972年第1期第15～38页。

② 章典，詹志勇，林初升，何元庆，李峰：《气候变化与中国的战争、社会动乱和朝代变迁》，《科学通报》2004年第23期第2468～2474页。

③ 狄·约翰：《气候改变历史》，金城出版社，2014年版。

④ 习近平：《共谋绿色生活，共建美丽家园——在2019年中国北京世界园艺博览会开幕式上的讲话》，新华社，2019年4月28日。

⑤ 习近平：《之江新语》，浙江人民出版社，2007年版第118页。

要性逐渐为各国政府、学者、民众所认识，世界范围内人们对发展观进行了新的思考和探索。

中国共产党人认识到生态文明是人类文明发展的高级阶段，并在21世纪初响亮地提出，为了人类幸福和永续繁衍，必须同时建设物质文明和建设生态文明，把生态文明建设纳入中国"五位一体"现代化建设事业总体布局，并身体力行地推进生态文明建设。习近平总书记在党的十九大报告中指出，"我们要建设的现代化是人与自然和谐共生的现代化，既要创造更多物质财富和精神财富以满足人民日益增长的美好生活需要，也要提供更多优质生态产品以满足人民日益增长的优美生态环境需要"①。

无论发达国家如何看待其工业化进程对人类环境影响，特别是对气候变化影响的历史责任，他们都认识到全世界必须联合起来拯救地球，也就是保护我们人类生存繁衍的基本条件，保护人类文明作为一个整体的存在。无论其他国家用什么话语，保护生态环境、降低温室气体排放、实现人类永续发展，都已经成为共识。当今世界已经开始迈向生态文明时代。

3. 坚持生态兴则文明兴，符合构建全球人类命运共同体规律

生态文明建设关乎人类未来，建设绿色家园是人类的共同梦想，保护生态环境、应对气候变化需要世界各国同舟共济、共同努力，任何一国都无法置身事外、独善其身。2021 年，联合国政府间气候变化专门委员会（Intergovernmental Panel on Climate Change，IPCC）第六次评估报告表明，有充分的科学根据证明是人类活动导致了最近一个世纪地球气温的快速升高，并由此带来越来越频繁的极端天气事件，

---

① 习近平：《决胜全面建成小康社会 夺取新时代中国特色社会主义伟大胜利——在中国共产党第十九次全国代表大会上的报告》，新华社，2017年10月18日。

给人类社会造成巨大损失。

习近平主席基于人与自然关系的科学认知，从推动构建人类命运共同体的责任担当和实现可持续发展的内在要求，提出"中国将秉持人类命运共同体理念，继续作出艰苦卓绝努力，提高国家自主贡献力度，采取更加有力的政策和措施，二氧化碳排放力争于 2030 年前达到峰值，努力争取 2060 年前实现碳中和，为实现应对气候变化《巴黎协定》确定的目标作出更大努力和贡献"[①]。这一目标的提出，极大提振了全世界共同应对气候变化的信心，极大改变了全球应对气候变化治理格局。加快了全球应对气候变化进程。

习近平生态文明思想，是马克思主义基本原理与中华优秀传统生态文化结合的产物，是现代科学技术发展与中国现代化实践结合的产物，将引领中国坚定不移走绿色低碳、生态文明的现代化新路，并在此过程中对广大发展中国家实现现代化、对全球气候变化治理产生巨大影响。中国人民一定能在全球生态文明建设中为人类作出较大贡献，推动创建人类文明新形态，在更高层次实现"生态兴则文明兴"。

（三）把握坚持生态兴则文明兴的实践要求

一是统筹推进"五位一体"总体布局。2012 年 11 月，党的十八大首次提出"五位一体"的中国特色社会主义事业总体布局。党的十九大进一步就统筹推进新时代"五位一体"总体布局作出部署，其中，在生态文明建设方面提出要加快生态文明体制改革，建设美丽中国。将生态文明纳入经济社会发展全局，是坚持生态兴则文明兴在国家战略层面的总体部署。

二是处理好生态环境保护和经济发展的关系。党的十九大提出，

[①]　《习近平在联合国生物多样性峰会上发表重要讲话》，《人民日报》2020年10月1日第1版。

经过长期努力，中国特色社会主义进入新时代。我国社会主要矛盾已经转化为人民日益增长的美好生活需要和不平衡不充分的发展之间的矛盾。新时代在创造更多物质财富的同时，也要提供更多、更优质的生态产品以满足人民日益增长的优美生态环境需要，坚持保护生态环境和促进经济发展协同推进。习近平总书记多次强调要通过转变经济发展方式加强生态环境保护工作。2013 年 4 月，习近平总书记在海南考察时强调，"生态环境保护的成败，归根结底取决于经济结构和经济发展方式。经济发展不应是对资源和生态环境的竭泽而渔，生态环境保护也不应是舍弃经济发展的缘木求鱼，而是要坚持在发展中保护、在保护中发展"①。

三是坚持绿色发展。2014 年 3 月，在参加十二届全国人大二次会议贵州代表团审议时，习近平总书记强调，"正确处理好生态环境保护和发展的关系，也就是我说的绿水青山和金山银山的关系，是实现可持续发展的内在要求，也是我们推进现代化建设的重大原则"②。全国各地积极转变经济发展方式，将绿水青山转化为金山银山，在保护生态环境的同时，实现了经济的快速发展，这是坚持生态兴则文明兴的生动实践。

二、人与自然和谐共生

（一）深入理解人与自然和谐共生的科学内涵

党的十八大以来，习近平总书记就人与自然和谐共生发表了数十

---

① 中共中央文献研究室编：《习近平关于社会主义生态文明建设论述摘编》，中央文献出版社2017年版，第19页。

② 中共中央文献研究室编：《习近平关于社会主义生态文明建设论述摘编》，中央文献出版社2017年版，第22页。

次重要论述[①]，深刻阐释了人与自然和谐共生的内涵、要求等。自然是生命之母，人与自然是生命共同体，人类必须敬畏自然、尊重自然、顺应自然、保护自然。2015 年 9 月 28 日习近平主席在第七十届联合国大会一般性辩论时的讲话中指出，"人类可以利用自然、改造自然，但归根结底是自然的一部分，必须呵护自然，不能凌驾于自然之上"[②]。坚持人与自然和谐共生，要牢固树立尊重自然、顺应自然、保护自然的理念。

人与自然和谐共生，从人类文明发展角度阐释了人对自然的天然依附关系。生态兴则文明兴、生态衰则文明衰。生态是人类生存与发展不可或缺的基础，生态环境出了问题必然危及人类生存发展。例如，楼兰古国消亡等中外历史教训一再证明了这一普遍规律，20 世纪 80 年代甘肃民勤一度处于濒临被沙漠无情湮没的极度困境，后经黑河调水和生态治理恢复了往日的生机。

人与自然和谐共生，是根植于中华民族历久弥坚的自然观念和发展智慧。中国传统文化经典，记载了中华民族追求人与自然和谐共生的大量经验和案例。例如，《管子》中记载，"圣人之处国者，必于不倾之地，而择地形之肥饶者。乡山，左右经水若泽"。《荀子·王制》中记载，"草木荣华滋硕之时则斧斤不入山林，不夭其生，不绝其长也；鼋鼍、鱼鳖、鳅鳝孕别之时，罔罟、毒药不入泽，不夭其生，不绝其长也"。《孟子》中记载，"不违农时，谷不可胜食也；数罟不入洿池，鱼鳖不可胜食也；斧斤以时入山林，材木不可胜用也"。中国优秀传统文化积淀了朴素的人与自然和谐共生的自然观念和生态智

---

① 2022年1月由中共中央党史和文献研究院汇编、中央文献出版社出版的《论坚持人与自然和谐共生》一书，共收入了习近平同志关于人与自然和谐共生的79篇重要论述，其中部分论述是首次公开发表。

② 习近平：《论坚持人与自然和谐共生》，中央文献出版社，2022年版第92页。

慧。这些观念和智慧到今天依然适用，启示我们在建设富强民主文明和谐美丽的现代化强国的进程中，必须牢牢坚守人与自然和谐共生。

人与自然和谐共生，关键是要走人与自然和谐共生的现代化道路。第一，要坚定不移地追求人与自然和谐共生的现代化。习近平总书记2021年4月30日在主持中共十九届中央政治局第二十九次集体学习时，强调指出"我国建设社会主义现代化具有许多重要特征，其中之一就是我国现代化是人与自然和谐共生的现代化，注重同步推进物质文明建设和生态文明建设"①。第二，要让城市融入大自然。城市让生活更美好，要把城市放在大自然中，把绿水青山保留给城市居民。要让城市融入大自然，"让居民望得见山、看得见水、记得住乡愁"②。那种让城市远离自然的传统城市化道路与模式已经不可持续，必须走人与自然和谐共生的新型城镇化道路。第三，阐释了工业化与自然的关系，要全力推进绿色低碳工业化进程，走资源节约、环境友好型的新型工业化道路。第四，阐释了区域发展与自然的关系，区域发展要量力而行，尤其要根据资源环境承载力确定发展方向和模式，特别强调要"量水而行""以水四定"（以水定城、以水定地、以水定人、以水定产）。

人与自然和谐共生，事关人类命运和人类安全。人既不能凌驾于自然之上，也不能与自然隔离。特别是新冠肺炎疫情等重大疫情的暴发一再警示我们，人与自然是命运共同体，要善待自然，尤其要处理好人与生物，特别是人与野生动物的关系；此外，还要注重生物安全问题，保障国家和区域生物安全，造福广大人民群众。为保护生物安全，2020年10月17日全国人大常委会审议通过了《中华人民共和国

---

① 习近平：《论坚持人与自然和谐共生》，中央文献出版社，2022年版第281～282页。
② 习近平：《论坚持人与自然和谐共生》，中央文献出版社，2022年版第56页。

生物安全法》，该法的宗旨是维护国家安全，防范和应对生物安全风险，保障人民生命健康，保护生物资源和生态环境，促进生物技术健康发展，推动构建人类命运共同体，实现人与自然和谐共生。不难看出，《中华人民共和国生物安全法》是"人与自然和谐共生"准则在特殊背景下的法律体现。

（二）深入理解为什么要坚持人与自然和谐共生

人类本身就是大自然的产物，与大自然不得不共生。人因自然而生，人与自然是一种共生关系，对自然的伤害最终会伤及人类自身。自然是生命之母，人与自然是生命共同体，人类必须敬畏自然、尊重自然、顺应自然、保护自然。善待自然，就是善待人类自己；保护自然，就是保护人类自己，也是保护人类的未来。人类可以利用自然、改造自然，但归根结底是自然的一部分，必须呵护自然，不能凌驾于自然之上。

只有人与自然和谐共生，才能维系人类生存发展的物质基础。构建人与自然生命共同体，就是增进人类发展的可预见性、安全性和可持续性。与山水林田湖草沙冰和谐共生，与农林草水湿和谐共生，与各类动物、植物、微生物和谐共生，增强人类对气候变化的适应性（包括应对气候变化）。

人与自然不和谐，必将引起自然界报复。人类发展活动必须尊重自然、顺应自然、保护自然，否则就会受到大自然的报复。这个规律人类无法抗拒。要加深对自然规律的认识，自觉用自然规律的认识指导行动。

（三）把握坚持人与自然和谐共生的实践要求

1. 科学划定（自然）生态空间，建立健全自然保护地体系

严守生态保护红线。科学划定、严格遵守生态保护红线，建立健全以国家公园为主体、自然保护区和自然公园作为重要补充的自然保护地体系。严格按各类自然保护地的定位、目标和要求，因地制宜、分类施策管控好生产活动、生活活动，尤其要处理好自然保护与开发活动的关系。同时，要加快生态保护立法进程，依法划定生态空间、生态保护红线。

加强国土空间规划管控。加快各级国土空间规划的编制进程，优化生态空间、生产空间、生活空间的结构与布局；加快国土空间保护法等相关法律的制定，依法保护好、建设好各类国土空间；加强国土空间用途管制，按空间类型管好、建设好、发展好各类空间用途；加强国土空间生态修复，提升国土空间的生产、生活、生态功能，尤其要保护好、恢复好、修复好生态空间。

2. 加强生物多样性保护和生物安全管控，保护改善生物综合性状

加强生态系统保护、恢复和修复。推进山水林田湖草沙冰生态系统保护与修复、国土空间生态修复，包括植树造林、草原保护、天然林保护、湿地保护、河湖保护；保护生物多样性；保护生物安全，以及科学防范和积极应对重大疫情。

保护野生动物。加大野生动物、野生动物与人类、野生动物与疾病等方面的宣传、科普力度，加强野生动物保护法的执法力度，严惩违法行为，切实保护、拯救珍贵、濒危野生动物。引导公民树立科学、文明的消费理念、消费方式，严格禁止滥捕、滥食、滥用野生动物。

3. 加强资源环境承载能力监测预警，坚持"量力而行"

坚持经济社会发展"量力而行"的理念和原则。这里的"力"是指"自然力"，尤其是指资源、环境、生态的承载能力，包括水、土地、能源等自然禀赋。将自然资源和环境承载力作为经济社会发展的刚性约束，坚持"量水而行""量地而行""量能而行""量碳而行"等。各地谋划自身发展时，必须充分考虑各项资源的刚性约束，因地制宜，因时制宜。

以水资源为例，每个地区都必须将水资源作为规划蓝图的刚性约束之一，坚持以水定城、以水定地、以水定人、以水定产，合理规划人口、城市和产业发展。要严防高耗水产业布局在水资源短缺地区，对严重缺水地区发展高耗水作物等非"以水定产"现象给予高度关注，逐步扭转，努力实现"产水相宜"。实现人类生产生活与自然承载能力动态平衡。

4. 加快生产方式绿色低碳转型，发展自然友好型经济

构建人与自然生命共同体理念能否落到实处，生态环境保护能否取得成功，归根到底在于我们选择了怎样的经济结构和社会发展方式。构建人与自然生命共同体要求我们必须走人与自然和谐共生的发展道路，必须倡导绿色、低碳、循环、可持续的生产方式、生活方式，重点发展自然友好型（nature-friendly）经济。自然友好型经济包括但不限于"环境友好型"，主要包括生态经济、低碳经济、循环经济等。

加快经济发展方式绿色低碳转型。抓好资源节约保护工作，重点抓好节水、节能、节地、节材、节粮等工作，以节约促保护，减小人类对自然的索取强度。抓好保护环境、治理环境各项工作，造就更多、更好的"绿水青山"。农业绿色低碳转型，要严格控制农药、化肥、杀虫剂、薄膜等化学物质的使用，发展绿色、有机农产品生产；工业绿色低碳转型，要发展绿色制造业；服务业绿色低碳转型，要发展绿色服务业，尤其要促进餐饮、外卖等服务业的绿色低碳转型，实现垃圾减量化、无害化、资源化。

三、绿水青山就是金山银山

（一）深入理解绿水青山就是金山银山的科学内涵

"绿水青山就是金山银山"是习近平生态文明思想的重要内容。2005年8月15日，时任浙江省委书记的习近平在安吉县余村考察时首次提出了"绿水青山就是金山银山"的科学论断。党的十八大以来，绿水青山就是金山银山被写入党章，并贯彻到生态文明建设的方方面面。

一方面，绿水青山与金山银山是辩证统一的关系。绿水青山就是金山银山，深刻揭示了经济发展和生态环境保护的辩证统一关系，是习近平同志多年对生态环境保护工作进行深入思考的宝贵理论成果。目前，绿水青山就是金山银山的理念已深入人心。2013年9月7日，习近平主席在哈萨克斯坦纳扎尔巴耶夫大学发表演讲答问时指出，"我们既要绿水青山，也要金山银山。宁要绿水青山，不要金山银山，而且绿水青山就是金山银山"[①]。可见，绿水青山和金山银山之间是辩证统一的关系。早在2006年，习近平同志就深刻指出，在实践中对绿水青山和金山银山之间关系的认识经过了三个阶段："第一个阶段是用绿水青山去换金山银山，不考虑或者很少考虑环境的

---

① 习近平：《论坚持人与自然和谐共生》，中央文献出版社，2022年版第40页。

承载能力，一味索取资源。第二个阶段是既要金山银山，但是也要保住绿水青山，这时候经济发展与资源匮乏、环境恶化之间的矛盾开始凸显出来，人们意识到环境是我们生存发展的根本，要留得青山在，才能有柴烧。第三个阶段是认识到绿水青山可以源源不断地带来金山银山，绿水青山本身就是金山银山，我们种的常青树就是摇钱树，生态优势变成经济优势，形成了一种浑然一体、和谐统一的关系。"[1]

另一方面，如果违背规律，绿水青山和金山银山就会出现对立。虽然绿水青山就是金山银山，但要把绿水青山变为金山银山，还需要具备一定的条件，需要发挥人的主观能动性。特别是需要在尊重自然规律的前提下，进行产业开发，将绿水青山中的生态优势转化为经济优势。生态优势还有一个可持续的问题，只有经济发展了，才有足够的财力去维持绿水青山中的生态优势。保护生态环境就是保护生产力，改善生态环境就是发展生产力。但在现实生活中，由于发展理念滞后、技术供给不足、基础设施落后、人才匮乏等原因，部分地方在追求经济快速发展中，会损害生态环境，使得绿水青山和金山银山之间形成对立。历史上有很多这样的例子，由于在经济发展过程中，没有注重节约资源和保护生态环境，最终导致文明的衰落，正所谓"生态衰则文明衰"。同时，也不难看到，在不少生态环境优势突出的地方，人们守着绿水青山饿肚子，没有找到将生态优势转化为经济优势的有效途径，即不知道怎样把绿水青山转化为金山银山。不管是只顾绿水青山，还是只顾金山银山，最终都是不可持续的。不顾生态环境保护就会"竭泽而渔"，不顾经济发展就是

---

[1] 习近平：《之江新语》，浙江人民出版社，2007年版第186页。

"缘木求鱼"。

因此，必须辩证看待绿水青山和金山银山的对立统一关系。绿水青山就是金山银山是生态效益和经济效益的高度统一。在看到绿水青山与金山银山之间存在统一关系的同时，也要看到二者之间存在短期的对立关系。不能因为短期的、偶然的对立而看不到长期的、本质上的统一，也不能因为看到了长期的、本质上的统一，而忽视了短期的、偶然的对立。只保护生态环境而不注重经济发展，就会影响做大金山银山，这时就应强调建设金山银山，将生态优势转化为经济优势，着力化解生态环境保护与经济发展之间的短期对立。例如，取消或限制高污染产业，短期内会减少地区生产总值、税收和就业岗位，但对此要有长远眼光，要保持战略定力。淘汰落后的高污染产能，短期内会导致地区生产总值的下降，但随着清洁产能的增加、绿色增长点的培育，长期则可实现可持续发展，最终实现绿水青山与金山银山的有机统一。

（二）深入理解为什么要坚持绿水青山就是金山银山

一则，坚持绿水青山就是金山银山，有利于实现和谐共生的现代化。20 世纪中期，西方资本主义国家发生了一系列环境公害事件，让人们开始反思传统工业文明发展模式的弊端。例如，1962 年，蕾切尔·卡逊所著的《寂静的春天》一书率先开始关注人类经济活动对人体生命健康产生的负面影响。1972 年，罗马俱乐部的《增长的极限》一书对快速工业化城市化中的高污染、高消耗发展模式进行了深刻反思，揭示了在有限地球物理空间实现增长的不可持续性。工业文明以"人类中心主义"为特征，认为人是主体、自然是客体，只有人有价值，自然没有价值；生态文明则追求人与自然的和谐共生，认为不仅人是主体，自然也是主体，自然也有价值。工业文明以消费主义为特征，以追求利润最大化为目的，以资本的无限扩张为手段，不可避免地带来人与自然关系的紧张、人与人关系的异化。生态文明以公平正义为底线，追求人与自然的和谐，追求不同区域、不同代际生态环境的公平。生态文明是工业文明发展到一定阶段的产物，坚持绿水青山就是金山银山，可以实现人与自然和谐共生的现代化。

二则，坚持绿水青山就是金山银山，有利于更好地发展生产力。发展是解决我国一切问题的基础和关键，发展必须是科学发展，必须坚定不移贯彻创新、协调、绿色、开放、共享的发展理念。我们只有坚持绿水青山就是金山银山的理念，在高水平保护中实现高质量发展，才能更好地发展生产力，才能在更高层次上实现人与自然的和谐统一。2014年3月7日，习近平总书记在参加十二届全国人大二次会议贵州代表团审议时强调，"既要绿水青山，也要金山银山；绿水青山就是金山银山。绿水青山和金山银山决不是对立的，关键在人，关键在思路。为什么说绿水青山就是金山银山？'鱼逐水草而居，鸟择良木而栖。'如果其他各方面条件都具备，谁不愿意到绿水青山的地方来投资、来发展、来工作、来生活、来旅游？从这一意义上说，绿水青山既是自然财富，又是社会财富、经济财富"[①]。绿色发展已成为全球和中国发展的新机遇，推进绿色发展能够创造出许多新产业、新业态、新就业。

[①] 习近平：《论坚持人与自然和谐共生》，中央文献出版社，2022年版第63页。

（三）把握坚持绿水青山就是金山银山的实践要求

坚持绿水青山就是金山银山，在实践上要推进产业生态化、生态产业化，要探索将绿水青山转变为金山银山的有效途径，要推进将绿水青山转变为金山银山的制度创新。

首先，构建产业生态化和生态产业化的绿色经济体系。一方面，推进产业生态化。产业生态化，就是既要在经济发展中保护和修复生态环境，又要用绿水青山的生态价值提升产业发展质量。产业生态化要按照保护资源、节约资源、利用资源、维护生态环境的方式组织生产，实现产业的绿色转型，提升产业的生态价值，使人们在产业发展中享受生态环境价值。对于那些经济发展水平较高而生态环境较差的地区，应加大环境污染治理投入，加快推进产业绿色转型，优化产业结构。在推进产业绿色转型的基础上，加快治理和修复生态环境，满足人们追求生产发展、生活富裕、生态良好的多重需求。另一方面，推进生态产业化。生态产业化，就是推进绿水青山的生态优势向金山银山的经济优势转变，使生态资源通过产业发展形成经济效益。对于那些生态环境优美而经济欠发达的地区来说，更要推进生态产业化，将绿水青山转化为金山银山。既要坚决改变为追求短期金山银山而破坏绿水青山的做法，又要避免仅单纯保护生态环境而不顾经济发展的做法。正确的做法是，积极发展生态农业、生态工业和生态服务业，既发展经济，又保护好生态环境，实现绿水青山和金山银山的统一。

其次，多渠道将绿水青山转变为金山银山。2015年11月27日，习近平总书记在中央扶贫开发工作会议上指出，"要通过改革创新，让贫困地区的土地、劳动力、资产、自然风光等要素活起来，让资源变资产、资金变股金、农民变股东，让绿水青山变金山银山，带动贫困人口增收"①。这为我们寻找将绿水青山转变为金山银山的有效途径提供了方向指引。第一，让生态资源要素活起来。自然生态资源具有公共产品和私人产品的双重属性，利用生态资源必须立足于这双重属性，不能因为一方面而忽略了另一方面。不仅要从公共产品属性出发，充分发挥政府的引导作用，加强对绿水青山的保护，还要从私人产品属性出发，有效发挥市场在资源配置中的决定性作用，把绿水青山变成可以交易的产品，让绿水青山等资源活起来。第二，让资源变资产。其核心是界定自然资源资产产权。通过推进产权制度和市场交易制度改革，明晰资源所有权属，实现资源优化配置，促进将绿水青山转变为金山银山。第三，让资金变股金。资金变股金的本质是把分散在个人手上的自然资源，通过市场手段重新整合起来，实现自然资源的资本化，通过产业平台和企业平台，引导农户将手上的绿色资产投入龙头公司和合作社等新型经营实体中，让绿水青山这种资产能够实现市场化和规模化运作。第四，让农民变股东。"有恒产者有恒心"，只有让农民成为绿水青山的主人，他们才会发自内心地爱护绿水青山，只有让农民能获得开发绿水青山的收益，他们才有强劲的动力去创造金山银山。农民变股东的关键是建立农民经济组织，如龙头企业、专业合作社和村级集体经济组织等，同时农民将手上的绿色资产投入这些组织中，从持有资产变成持有股份，从分散的农民变成股东，从而为实现绿水青山向金山银山转变提供组织保障。

最后，推进将绿水青山转变为金山银山的制度创新。绿水青山不会自动地转变为金山银山，需要具备一定条件，需要一系列制度创新和技术创新的配套。因此，要构建归属清晰、权责明确、监管有效的

① 习近平：《论坚持人与自然和谐共生》，中央文献出版社，2022年版第112页。

自然资源资产产权制度。要建立以国土空间规划为基础、以用途管制为主要手段的国土空间开发保护制度。要构建反映市场供求和资源稀缺程度、体现自然价值和代际补偿的资源有偿使用和生态补偿制度。要建立生态环境监管体制等。这些都是绿水青山转变为金山银山的关键制度保障。

四、良好生态环境是最普惠的民生福祉

生态文明建设同每个人息息相关。环境就是民生，青山就是美丽，蓝天也是幸福。必须坚持以人民为中心，重点解决损害群众健康的突出环境问题，提供更多优质生态产品[①]。"坚持良好生态环境是最普惠的民生福祉"，这是习近平生态文明思想的核心原则之一，也是生态文明建设的宗旨要求。它充分体现了以人民为中心的发展思想，阐明了人民对优美生态环境的需要就是生态文明建设动力，维护环境公平正义才能让发展成果更多更公平惠及全体人民。党的十八大以来，习近平总书记坚持以人民为中心，坚持系统思维，领导全党围绕生态文明领域人民群众急难愁盼的问题，抓住生态环境质量这个薄弱环节集中攻坚，解决一批突出问题，打好污染防治攻坚战，抓好生态保护与修复，积极应对气候变化，实现生态惠民、生态利民、生态为民。

（一）深入理解良好生态环境是最普惠的民生福祉的科学内涵

坚持良好生态环境是最普惠的民生福祉，蕴含着深刻的以人民为

---

①　《中共中央 国务院关于全面加强生态环境保护 坚决打好污染防治攻坚战的意见》，新华社，2018年6月16日。

中心的发展思想。党的十八大以来，习近平总书记反复强调"人民对美好生活的向往就是我们的奋斗目标"①，形成了以人民为中心的发展思想。党的十九大报告将"坚持以人民为中心"确立为新时代坚持和发展中国特色社会主义的基本方略。以人民为中心的发展思想追求的是不断促进人的全面发展、全体人民共同富裕，这意味着在中国特色社会主义事业诸领域、各方面与全过程都必须坚持以人民为中心。当前我国社会主要矛盾已经转化为人民日益增长的美好生活需要和不平衡不充分的发展之间的矛盾。解决这个矛盾的唯一办法就是要全面践行以人民为中心的发展思想，贯彻新发展理念，着重解决发展不平衡不充分的问题，包括生态环境质量问题，逐步满足人民各方面的美好生活需要。2013年4月，习近平总书记在海南考察工作时指出，"良好生态环境是最公平的公共产品，是最普惠的民生福祉"②。这是对生态环境质量与人民福祉关系的完整表达，也是对生态环境保护工作经济理性和经济正义的精练表述。

坚持良好生态环境是最普惠的民生福祉，就是坚持最普遍的公平和正义。从国内来看，我国环境容量有限，生态系统脆弱，污染重、损失大、风险高的生态环境状况还没有根本扭转，并且独特的地理环境加剧了地区间的不平衡。着力解决多个方面的发展不平衡不充分问题和人民群众急难愁盼问题，维护公平正义，才能让发展成果更多更公平地惠及全体人民，从而推动人的全面发展和全体人民共同富裕。从国际来看，人类是命运共同体，建设绿色家园是人类的共同梦想。"生态环境关系各国人民的福祉，我们必须充分考虑各国人民对美好生活的向往、对优良环境的期待、对子孙后代的责任，探索保护环境

---

① 《习近平接受俄罗斯电视台专访》，《人民日报》2014年2月9日第1版。
② 中共中央文献研究室：《习近平关于社会主义生态文明建设论述摘编》，中央文献出版社，2017年版第4页。

和发展经济、创造就业、消除贫困的协同增效，在绿色转型过程中努力实现社会公平正义，增加各国人民获得感、幸福感、安全感"①。保护生态环境、应对气候变化是全球面临的共同挑战，任何一国都无法置身事外。国际社会应该携手同行，共谋全球生态文明建设之路，共建清洁美丽的世界。

（二）深入理解为什么要坚持良好生态环境是最普惠的民生福祉

回应新时代广大人民群众的热切期盼。改革开放以来，我国经济社会发展和人民生活水平不断提高，人民群众总体幸福指数得到大幅提升，但生态环境等问题也开始凸显。习近平总书记在 2016 年指出，虽然我国经济发展取得历史性成就，但"各类环境污染呈高发态势，成为民生之患、民心之痛。这样的状况，必须下大气力扭转"②。"当前重污染天气、黑臭水体、垃圾围城、农村环境污染已成为民心之痛、民生之患，严重影响人民群众生产生活，老百姓意见大、怨言多，甚至成为诱发社会不稳定的重要因素"③扭转环境恶化、提高环境质量是广大人民群众的热切期盼。大力推进生态文明建设，提供更多优质生态产品，就是在积极回应人民群众的所想、所盼和所急。这些论述，是坚持以人民为中心在生态文明领域的生动体现。生态环境既是关系党的使命宗旨的重大政治问题，也是关系民生的重大社会问题。加强生态文明建设，必须"把解决突出生态环境问题作为民生优先领域"④。

① 习近平：《共同构建人与自然生命共同体——在"领导人气候峰会"上的讲话》，新华社，2021年4月22日。
② 中共中央文献研究室：《习近平关于社会主义生态文明建设论述摘编》，中央文献出版社，2017年版第11页。
③ 习近平：《习近平谈治国理政（第三卷）》，外文出版社，2020年版第368页。
④ 习近平：《推动我国生态文明建设迈上新台阶》，《求是》2019年第3期。

人民对优美生态环境的需要是生态文明建设的动力。我国生态文明建设已进入提供更多优质生态产品以满足人民日益增长的优美生态环境需要的攻坚期，也到了有条件有能力解决生态环境突出问题的窗口期。进入新时代，我国社会主要矛盾转化为人民日益增长的美好生活需要和不平衡不充分的发展之间的矛盾，人民群众对优美生态环境需要已成为这一矛盾的重要方面。发展经济是为了民生，保护生态环境同样也是为了民生；既要创造更多的物质财富和精神财富以满足人民日益增长的美好生活需要，也要提供更多优质生态产品以满足人民日益增长的优美环境需要。

（三）把握坚持良好生态环境是最普惠的民生福祉的实践要求

1. 解决好影响群众生活的突出环境问题

我国生态文明建设一以贯之的主题就是为了让人民生活更美好。对于污染防治工作，习近平总书记强调，"要坚持标本兼治、常抓不懈，从影响群众生活最突出的事情做起，既下大气力解决当前突出问题，又探索建立长久管用、能调动各方面积极性的体制机制，改善环境质量，保护人民健康，让城乡环境更宜居、人民生活更美好"[①]。围绕环境污染治理，中央对大气、水、土壤污染防治工作作出全面战略部署，实施大气、水、土三大污染防治行动计划、打好污染防治攻坚战，持续打好长江保护修复攻坚战，着力打好黄河生态保护治理攻坚战。我国生态环境质量持续明显改善，人民群众对生态环境质量改善的获得感和幸福感明显增强。"十四五"时期，我国生态文明建设将以降碳为重点战略方向、推动减污降碳协同增效，深入打好污染防治

---

① 中共中央文献研究室：《习近平关于社会主义生态文明建设论述摘编》，中央文献出版社，2017年版第83页。

攻坚战，实现生态环境质量改善由量变到质变，更好地满足人民群众对生态环境的新期盼。有效防范生态环境风险，把生态环境风险纳入常态化管理。保障水安全、加强生物安全建设、保障核与辐射安全。

2. 加快生态文明制度建设，满足人民群众所思所盼

习近平总书记强调，要"真正下决心把环境污染治理好、把生态环境建设好，为人民创造良好生产生活环境"[1] "我国生态环境保护中存在的一些突出问题，一定程度上与体制不健全有关"[2]。党的十八大以来，党中央从人民对优美生态环境的需要出发，坚持一切改革举措都是为了满足人民群众所思所盼，让人民获得真正实惠，加快推进生态文明顶层设计和制度体系建设，制定了一系列涉及生态文明建设的改革方案。加强国家立法和党内法规建设，为改善人民群众关心的生态环境状况提供了坚实的法治基础。建立中央生态环境保护督察制度，通过中央环保督察加强了环境监管问责，加强执法和督察，保障人民群众的切身权益。在国家治理的大格局下，党委领导、政府主导、企业主体、社会组织和公众共同参与的中国特色现代环境治理体系初步建成，人民群众成为生态环境保护的参与者、受益者。

3. 为人民群众提供更多优质生态产品

习近平总书记指出，"我国农产品、工业品、服务产品的生产能力迅速扩大，但提供优质生态产品的能力却在减弱，一些地方生态环境还在恶化"[3] "建设生态文明是关系人民福祉、关系民族未来的大计。中国要实现工业化、城镇化、信息化、农业现代化，必须要走出一条

---

① 中共中央文献研究室：《习近平关于社会主义生态文明建设论述摘编》，中央文献出版社，2017年版第7页。

② 中共中央文献研究室：《习近平关于社会主义生态文明建设论述摘编》，中央文献出版社，2017年版第102页。

③ 中共中央文献研究室：《习近平关于社会主义生态文明建设论述摘编》，中央文献出版社，2017年版第10页。

新的发展道路"①。在推进社会主义现代化建设过程中，全党全社会深入实施山水林田湖一体化生态保护和修复，加强生态保护修复系统谋划、协同实施，加强生态环境保护统一监管，增加优质生态产品供给。习近平总书记强调，"良好生态环境是人和社会持续发展的根本基础"②。为此需要划定并严守生态保护红线，构建以国家公园为主体的自然保护地体系，进一步推进生态保护与修复工作，提高生态系统的质量和稳定性，为人民群众提供更多优质生态产品。着力建设健康宜居美丽家园，把保护城市生态环境摆在更加突出的位置。实施乡村振兴战略，加强农村生态文明建设。

4. 推动构建全球人与自然生命共同体，共谋全人类福祉

习近平主席强调，"地球是全人类赖以生存的唯一家园。我们要像保护自己的眼睛一样保护生态环境，像对待生命一样对待生态环境，同筑生态文明之基，同走绿色发展之路"③。面对新发展格局，中国秉持地球生命共同体和人类命运共同体理念，持续推进国内生态文明建设，并为全球生态保护和气候治理贡献了中国智慧和中国力量。中国积极推动建立公平合理、合作共赢的全球气候治理体系，促进全球向绿色低碳、气候适应型和可持续发展转型，这是为全人类、为子孙后代谋求福祉的重要举措。

习近平主席站在提升全人类福祉的高度，指出"人类必将能够应对好全球气候环境挑战，把一个清洁美丽的世界留给子孙后代"④。中

---

① 中共中央文献研究室：《习近平关于社会主义生态文明建设论述摘编》，中央文献出版社，2017年版第7页。

② 中共中央文献研究室：《习近平关于社会主义生态文明建设论述摘编》，中央文献出版社，2017年版第45页。

③ 习近平：《共谋绿色生活，共建美丽家园——在2019年中国北京世界园艺博览会开幕式上的讲话》，新华社，2019年4月28日。

④ 习近平：《共同构建人与自然生命共同体——在"领导人气候峰会"上的讲话》，新华社，2021年4月22日。

国是负责任的发展中大国，是全球气候治理的积极参与者。2020年9月22日，习近平主席在第七十五届联合国大会一般性辩论上提出，"中国二氧化碳排放力争于2030年前达到峰值，努力争取2060年前实现碳中和"[①]。此后又数十次在国际国内重要场合强调碳达峰碳中和目标，并把它纳入我国生态文明建设整体布局，责无旁贷贡献了中国力量，提振了全球应对气候变化信心。同时，中国不断加强应对气候变化国际合作，广泛参与其他政府间应对气候变化合作与交流，充分发挥"一带一路"绿色发展国际联盟等多双边合作平台的作用，推动全球气候变化治理及绿色转型伙伴关系建设，为应对气候变化国际合作汇聚更多力量。中国的一系列重要举措，以为全人类谋福利、保障子孙后代可持续发展为出发点，为持续造福各国人民贡献中国智慧和中国方案。

五、山水林田湖草沙是生命共同体

（一）深入理解山水林田湖草沙是生命共同体的科学内涵

1. 山水林田湖草沙是生命共同体，是对生态系统客观规律的科学判断

2018年5月18日，习近平总书记在全国生态环境保护大会上发表重要讲话，指出"生态是统一的自然系统，是相互依存、紧密联系的有机链条。人的命脉在田，田的命脉在水，水的命脉在山，山的命脉在土，土的命脉在林和草，这个生命共同体是人类生存发展的物质基础"[②]。在自然界，任何生物群落都不是孤立存在的，只有以系统的形式存在，大自然才能焕发出无穷的生机。海洋生态系统、陆地生态

---

① 习近平：《在第七十五届联合国大会一般性辩论上的讲话》，新华社，2020年9月22日。
② 习近平：《习近平谈治国理政（第三卷）》，外文出版社，2020年版第363页。

系统等大自然存在的各类生态系统，在系统内部及系统与系统之间，总能通过能量和物质的交换与其生存的环境不可分割地相互联系、相互作用，形成统一的整体。任何一个生态系统，都是多样的、相互依存的。脱离了系统的单一生态要素，是难以在大自然中得到长远繁衍和发展的。习近平总书记提出坚持山水林田湖草沙是生命共同体，是站在生态视角对生态环境整体系统的科学判断。

2. 习近平生态文明思想的整体系统观，超越自然生态本身，为生态环境保护修复提供了治理之道

2018 年 5 月 18 日，习近平总书记在全国生态环境保护大会上指出，"不能再是头痛医头、脚痛医脚，各管一摊、相互掣肘，而必须统筹兼顾、整体施策、多措并举，全方位、全地域、全过程开展生态文明建设。比如，治理好水污染、保护好水环境，就需要全面统筹左右岸、上下游、陆上水上、地表地下、河流海洋、水生态水资源、污染防治与生态保护，达到系统治理的最佳效果"①。习近平总书记指出，"一定要算大账、算长远账、算整体账、算综合账，如果因小失大、顾此失彼，最终必然对生态环境造成系统性、长期性破坏"②。习近平总书记的以上重要论述，从全局的角度出发为生态文明建设指明了坚持山水林田湖草沙是生命共同体的新的生态环境保护之道、治理之道。

3. 习近平生态文明思想系统阐释了山水林田湖草沙生态保护修复的基本路径

对山水林田湖草沙生态保护修复的基本路径作了系统阐述。从习近平总书记的多次讲话中可以梳理出山水林田湖草沙生态系统保护修复的基本路径：一是实施重要生态系统保护和修复重大工程，优化生态安全屏障体系，构建生态廊道和生物多样性保护网络，提升

---

① ② 习近平：《习近平谈治国理政（第三卷）》，外文出版社，2020年版第363页。

生态系统质量和稳定性。二是完成生态保护红线、永久基本农田、城镇开发边界三条控制线划定工作。三是开展国土绿化行动，推进荒漠化、石漠化、水土流失综合治理，强化湿地保护和恢复，加强地质灾害防治；完善天然林保护制度，扩大退耕还林还草。四是严格保护耕地，扩大轮作休耕试点，健全耕地草原森林河流湖泊休养生息制度，建立市场化、多元化生态补偿机制。五是提升生态系统质量和稳定性，坚持系统观念，从生态系统整体性出发，推进山水林田湖草沙一体化保护和修复，更加注重综合治理、系统治理、源头治理。六是加快构建以国家公园为主体的自然保护地体系，完善自然保护地、生态保护红线监管制度。七是建立健全生态产品价值实现机制，让保护修复生态环境获得合理回报，让破坏生态环境付出相应代价。八是推行草原、森林、河流、湖泊休养生息，实施好长江十年禁渔，健全耕地休耕轮作制度。九是实施生物多样性保护重大工程，强化外来物种管控。当然，这些路径要因地制宜地科学选择、优化组合，努力做到事半功倍。

强调按规律推进山水林田湖草沙生态保护修复。山水林田湖草沙是不可分割的生态系统。习近平总书记指出，"保护生态环境，不能头痛医头、脚痛医脚"①。我们要按照生态系统的内在规律，统筹考虑自然生态各要素，从而达到增强生态系统循环能力、维护生态平衡的目标。他还指出"'万物各得其和以生，各得其养以成。'生物多样性使地球充满生机，也是人类生存和发展的基础。保护生物多样性有助于维护地球家园，促进人类可持续发展"②。他进一步指出，"人与自然应和谐共生。当人类友好保护自然时，自然的回报是慷慨的；当人类粗暴掠夺自然时，自然的惩罚也是无情的。我们要深怀对自然的敬

---

① 习近平：《习近平谈治国理政（第三卷）》，外文出版社，2020年版第363页。
② 习近平：《论坚持人与自然和谐共生》，中央文献出版社，2022年版第291页。

畏之心，尊重自然、顺应自然、保护自然，构建人与自然和谐共生的地球家园"①。

强调因地制宜和自然恢复为主、人工修复为辅。习近平总书记2019年3月5日在参加十三届全国人大二次会议内蒙古代表团审议时讲话指出，"内蒙古有森林、草原、湿地、河流、湖泊、沙漠等多种自然形态，是一个长期形成的综合性生态系统，生态保护和修复必须进行综合治理。保护草原、森林是内蒙古生态系统保护的首要任务。必须遵循生态系统内在的机理和规律，坚持自然恢复为主的方针，因地制宜、分类施策，增强针对性、系统性、长效性"②。

强调要防范生态风险、弥补生态短板。习近平总书记2018年4月26日在深入推动长江经济带发展座谈会上指出，"要针对查找到的各类生态隐患和环境风险，按照山水林田湖草是一个生命共同体的理念，研究提出从源头上系统开展生态环境修复和保护的整体预案和行动方案，然后分类施策、重点突破，通过祛风驱寒、舒筋活血和调理脏腑、通络经脉，力求药到病除"③。

强调要注重生态资产保护修复增值。习近平总书记2018年9月28日在主持召开深入推进东北振兴座谈会时发表重要讲话，指出"要贯彻绿水青山就是金山银山、冰天雪地也是金山银山的理念，落实和深化国有自然资源资产管理、生态环境监管、国家公园、生态补偿等生态文明改革举措，加快统筹山水林田湖草治理，使东北地区天更蓝、山更绿、水更清。要充分利用东北地区的独特资源和优势，推进寒地冰雪经济加快发展"④。

① 习近平：《论坚持人与自然和谐共生》，中央文献出版社，2022年版第292页。
② 习近平：《论坚持人与自然和谐共生》，中央文献出版社，2022年版第227~228页。
③ 习近平：《论坚持人与自然和谐共生》，中央文献出版社，2022年版第213页。
④ 《习近平在东北三省考察并主持召开深入推进东北振兴座谈会》，新华社，2018年9月28日，http://www.gov.cn/xinwen/2018-09/28/content_5326563.htm。

强调要国土绿化和植树造林。习近平总书记 2019 年 4 月 8 日在参加首都义务植树活动时强调，要发扬中华民族爱树植树护树好传统，全国动员、全民动手、全社会共同参与，深入推进大规模国土绿化行动，推动国土绿化不断取得实实在在的成效[①]。

（二）深入理解为什么要坚持山水林田湖草沙是生命共同体

1. 山水林田湖草沙是生命共同体的理念符合系统规律

一是始终坚持系统思维。牢固树立自然生态系统、人与自然复合生态系统的意识，坚持系统思维，系统地保护、修复、治理生态系统，消除地域间、部门间、过程间的割裂，实现全方位、全地域、全过程的保护修复。当前，尤其要加强基于美丽中国建设、生态文明建设全局下的生态系统保护修复，不过度追求单一生态要素的性状改善，而注重生态系统功能和品质的提升。

二是按规律推进生态系统保护修复。始终树立生态系统的理念，尤其要注重人与自然复合生态系统的维系、保护和修复，把握和遵循自然规律，尊重经济规律和社会运行规律。坚决避免、制止违背规律特别是自然规律以及过度干预自然的行为和现象，包括沙漠人造景观、长距离引水植树等违背自然规律和经济规律的行为和现象等。

2. 山水林田湖草沙生态系统保护修复有科学界定的内涵

笔者认为，所谓山水林田湖草沙生态保护修复，是指按照山水林田湖草沙是生命共同体理念，依据国土空间总体规划以及国土空间生态保护修复等相关专项规划，在一定区域范围内，为提升生态系统自我恢复能力，增强生态系统稳定性，促进自然生态系统质量的整体改

---

① 《习近平参加首都义务植树活动》，新华社，2019年4月8日，http://www.gov.cn/xinwen/2019–04/08/content_5380557.htm。

善和生态产品供应能力的全面增强，遵循自然生态系统演替规律和内在机理，对受损、退化、服务功能下降的生态系统进行整体保护、系统修复、综合治理的过程和活动。

3. 山水林田湖草沙生态系统修复的目标和原则明晰

美丽中国建设目标导向。瞄准天蓝、地绿、水清、土净、景秀、田沃等美丽中国愿景，推进重点国土空间单元的美丽中国建设，重点推进美丽乡村、美丽城镇等建设，以此统领生态系统保护修复。同时，也要兼顾保障国家食物安全、国土安全、资源安全等方面的目标需求。

四项基本原则要求。一是坚持科学实用的基本原则，尊重规律，根据技术、经济等多方面的条件，科学实用地确立生态系统保护修复的目标，坚持量力而行，注重系统保护与重点保护相结合。二是坚持自然修复为主、人工修复为辅的原则，凡是能自然恢复的生态系统，交由自然恢复其应有的数量质量性状，避免过多的人造生态，努力做到事半功倍。三是坚持因地制宜、循序渐进的原则，根据各地的自然、经济、社会等条件确定保护修复的方向、目标、路径和模式，不要生硬地照搬、套用。四是坚持用途导向与问题导向相结合的原则，既始终坚持美丽中国建设、生态安全、资源安全及食物安全等目标导向，也要坚持瞄准主要问题、症结、短板进行有针对性的攻关。

4. 生态系统保护修复必须坚持因地制宜和规划引领

坚持规划引领、标准规制。制定实施国家、区域、流域、地区层面的生态系统保护修复的规划体系，制定实施国家、区域、流域、地区层面的生态系统保护修复的技术标准体系。坚持因地制宜、循序渐进。加强对重点区域、重点流域生态系统的调查评价诊断，针对功能定位和关键问题，推进重点区域、重点流域的生态系统保护与修复。开展重点国土空间单元的生态修复。当前，重点在青藏高原生态屏障区、黄河重点生态区（含黄土高原生态屏障）、长江重点生态区（含川滇生态屏障）、东北森林带、北方防沙带、南方丘陵山地带、海岸带等重要生态功能区，有针对性地开展生态系统保护修复工程。推进美丽国土空间单元建设。在当前及今后一个相当长时期，多部门联合推动包括美丽乡村、美丽城镇、美丽县域、清洁园区等美丽国土空间单元的建设。

（三）把握坚持山水林田湖草沙是生命共同体的实践要求

一是建立健全各级财政支持机制。进一步加大财政资金统筹力度。按照"职责不变、渠道不乱、资金整合、打捆使用"的原则，整合各级财政用于矿山地质环境恢复治理、水质良好湖泊生态环境保护、高标准基本农田建设、农业综合开发、中小流域整治、生态林建设、大气污染治理、农村环境综合整治等的相关专项资金，优先支持"山水林田湖草沙"生态修复项目。设立生态保护修复专项资金。

二是建立健全市场化的投入机制。全面落实《国务院办公厅关于鼓励和支持社会资本参与生态保护修复的意见》。尤其要鼓励和支持社会资本参与生态保护修复项目的投资、设计、修复、管护等全过程，以自主投资、公益参与等方式，参与生态产品开发、生态产业发展、生态科技研发、生态技术服务等活动。鼓励和支持社会资本全领域全过程地参与生态保护修复。充分发挥各类金融机构对生态保护修复的融资支持作用。强化生态治理义务人的主体责任。鼓励和支持组建生态保护修复专业实体。

三是制定实施生态保护修复标准和规章。制定实施科学可行的生态保护修复标准。在《山水林田湖草生态保护修复工程指南（试行）》相关规定的基础上，进一步因地制宜、因类制宜地提出定量与定性相结合、绝对量与相对量相结合、短期与长期相结合的判别评价标准，必要时可以分区甚至分亚区制定可操作的生态保护修复标准。修复标准不宜过低或过高，要实事求是。

四是加强对生态保护修复工作的指导。指导各地制定科学可行的保护修复规划。发挥《山水林田湖草生态保护修复工程指南（试行）》的指导作用，重点针对规划编制不科学、修复目标不可行的问题，充分发挥业务和管理专家的作用，指导生态保护修复规划的编制，加强对生态保护修复规划的专家论证，加强对保护修复目标的论证。适时总结推广生态保护修复示范项目。在总结试点工作经验的基础上，以流域为单元控制实施范围和规模，启动一批生态保护修复示范项目，以示范和样板引导鼓励全国各地积极、有效地开展生态保护修复。

五是进一步加强地区间部门间协商合作。进一步加强部门间的协商合作。建立多部门协同推进机制，统筹各类规划、资金、项目。进一步加强地区间的协商合作，建立健全山水林田湖草沙一体化保护修复治理的联动、协作机制和风险预警防控体系。进一步提高生态保护修复领域的财权事权匹配度，进一步优化项目运行过程中的纵向与横向的财权、事权分配，避免过度修复和形成地方政府隐性债务。

六、用最严格的制度保护生态环境

（一）深入理解用最严格的制度保护生态环境的科学内涵

所谓坚持用最严格的制度保护生态环境，是指按照最严格的标准科学和创新地制定生态环境保护党内法规、国家立法及其制度，按照最严格的标准强化实施生态环境保护党内法规、国家立法及其制度，对于违反者要依规依法严肃地追责，即用最严格制度最严密法治保护生态环境，加快制度创新，强化制度执行，让制度成为刚性的约束和不可触碰的高压线。"用最严格的制度保护生态环境"包括以下几方面的内涵。

一是坚持最严格的制度建设标准。最严格的制度包括党内法规制度和国家法律制度，在制定时要加快创新，同时要考虑中国的基本现实国情，做到既不松软，也不超越现实，使制度的建设既符合生态文明建设目标的需求，也符合现实问题解决的需要。"最严格"主要表现在领导和监管职责的规定明确且具体、法律义务的规定系统且完备、法律程序的设计周到且严密、法律责任的规定全面且严格，能够避免违法成本低、守法成本高的现象。最严格制度的建设应当在党内法规和国际立法之中统一建设，防止在党内法规和国家立法之外另行建设和实施替代性的制度。

二是坚持最严格的制度实施标准。制度的生命力在于执行，制度一旦得到党内法规和国家立法建立，就应当得到原汁原味的执行。党内法规和国家法律制度的强化执行应当全面、系统，既不应当有所选择，也不应当有所抛弃。一个制度如果未得到有效实施，可能会产生连带效应，损害其他制度的实施效果。党内法规和国家法律制度的实施应当处理好不同效力层级规则的实施关系，既不冲突也不留下空隙，做到实施有效且实施协调。党内法规制度和国家法律制度应当坚持严格的程序，既不能违反规定搞变通，也不能违反规定走捷径，确保实体性规定与程序性规定的实施相匹配。

三是坚持最严格的责任追究标准。责任规定一旦得到党内法规和国家立法建立，不论违反规定的主体是谁，都应当按照比例原则不折不扣地执行，既不要搞选择式问责，也不要搞追责扩大化或者"一刀切"，要做到科学、精准、依规问责。制度在实施时不可避免地遇到特殊对象、特殊情形和特殊后果，如符合《中国共产党问责条例》（2019 年）、《中国共产党纪律处分条例》（2018 年）、《党政领导干部生态环境损害责任追究办法（试行）》（2015 年）、《中央生态环境保护督察工作规定》（2019 年）、《领导干部自然资源资产离任审计规定（试行）》（2017 年）等党内法规以及《中华人民共和国行政处罚法》（2021 年）、《中华人民共和国刑法》（1997 年）、《中华人民共和国刑事诉讼法》（2018 年修正）、《中华人民共和国环境保护法》（2014 年）等国家立法规定的从轻、减轻、免除处分（处罚）情形，就应当依法予以从轻、减轻、免除追责；如符合党内法规及国家立法规定的从重、加重追责情形，应当依法予以从重、加重追责。在依法追究责任时，应当做好党纪责任和法律责任的衔接，做好行政责任和刑事责任的衔接。只有这样，制度才能成为刚性的约束和不可触碰的高压线。

（二）深入理解为什么坚持用最严格的制度保护生态环境

习近平总书记指出，"保护生态环境必须依靠制度、依靠法治。只有实行最严格的制度、最严密的法治，才能为生态文明建设提供可靠保障"①。2013 年党的十八届三中全会提出"建设生态文明，必须建立系统完整的生态文明制度体系，用制度保护生态文明"②。2014 年党的十八届四中全会提出"用严格的法律制度保护生态环境"③。习近平生态文明思想强调用最严格的制度保护生态环境，有其现实逻辑、历史逻辑和发展逻辑。

---

① 《让绿水青山造福人民泽被子孙》，《人民日报》2021年6月3日第1版。
② 《中共中央关于全面深化改革若干重大问题的决定》，党建网，2013年11月12日，http://www.dangjian.cn/shouye/zhuanti/zhuantiku/dangjianwenku/quanhui/202005/t20200529_5637913.shtml。
③ 《中共中央关于全面推进依法治国若干重大问题的决定》，党建网，2014年10月23日，http://www.dangjian.cn/shouye/zhuanti/zhuantiku/dangjianwenku/quanhui/202005/t20200529_5637876.shtml。

1. 用制度保护生态环境的现实逻辑：形势有要求

党的十八大以来，基于生态环境形势严峻、生态环保法律作用需增强、生态破坏与环境污染追责效果作用不强等问题及守法成本高、违法成本低的现象，党中央高度重视生态环境法治建设，力挽狂澜，让生态环境法治真正成为刚性约束。2017 年召开的党的十九大基于新形势、新判断和新任务，对生态文明法治建设作出改革和建设部署，并修改党章，要求建立严格的生态文明法律制度。2018 年 3 月，全国人大修改宪法，对生态文明建设作出基本规定，标志着体现严密法治观开展最严格的生态环境法治建设进入新的历史阶段。

2. 用制度保护生态环境的历史逻辑：规则见成效

党的十八大以来，通过 10 年的努力，我国建立了以党领导生态文明法治建设为核心、党内制度和国家制度衔接的生态文明制度体系。这一制度体系目前已比较系统完整，在推进生态文明建设和保护生态环境方面发挥了极为重要的保障作用，这充分表明依靠严密的制度和最严格的法治保护生态环境是正确的。我国生态环境法治建设以先进、科学的生态文明理念为指导，坚持综合、协调保护和保护优先、绿色发展的基本原则，形成了党的领导、政府主导、市场调节、企业主体责任和社会监督相结合的共治体制，注重制度和机制建设的综合性、稳定性、科学性、实效性、衔接性及集成创新性，覆盖了生态环境保护的主要领域，实现了门类齐全、功能完备、内部协调统一的局面。在法治实施方面，现实已经证明，最严格的党内法规建设与生态环境立法、执法、司法、守法、社会参与监督统筹兼顾。

具体来看，在党内法规层面，发布了《党政领导干部生态环境损害责任追究办法（试行）》这一既具有行政法规性文件效力也具有党内法规效力的规范性文件，倒逼地方党委和党委领导下的地方政府重视生态环境保护和绿色发展工作，保障国家法律法规的强力和有效实施。在国家法律层面，全国人大制定了包括环境保护条款的《中华人民共和国民法典》，全国人大常委会制定了《中华人民共和国环境保护税法》等重要法律。在行政法规层面，国务院按照国家法律的授权或依据职责发布或实施了《城市市容和环境卫生管理条例》等行政法规或行政法规性文件，确保国家法律的有效实施。在部门规章层面，生态环境部等部门结合各自的职责，制定了生态环境方面的部门规章和其他部门性规范性文件 90 余件。

3. 用制度保护生态环境的发展逻辑：建设在路上

规则贴切现实需要是不断创新和完善生态文明制度体系的根本出发点。经济社会和生态环境保护形势是不断变化的，生态文明法治也是不断发展和完善的。在坚持用最严格制度生态环境方面，目前还存在一些问题需要系统和深入解决。党的十八大以来，污染治理力度之大、制度出台频度之密、监管执法尺度之严、环境质量改善速度之快前所未有，推动生态环境保护发生历史性、转折性、全局性变化。习近平总书记在 2018 年 4 月深入推动长江经济带发展座谈会上指出，"生态环境协同保护体制机制亟待建立健全。统分结合、整体联动的工作机制尚不健全，生态环境保护制度尚不完善，市场化、多元化的生态补偿机制建设进展缓慢，生态环境硬约束机制尚未建立，长江保护法治进程滞后。生态环境协同治理较弱，难以有效适应全流域完整性管理的要求"①。在其他场合，他也提到生态文明法治工作存在的一些问题。总体来看，面向 2030 年实现碳达峰、2035 年美丽中国建设目标基本实现的绿色低碳发展新形势和新任务，我国当前的生态环境保护存在工作不充分和区域、行业工作不平衡的问题，生态环境质量

---

① 习近平：《在深入推动长江经济带发展座谈会上的讲话》，《求是》2019年第17期。

仍与人民日益增长、不断升级的美好生活期盼有差距。究其原因，除了经济、技术和管理能力不足外，还包括以下几方面的法治建设问题与挑战。

在生态环境法治建设的目的方面，需要全面和深入体现生态文明的理念。尽管生态文明理念进入了现有的生态环境法律法规，但在生态环境基础设施建设和运行、垃圾分类、农村污水处理、国家公园建设等方面，由于缺乏国家专门立法，生态文明的理念贯彻落实不足；一些法律，如《中华人民共和国循环经济促进法》需要全面修改，以体现生态文明的要求；针对松花江、辽河、太湖等跨省河流和湖泊的管理，缺乏专门的立法，导致现有政策和制度的区域和流域化整合难以符合生态文明的系统性和整体性要求。

在生态环境法治体系的建设方面，尚存国家立法和党内法规建设的空白。一是缺乏专门法规，排污权有偿使用制度、排污权交易制度、碳排放交易、用能权交易尚未全面推广。二是生态环境损害赔偿、生态补偿方面的专门法律和条例欠缺，有关生态文明体制改革的措施未得到立法的全面充分巩固。三是气候变化应对、国家公园管理、化学品环境安全保障、禁止虐待动物等方面的法律或者法规欠缺，有关中央决策和生态文明体制改革的要求尚未巩固到法律中。四是环境污染保险、环境信用管理、环境管家服务、环境保护产业化等新时代管用的生态环境保护措施和手段，缺乏国家法律法规的制度化规定，作用发挥不够。此外，在领导体制和责任体制方面，党内法规缺少各级党委和政府的责任以及各级党委领导生态环境保护的方法和手段的规定。

在生态环境保护法治制度的结构方面，立法建设不均衡。主要的表现是信息公开、公众参与、环境经济激励、环境公益诉讼等方面的政策和制度规定的比重偏低，有必要提升，如公众参与被动性强、参与模式单一、参与度仍然较低。公众参与大多局限于举报违法行为或是对环评、法规等提出相应的建议，距离深入参与环境治理尚存差距。此外，环境保护社会组织出现两极分化的现象，影响力总体仍然偏弱，亟须立法予以经济和技术等方面的支持，为地方党委和政府分担工作压力。

在生态环境法治体制和制度的构建方面，立法规定衔接性不够。一是 2018 年大部制改革后，生态环境部、自然资源部实施的法律制度分割的现象仍然存在。例如，生态环境部有生态监管的职责，但是生态保护和生态修复的工作抓手，如森林、草原、湿地、海洋等领域的生态保护，却在自然资源部。因此，应做好部门实施的制度体系衔接，整体提升生态文明的综合绩效。二是生态环境法治建设作为生态文明领域的专门法治建设，需衔接政治、经济、社会和文化领域的基本制度，体现其开放性和包容性，使生态环境法治工作得到各方面的支持。在实践中，生态环境保护部门单打独斗的现象仍然存在，需要把生态环境保护"一岗双责"的要求落实到各部门。三是目前法律规定的一般性生态环境保护体制和制度，难以有效解决一些跨省流域和区域的特殊生态保护问题。需要面对这些特殊的问题，开展产业结构优化、行政监管协同、环境保护标准制定协同等工作。四是绿色、低碳和循环发展的监管体制、法律制度、法律机制整合度不够，各领域协同开展工作的综合绩效有待提高。

在生态环境法治主体的作用发挥方面，保障和激励机制不充分。例如，现实中对生态环境保护部门及其工作人员的无限度追责，导致一些部门和执法人员不敢严格执法或者不得不过度执法。一些区域屡次被发现不严格执法导致生态环境问题突出，而责任追究的规定不具体。一些地方平时不严格执法，却在中央生态环境保护督察时实施"一刀切"。对于"一刀切"的措施，企业等行政管理相对人对于自己受损的利益缺乏有效的民事和行政救济手段。此外，由于缺乏专门的生态环境保护宣传教育立法，缺乏统一和有效的生态环境保护宣传评价考核机制，生态文明宣传教育工作易流于形式。由于环境行政公益诉讼的起诉主体仅局限于检察机关，公民和社会组织对于地方政府疏于监管导致生态环境公共利益受损的行为，缺乏有效的法律监督手段，这也影响了社会组织近些年提起环境民事公益诉讼制度的积极性。

在生态环境法治机制的创新方面，需要加强引导和激励相结合的法治创新工作。目前国家层面的生态环境保护强制标准对于经济发达地区可能偏低，对于经济落后地区可能偏高。如果在实施中把握得不好，可能在一些经济欠发达地区产生执法"一刀切"现象，如关停排污企业甚至关停一些服务民生的项目，给生产和生活造成不必要的影响。为此，需要鼓励地方制定比国家标准更加严格的标准。为了提升地方的积极性，可以在上下级政府之间依法签订和实施行政协议，采取以奖代补、政策优惠等激励机制。一旦依法签订协议，地方必须强制实施自己的承诺性标准和要求。为此，需要明确生态环境保护行政协议的法律效力和签订程序。

（三）把握坚持用最严格的制度保护生态环境的实践要求

坚持用最严格的制度保护生态环境，习近平总书记针对性地提出了要求、作出了部署。习近平总书记指出，"制度的生命力在于执行，关键在真抓，靠的是严管""对那些不顾生态环境盲目决策、造成严重后果的人，必须追究其责任，而且应该终身追责。对破坏生态环境的行为不能手软，不能下不为例"①。2019 年 9 月在黄河流域生态保护和高质量发展座谈会上，习近平总书记指出"加强流域内水生态环境保护修复联合防治、联合执法"②。2021 年在主持十九届中央政治局第二十九次集体学习时，习近平总书记指出"要坚持精准治污、科学治污、依法治污，保持力度、延伸深度、拓宽广度，持续打好蓝天、碧水、净土保卫战"③。2021 年 10 月在《生物多样性公约》第十五次缔约方大会领导人峰会上的讲话时，习近平主席指出"为推动实现碳达峰、碳中和目标，中国将陆续发布重点领域和行业碳达峰实施方案和一系列支撑保障措施，构建起碳达峰、碳中和'1+N'政策体系"④。

这些要求涵盖空间规划、生态保护、污染防治、节约资源、流域保护应对气候变化等领域，涉及立法、党内法规制定、执法、司法、区域协作等方面。作为美丽中国建设的保障措施，生态文明法治建设需要按照党中央的部署，针对到 2035 年美丽中国建设目标基本实现的要求，分期部署 2025 年、2030 年、2035 年的生态文明法治建设工作。在"十四五"时期，应面对现实存在的生态环境问题，扬长补短，夯实基础，健全国家立法和党内法规体系，优化领导和监管体制，完善法治制度和政策，创新法治机制和责任，形成科学治理、共同治理、精准治理、依法治理的生态环境治理体系和治理能力现代化格局。

在生态环境法治规范建设的统筹方面，建议坚持走党内法规建设和国家立法相结合的中国特色社会主义生态文明法治建设道路。在

---

① 习近平：《推动我国生态文明建设迈上新台阶》，《求是》2019年第3期。
② 习近平：《在黄河流域生态保护和高质量发展座谈会上的讲话》，《求是》2019年第20期。
③ 习近平：《努力建设人与自然和谐共生的现代化》，《求是》2022年第11期。
④ 习近平：《共同构建地球生命共同体——在〈生物多样性公约〉第十五次缔约方大会领导人峰会上的主旨讲话》，新华社，2021年10月12日。

党内法规方面，建议中共中央以习近平生态文明思想为理论导向，以生态环境保护和绿色发展问题为问题导向，以生态文明建设目标为行动导向，尽快制定"十四五"至"十六五"三个五年党内生态文明建设法规建设的近期和中长期规划，进一步完善生态环境保护党政同责、中央生态环境保护督察、生态文明建设目标考核、全面垃圾分类、防止餐饮浪费等方面的党内法规体系，夯实党领导国家和社会开展生态文明建设的法治基础。建议全国人大常委会和国务院按照党中央有关生态文明的建设目标和行动部署，近期组织制定"十四五"至"十六五"国家生态环境保护法律和行政法规的立改废规划；各地方在此规划指导下制定本地方的立法体系；各部门在此规划指导下制定本部门的行政规章体系。只有这样，才能为全面建设生态环境保护有法与党规可依、有法与党规必依、执行立法与党规必严、违法与党规必究的最严格法治的新局面奠定坚实的规范基础。

在生态环境法治规范体系的建设方面，建议以落实生态文明理念和保护优先绿色发展的目的为指引，制定"国家公园法""化学品环境安全管理法""禁止虐待动物法"；针对黄河、淮河、松花江、辽河、太湖等跨省河流或者湖泊，总结《中华人民共和国长江保护法》的起草经验，尽快出台"黄河保护法"，启动"淮河保护法""松花江保护法""辽河保护法""太湖保护法"等流域或者湖泊的立法工作，整合和创新现有的生态环境和绿色发展体制、制度、机制和法律责任，建立健全统一规划、统一或协调立法、统一或协调标准、统一或协调监管体制、统一或协调执法、统一或协调人大监督、统一或协调信用监管、统一或协调法律责任等综合性调整机制，适应流域、湖泊统筹和一体化保护的需要；加快《中华人民共和国循环经济促进法》的修改；制定"排污权有偿使用和排污权交易条例"，促进生态环境保护和生态环境效益的最大化；制定"生态环境损害赔偿法""生态保护补偿条例"，全面落实生态环境损害和生态环境保护补偿改革文件的要求；制定"应对气候变化法"和匹配的碳交易、碳排放监管法规，针对"双碳"目标，构建路线图和相应的目标实现体制、制度和机制；制定"环境污染保险条例""环境信用管理条例""环境管家服务条例""环境保护产业促进法"，及时促进新型市场化管理手段的法治化。此外，建议中共中央办公厅、国务院办公厅联合制定"地方党委和政府生态环境保护责任规定"，通过概括加列举的规范方法，明确各级党委和政府的责任，规范各级党委领导生态环境保护的方法和手段。

在生态环境保护法治制度的结构平衡方面，建议在生态环境保护法律法规和规章的立改废时，进一步征求社会意见，加强信息公开、公众参与、经济激励、信用管理、市场调节、行政协议、公益诉讼等制度的建设，健全生态环境保护和低碳发展标准体系，扶持生态环境保护社会组织的建设，鼓励政府通过市场购买环境保护技术、治理和宣传教育服务，全面、系统、深入构建生态环境共治的体制、制度和机制，体现生态环境保护法治建设的科学性与民主性。

在生态环境法治体制制度的衔接方面，建议深化中央生态环境保护督察体制和制度体系的构建，发挥综合性的中央督察体制对于生态环境部门职责和自然资源部门职责行使的衔接和协调，促进监管和问责的精准性。在地方建立综合性的生态环境统一执法监察制度，克服部门保护主义。按照"一岗双责"的要求，加强政治、经济、社会和文化领域生态环境监管和生态环境保护共同但有区别的责任体系构建。以《中华人民共和国长江保护法》为立法示范，针对各流域、湖泊和区域生态环境保护制定专门的法律法规时，将国家法律规定的一般性监管体制建设与流域、湖泊和区域特殊性生态环境保护监管体制相结合，将国家统一的生态环境保护标准与流域、湖泊、区域的特殊生态环境保护要求相结合，体现统一和协调监管的要求。出台"绿色、低碳和循环发展促进法"，统筹绿色、低碳和循环发展三个方面的监管体制、法律制度、法律机制，提高协调监管、协同监测、资金投入和成果产出的综合绩效。

在生态环境保护法治主体的作用发挥方面，针对地方各级党委、政府及其部门，建议全面建立生态环境保护监管权力清单，加强人大、政协与社会监督，规定尽职照单免责、失职照单追责的环境监管制度，给监管人员依法监管创造良好的法治氛围；在督察和督查的基础上，建议国务院联合国家监察委制定"生态环境保护量化问责规定"，推行量化问责制度建设；对于"一刀切"式的执法，开展生态环境执法责任追究和损害赔偿制度建设。针对公众参与，建议由全国人大常委会制定"生态环境保护宣传教育法"或者"生态文明宣传教育法"，或者由国务院制定"生态环境保护宣传教育条例"，培育社会的生态文明理念，规范生态环境保护宣传教育途径和方式，鼓励各级党委政府与生态环境社会组织合作，开展培训、宣传、社会调查、技术服务和监督，特别是鼓励政府购买社会生态环境保护宣传教育的服务。针对司法监督，在2030年前后研究修改《中华人民共和国环境保护法》《中华人民共和国行政诉讼法》，深化公益诉讼制度改革，启动社会组织甚至公民提起环境行政公益诉讼的制度。

在生态环境法治机制建设的创新方面，建议修改《中华人民共和国环境保护法》等法律，明确中央与地方、上下级地方政府之间生态环境保护行政协议的内容和范围，并围绕这些规定开展程序构建工作，实现硬性执法监管和弹性协议监管的有机结合。

七、建设美丽中国全民行动

（一）深入理解建设美丽中国全民行动的科学内涵

推进生态文明、建设美丽中国，是人民群众的期盼，也是人民群众共同参与共同建设共同享有的事业，关乎全国人民福祉，也需要全体人民共同努力。作为习近平生态文明思想的重要组成部分，坚持建设美丽中国全民行动，指的就是坚持生态文明必须共建共享，必须加强生态文明宣传教育，牢固树立生态文明价值观念和行为准则，把建设美丽中国化为全民自觉行动①。坚持党的群众路线，通过加快构建政府积极引导、社会氛围支持和公众积极参与的美丽中国建设全民行动体系，推动形成人人关心、人人支持、人人参与、各尽其责、久久为功的推进生态文明建设全社会全面动员和全体人民共同行动的工作局面，汇聚十四亿人共同建设美丽中国的强大社会合力。

（二）深入理解为什么要坚持建设美丽中国全民行动

1. 共建、共治、共享是生态文明事业的基本特征

习近平总书记 2017 年在十八届中共中央政治局第四十一次集体学习时的讲话强调，"生态文明建设同每个人息息相关，每个人都应该做践行者、推动者"②。2018 年 5 月 18 日在全国生态环境保护大会上进一步指出，"生态文明是人民群众共同参与共同建设共同享有的事业，要把建设美丽中国转化为全体人民自觉行动。每个人都是生态环境的保护者、建设者、受益者，没有哪个人是旁观者、局外人、批评家，谁也不

---

① 《中共中央 国务院关于全面加强生态环境保护 坚决打好污染防治攻坚战的意见》，新华社，2018年6月16日。

② 《习近平在中共中央政治局第四十一次集体学习时强调 推动形成绿色发展方式和生活方式 为人民群众创造良好生产生活环境》，新华社，2017年5月27日。

能只说不做、置身事外。要增强全民节约意识、环保意识、生态意识，培育生态道德和行为准则，开展全民绿色行动，动员全社会都以实际行动减少能源资源消耗和污染排放，为生态环境保护作出贡献"①。

保护生态环境、建设美丽中国，需要让全社会真正参与进来，推动共建、共治、共享，这也是推进我国生态治理体系和治理能力现代化的重要举措。党的十九大报告提出，"构建政府为主导、企业为主体、社会组织和公众共同参与的环境治理体系"②。2015 年，中共中央、国务院《关于加快推进生态文明建设的意见》强调提高全民生态文明意识，"积极培育生态文化、生态道德，使生态文明成为社会主流价值观，成为社会主义核心价值观的重要内容"。推进生态文明建设，必须动员全社会力量，充分发扬民主，调动人们的积极性、主动性、创造性，广泛汇聚民智，努力激发民力，形成人人参与、人人尽力共建美丽中国的局面，同时也需要让人民群众共享生态文明建设成果，各得其所，有更多获得感，在绿水青山中共享自然之美、生命之美、生活之美。中共中央办公厅、国务院办公厅 2021 年印发的《关于推动城乡建设绿色发展的意见》也明确提出，"坚持党建引领与群众共建共治共享相结合，完善群众参与机制，共同创造美好环境"。要推动美好环境共建共治共享。

2. 坚持建设美丽中国全民行动，传承了中国共产党走群众路线的优良传统

建党一百多年来，我们党团结带领全国各族人民的伟大斗争和实践表明，不论是革命战争年代、和平建设时期，还是新时代实现中华民族伟大复兴中国梦的新征程中，群众路线是中国共产党事业不断取

---

① 习近平：《推动我国生态文明建设迈上新台阶》，《求是》2019年第3期。
② 习近平：《习近平谈治国理政（第三卷）》，外文出版社，2020年版第40页。

得胜利的重要法宝，也是我们党始终保持生机与活力的重要源泉。习近平生态文明思想关于生态文明建设必须走群众路线的理论特征，与我们党的群众路线优良传统是一脉相承的。

当前，中国特色社会主义进入新时代，我国社会主要矛盾已经转化为人民日益增长的美好生活需要和不平衡不充分的发展之间的矛盾。解决人民最关心最直接最现实的利益问题是执政党使命所在，而人民群众对优美生态环境的热切期盼已成为我们党新时期的奋斗目标。这就需要始终紧紧依靠人民群众，从群众中来，到群众中去，从人民群众中汲取前进的不竭力量，把党的这一正确主张变为群众的自觉行动，积极回应人民群众所想、所盼、所急，大力推进生态文明和美丽中国建设，提供更多优质生态产品，不断满足人民日益增长的优美生态环境需要。

（三）把握坚持建设美丽中国全民行动的实践要求

1. 全民践行绿色低碳生活

习近平主席指出，"我们应该追求热爱自然情怀。'取之有度，用之有节'，是生态文明的真谛"[①]"生态环境问题归根结底是发展方式和生活方式问题。要从根本上解决生态环境问题，必须要贯彻绿色发展理念，坚决摒弃损害甚至破坏生态环境的增长模式，加快形成节约资源和保护环境的空间格局、产业结构、生产方式、生活方式，把经济活动、人的行为限制在自然资源和生态环境能够承受的限度内，给自然生态留下休养生息的时间和空间"[②]。

---

① 习近平：《共谋绿色生活，共建美丽家园——在2019年中国北京世界园艺博览会开幕式上的讲话》，新华社，2019年4月28日。
② 《十三、建设美丽中国（习近平新时代中国特色社会主义思想学习纲要（14））》，《人民日报》2019年8月8日第6版。

要倡导尊重自然、爱护自然的绿色价值观念，加强生态文明宣传教育，培养生态道德和行为习惯，增强全民节约意识、环保意识、生态意识，构建全社会共同参与的环境治理体系和良好风尚，让天蓝地绿水清深入人心，让绿色低碳思想成为社会生活中的主流文化。要开展全民绿色行动，提倡简约适度、绿色低碳的生活和消费方式，反对奢侈浪费和不合理消费，形成文明健康的生活风尚。要广泛开展节约型机关、绿色家庭、绿色学校、绿色社区、绿色出行等行动，通过生活方式绿色革命，倒逼生产方式绿色转型，把建设美丽中国转化为全体人民自觉行动。

2. 全民参与国土绿化

党的十八大以来，生态文明建设纳入"五位一体"总体布局，爱绿、植绿、护绿成为全党和全国各族人民的一致共识和自觉行动，也正在世界上产生积极广泛影响。习近平总书记在 2022 年 3 月参加首都义务植树活动时强调，"党的十八大以来，我连续 10 年同大家一起参加首都义务植树，这既是想为建设美丽中国出一份力，也是要推动在全社会特别是在青少年心中播撒生态文明的种子，号召大家都做生态文明建设的实践者、推动者，持之以恒，久久为功，让我们的祖国天更蓝、山更绿、水更清、生态环境更美好"①。

植树是实现天蓝、地绿、水清的重要途径，是最普惠的民生工程，是功在当代、利在千秋的伟大事业。履行国家关于植树的法定义务，是全体人民建设美丽中国、推进生态文明建设、改善民生福祉的具体行动。要坚持全国动员、全民动手、全社会共同参与，发挥集中力量干大事的制度优势，深入开展大规模国土科学绿化行动，有效提

---

① 《习近平参加首都义务植树活动》，新华网，2022年3月30日，http://www.news.cn/politics/leaders/2022-03/30/c_1128517627.htm。

升森林资源质量，遏制土地沙化荒漠化，为应对气候变化、推动全球生态治理作出重要贡献。

3. 全民参与生态环境保护

生态环境保护不仅是各地党委和政府的责任，也是全社会的共同事业，要更加有效地动员和凝聚各方面力量，完善环境保护公众参与制度，加快形成全社会共同参与的格局，构建全社会共同参与的环境治理体系。

要坚持全民共治、源头防治，动员各方力量，群策群力，群防群治，下大气力解决重污染天气、黑臭水体、垃圾围城、农村环境等严重影响人民群众生产生活的突出生态环境问题。要开展广泛的教育引导工作，通过加强引导、因地制宜、持续推进，把工作做细做实，让更多人行动起来，培养全社会保护生态环境的良好习惯。要充分发挥广大人民群众的积极性、主动性、创造性，做好宣传舆论引导工作，让生态环保思想和天蓝地绿水清成为深刻的人文情怀，营造崇尚生态文明的良好氛围，共同守护美好的生态环境。

4. 全社会节约能源资源

节约资源是保护生态环境的根本之策。大部分对生态环境造成破坏的原因来自对资源的过度开发、粗放型使用，必须从资源节约这个源头抓起。节约能源资源意味着价值观念、生产方式、生活方式、行为方式、消费模式等多方面的变革，涉及各行各业，与每个企业、单位、家庭、个人都有关系，需要全民积极参与。只有全民行动，自觉节约，依法节约能源资源，形成绿色生活和消费方式，才能把国家资源节约战略切实落到实处。

必须牢固树立资源节约理念，充分利用各种手段和途径加大对节约能源资源的宣传力度，大力弘扬中华民族勤俭节约美德，大力倡导珍惜资源、节约资源风尚，持续强化全社会节约意识；同时，加强制度创新和监督体系建设，促进全社会加快形成健康文明、节约资源的绿色生活和消费模式，齐心合力共同建设资源节约型、环境友好型社会。

八、共谋全球生态文明建设

生态文明事业为中国人民，也为世界人民。习近平主席指出，"地球是我们的共同家园。我们要秉持人类命运共同体理念，携手应对气候环境领域挑战，守护好这颗蓝色星球"[①] "我国已成为全球生态文明建设的重要参与者、贡献者、引领者，主张加快构筑尊崇自然、绿色发展的生态体系，共建清洁美丽的世界"[②]。习近平主席积极倡导全人类要携手努力，以人类命运共同体的意识，共建全球人与自然生命共同体，实现全球可持续发展和人类永续繁衍。习近平生态文明思想立足于中国的生态文明建设，又关照世界各国的生态文明事业，彰显出当代中国马克思主义的全球视野和大国的责任担当。

（一）深入理解共谋全球生态文明建设的科学内涵

1. 马克思主义生态文明思想是共谋全球生态文明建设的理论源泉

从社会主义发展史来看，马克思、恩格斯观察人类社会发展历程，形成了马克思主义关于人与自然关系的生态文明思想。马克思主义生态文明思想的逻辑起点是人与自然辩证统一，马克思、恩格斯坚

---

① 《习近平在二十国集团领导人利雅得峰会"守护地球"主题边会上的致辞》，《人民日报》2020年11月23日第2版。

② 习近平：《推进我国生态文明建设迈上新台阶》，《求是》2019年第3期。

决反对将人与自然割裂，认为人与自然之间的物质交换构成人类存在的基础，提出"人本身是自然界的产物"①"自然界是人的无机的身体"②等经典论述。恩格斯强调，"我们不要过分陶醉于我们人类对自然界的胜利。对于每一次这样的胜利，自然界都对我们进行报复"③。因此，面对生态问题的挑战，全人类是一荣俱荣、一损俱损的命运共同体，构建地球生命共同体是各国的共同使命。

2. 习近平人类命运共同体思想是共谋全球生态文明建设的思想指引

习近平人类命运共同体思想的伟大愿景是"建设持久和平、普遍安全、共同繁荣、开放包容、清洁美丽的世界"。在生态治理方面，习近平总书记提出，"要坚持环境友好，合作应对气候变化，保护好人类赖以生存的地球家园"④。党的十八大以来，以习近平同志为核心的党中央把生态文明建设作为统筹推进"五位一体"总体布局和协调推进"四个全面"战略布局的重要内容，坚决打赢污染防治攻坚战，成功化解我国生态文明领域的风险挑战，走出了一条人与自然和谐共生的中国式现代化新道路。

（二）深入理解为什么要坚持共谋全球生态文明建设

1. 人类只有一个地球，生态环境问题无国界

生态问题无国界，生态文明建设关乎整个人类社会的未来，任何一国都无法置身事外、独善其身，这是当代马克思世界历史理论在生

---

① 《马克思恩格斯选集（第三卷）》，人民出版社，2012年版第410页。
② 《马克思恩格斯选集（第三卷）》，人民出版社，2012年版第272页。
③ 《马克思恩格斯选集（第三卷）》，人民出版社，2012年版第998页。
④ 《习近平在中国共产党第十九次全国代表大会上的报告》，《人民日报》2017年10月19日第1版。

态文明建设问题上的重要内容。同筑生态文明之基、同走绿色发展之路，建设美丽家园是全人类共同的责任。在这方面，中国责无旁贷，将继续作出自己的贡献。习近平总书记多次讲，我们绝不走"先污染、后治理"的发达国家的老路。中国在兼顾发展与保护方面，为发展中国家走绿色、低碳、循环的发展道路提供有益示范。中国为发展中国家参与全球气候治理树立榜样，鼓励发展中国家绿色低碳发展，共同治理全球气候问题。同时，发达国家也需要承担历史性责任，兑现减排承诺，并帮助发展中国家减缓和适应气候变化。坚持共谋全球生态文明建设，必将有利于推动全球应对气候变化和生态环境治理实现共赢，推动建设持久和平、共同繁荣的美丽绿色世界。

2. 坚持共谋全球生态文明建设，符合共同构建人与自然生命共同体的内在要求

习近平总书记强调，"人类是命运共同体，保护生态环境是全球面临的共同挑战和共同责任。生态文明建设做好了，对中国特色社会主义是加分项，反之就会成为别有用心的势力攻击我们的借口"①。坚持共谋全球生态文明建设，是构建人类命运共同体的重要组成部分。共谋全球生态文明建设的战略思想超越了国界，是人类创造美好生活的共同理想。

"人与自然是生命共同体"的哲学价值观，在国际上是"构建人类命运共同体"共同的理论依据。马克思在《1844年经济学哲学手稿》中提出，人是以自然界为对象的，如果没有了自然界这个对象，人就成了无。人必然与其发生本质关系的自然界，无非是人的固有而又客观的本质②。也就是说，自然界乃是人的客观本质，人就是人自身的自

① 习近平：《推进我国生态文明建设迈上新台阶》，《求是》2019年第3期。
② 《马克思恩格斯文集（第一卷）》，人民出版社，2009年版第192页。

然界。"人与自然是生命共同体"理念推动着人类社会对人与自然的认知关系跨越性变化，实现人与自然"共生、共荣、共美好"的愿景。

人与自然生命共同体是构建人类命运共同体的坚实基础。在全球可持续发展理念不断演进、全球生态环境治理体系亟待重大变革的背景下，必须坚持尊崇自然、环境友好的全球生态文明建设思想，主张永续发展，以人与自然和谐共生为目标，实现世界的可持续发展与人的全面发展。

3. 坚持共谋全球生态文明建设，是推动全球生态环境治理共赢的重要途径

习近平主席强调，"保护生态环境，应对气候变化，维护能源资源安全，是全球面临的共同挑战。中国将继续承担应尽的国际义务，同世界各国深入开展生态文明领域的交流合作，推动成果分享，携手共建生态良好的地球美好家园"①。共谋全球生态文明建设，深度参与全球环境治理，需要形成世界环境保护和可持续发展的解决方案，引导应对气候变化国际合作。

建设生态文明关乎人类未来，国际社会应该携手同行，共谋全球生态文明建设之路，牢固树立尊重自然、顺应自然、保护自然的意识，坚持走绿色、低碳、循环、可持续发展之路，推动全球生态环境治理实现共赢。全球生态保护与治理为构建人类命运共同体提供了重要路径，能以人与自然、人与社会关系的重新建构实现人与自然、人与社会、人与人的和谐统一，是中国化马克思主义理论在生态文明建设领域的理论与实践创新。全球生态环境保护与治理是将人类命运共同体理念和生态治理理论相结合的重大议题，突破了地域空间和主权

---

① 《习近平致生态文明贵阳国际论坛2013年年会的贺信》，《人民日报》2013年7月21日第1版。

国家的局限，致力于在全球范围内建造一个追求生态利益、承担生态责任、实现生态共治共享的"清洁美丽的世界"，是建设美丽的清洁世界、促进人的全面自由发展的必由之路。

作为负责任大国，中国在全球生态环境治理中所担当的角色，反映了中国与国际体系的正向互动。习近平生态文明思想提出共谋全球生态文明建设，使中国成为全球生态环境治理的理念引领者；中国统筹国内国际两个大局，以强有力的国内生态环境治理率先垂范，成为全球生态环境治理的积极履约者；中国深度参与全球生态环境治理体系变革，特别是通过绿色"一带一路"建设和对发展中国家的生态环境援助，推动全球生态环境治理朝着更加公正合理的方向发展。习近平生态文明思想的形成向整个世界表明，当代中国已既是全球生态环境问题成因的一部分，也是这一问题有效解决方案的一部分，更是其中越来越重要的一部分，即全球生态文明建设"从中国参与走向中国引领"。习近平生态文明思想表明中国从思想上和理论上站在了全球气候治理的前列。

（三）把握坚持共谋全球生态文明建设的实践要求

1. 坚持贡献中国信心和中国力量

习近平主席强调，要"团结一心，开创合作共赢的气候治理新局面。在气候变化挑战面前，人类命运与共，单边主义没有出路。我们只有坚持多边主义，讲团结、促合作，才能互利共赢，福泽各国人民。中方欢迎各国支持《巴黎协定》、为应对气候变化作出更大贡献"[①]。中国历来重信守诺，将以新发展理念为引领，在推动高质量发

---

① 习近平：《继往开来，开启全球应对气候变化新征程——在气候雄心峰会上的讲话》，新华社，2020年12月12日。

展中促进经济社会发展全面绿色转型，脚踏实地落实碳达峰碳中和目标，为全球应对气候变化作出更大贡献。

习近平主席在气候雄心峰会上通过视频发表重要讲话，倡议开创合作共赢的气候治理新局面，形成各尽所能的气候治理新体系，坚持绿色复苏的气候治理新思路，并宣布中国国家自主贡献一系列新举措。气候雄心峰会切实展现出了全球应对气候变化的雄心，为全球应对气候变化进程注入强大正能量，将引领未来气候治理方向。在全球气候变化挑战增多、气候治理进入关键阶段之际，中国倡议为全球气候治理明确了方向、增强了信心、注入了动力。

2. 坚持科技创新引领

习近平总书记强调，"当今世界百年未有之大变局加速演进，国际环境错综复杂，世界经济陷入低迷期，全球产业链供应链面临重塑，不稳定性不确定性明显增加。新冠肺炎疫情影响广泛深远，逆全球化、单边主义、保护主义思潮暗流涌动。科技创新成为国际战略博弈的主要战场，围绕科技制高点的竞争空前激烈。我们必须保持强烈的忧患意识，做好充分的思想准备和工作准备"[1]。

习近平总书记强调，"立足新发展阶段、贯彻新发展理念、构建新发展格局，推动高质量发展，是当前和今后一个时期全党全国必须抓紧抓好的工作。走高质量发展之路，就要坚持以人民为中心的发展思想，坚持创新、协调、绿色、开放、共享发展"[2]。贯彻创新驱动发展战略，携手共建人类美好家园，要加快完善生态文明制度体系，坚决整治生态领域突出问题。

---

[1] 习近平：《加快建设科技强国 实现高水平科技自立自强》，《求是》2022年第9期。
[2] 《习近平：坚定不移走高质量发展之路 坚定不移增进民生福祉》，《光明日报》2021年3月8日第1版。

科技创新是加快生态文明建设的内生动力。实现建成世界科技强国的伟大目标，正确处理中国科技发展的现实问题，为世界科技创新发展和全球生态文明建设提供中国智慧与中国方案，具有重要的理论意义和现实意义。共谋全球生态文明建设，需要充分利用各种现代科学技术，建立各环节紧密耦合的自然资源信息数据库，提升生态环境管理与监管效能等，为生态文明建设提供强有力支撑。

3. 坚持共同构建人类命运共同体

习近平主席强调，"面对全球环境治理前所未有的困难，国际社会要以前所未有的雄心和行动，勇于担当，勠力同心，共同构建人与自然生命共同体。我们要坚持以国际法为基础、以公平正义为要旨、以有效行动为导向，维护以联合国为核心的国际体系，遵循《联合国气候变化框架公约》及其《巴黎协定》的目标和原则，努力落实2030年可持续发展议程；强化自身行动，深化伙伴关系，提升合作水平，在实现全球碳中和新征程中互学互鉴、互利共赢。要携手合作，不要相互指责；要持之以恒，不要朝令夕改；要重信守诺，不要言而无信"①。

中国将力争2030年前实现碳达峰、2060年前实现碳中和，这是中国基于推动构建人类命运共同体的责任担当和实现中华民族永续发展的内在要求作出的重大战略决策。中国承诺实现从碳达峰到碳中和的时间，远远短于发达国家所用时间，需要中方付出艰苦努力。要科学准确全面贯彻新发展理念，坚持系统观念，处理好发展和减排、整体和局部、短期和中长期的关系，以经济社会发展全面绿色转型为引领，以能源绿色低碳发展为关键，加快形成节约资源和保护环境的产

① 习近平：《共同构建人与自然生命共同体——在"领导人气候峰会"上的讲话》，新华社，2021年4月22日。

业结构、生产方式、生活方式、空间格局，坚定不移走生态优先、绿色低碳的高质量发展道路。

4. 坚持绿色低碳发展

习近平主席强调，"绿水青山就是金山银山。保护生态环境就是保护生产力，改善生态环境就是发展生产力，这是朴素的真理。我们要摒弃损害甚至破坏生态环境的发展模式，摒弃以牺牲环境换取一时发展的短视做法。要顺应当代科技革命和产业变革大方向，抓住绿色转型带来的巨大发展机遇，以创新为驱动，大力推进经济、能源、产业结构转型升级，让良好生态环境成为全球经济社会可持续发展的支撑"[①]。

"中华文明历来崇尚天人合一、道法自然，追求人与自然和谐共生。中国将生态文明理念和生态文明建设写入《中华人民共和国宪法》，纳入中国特色社会主义总体布局。中国以生态文明思想为指导，贯彻新发展理念，以经济社会发展全面绿色转型为引领，以能源绿色低碳发展为关键，坚持走生态优先、绿色低碳的发展道路"[②]。

要顺应时代发展趋势，在后疫情时代，把握绿色复苏发展的国际主流基调，抓住绿色低碳转型带来的巨大发展机遇，促进中国绿色低碳转型和生态文明建设，让良好生态环境成为全球经济社会可持续发展的支撑，让中国在绿色发展和绿色低碳产业上继续引领全球生态文明建设。

5. 坚持"负责任大国担当"，开创合作共赢的气候治理新局面

习近平主席强调，"各国应遵循共同但有区别的责任原则，根据国情和能力，最大程度强化行动"[③]。"中方秉持'授人以渔'理念，

---

①② 习近平：《共同构建人与自然生命共同体——在"领导人气候峰会"上的讲话》，新华社，2021年4月22日。

③ 习近平：《继往开来，开启全球应对气候变化新征程——在气候雄心峰会上的讲话》，新华社，2020年12月12日。

通过多种形式的南南务实合作，尽己所能帮助发展中国家提高应对气候变化能力。从非洲的气候遥感卫星，到东南亚的低碳示范区，再到小岛国的节能灯，中国应对气候变化南南合作成果看得见、摸得着、有实效。中方还将生态文明领域合作作为共建'一带一路'重点内容，发起了系列绿色行动倡议，采取绿色基建、绿色能源、绿色交通、绿色金融等一系列举措，持续造福参与共建'一带一路'的各国人民"①。

中国要落实好应对气候变化《巴黎协定》，恪守共同但有区别的责任原则，为发展中国家特别是小岛屿国家提供更多帮助。中国愿承担与自身发展水平相称的国际责任，继续为应对气候变化付出艰苦努力。中国在发展的过程中，绝不走发达国家老路，而是千方百计内部化自己的环境成本，与发展中国家共同实现可持续发展。中国"要深度参与全球环境治理，增强中国在全球环境治理体系中的话语权和影响力，积极引导国际秩序变革方向，形成应对全球气候变化和可持续发展的解决方案。要坚持环境友好，引导应对气候变化国际合作。要推进'一带一路'建设，让生态文明的理念和实践造福沿线各国人民"②。

① 习近平：《共同构建人与自然生命共同体——在"领导人气候峰会"上的讲话》，新华社，2021年4月22日。
② 习近平：《推动我国生态文明建设迈上新台阶》，《求是》2019年第3期。

第二章

深入发掘习近平生态文明思想的重大价值

习近平生态文明思想博大精深，指导我国生态文明建设实践取得了世界瞩目、人民满意的重大成就，是经过实践检验的科学而正确的理论。习近平生态文明思想开创了生态文明新时代，继承和发展了马克思主义人与自然关系的思想理论，丰富了中国特色社会主义的理论内涵，创新了绿色发展的理论体系，贡献了全球可持续发展的中国智慧，对于我们建成社会主义现代化强国、共建清洁美丽世界具有重大价值。

一、开创生态文明新时代

自然是人类之本、人类之根。一部人类发展史，就是一部人与自然关系史。人类社会进步发展的过程，也是人类不断开发、利用、保护自然的过程。随着社会生产力发展水平的提高，人类对自然规律认识也不断深化。人类社会总是在人与自然关系"和谐—失衡—再和谐"的动态演进中螺旋式进步。不同的人类文明形态，对应着不同的人与自然关系。

一是原始文明阶段，人类敬畏自然。原始文明是人类文明的第一个阶段。原始文明阶段，人类会制造和使用简单的工具，用以获取生存所需的物质资料，在自然界留下人类的"烙印"。此时，人类的实践活动并没有对自然造成不可逆的破坏，人与自然总体上处于和谐状态，但是这种和谐是初级的，是建立在人类低水平利用自然、改造自然的基础上的。

二是农业文明阶段，人类初步开发利用自然。农业文明是继原始文明后人类文明发展史上的第一个飞跃。人类开始制造更先进的工具耕种土地、饲养动物，利用自然规律发展生产，对大自然产生了比原始文明更深的影响。这个阶段，人类在开发自然的实践活动中由于认识能力不足，对大自然造成了局部的破坏，例如，大量开垦耕地致使一部分森林退化、过度放牧造成个别地区沙漠化等，人与自然关系出现阶段性紧张。这一阶段人口规模小，对自然造成的伤害还仅限于大自然能够自行恢复的范围内，人与自然关系总体和谐。

三是工业文明阶段，人类征服自然。18 世纪中叶开始的工业革命将人类带入工业文明时代。科学技术突飞猛进和经济空前发展，使得人类对待大自然的态度从敬畏变成了征服。工业文明时代，人类追求物质生活资料极大丰富，以前所未有的速度和强度开发利用自然，崇尚最大限度地将自然资源转换为金钱资本。每一次经济发展都刺激人类更大规模地掠夺自然资源，无节制地向大自然索取，造成了人与自然的对立，在很大范围内存在人与自然不和谐的状态。

四是生态文明阶段，人与自然和谐共生。人类经历了原始文明、农业文明、工业文明，生态文明是工业文明发展到一定阶段的产物，是实现人与自然和谐发展的新要求。习近平生态文明思想回答了为什么建设生态文明、建设什么样的生态文明、怎样建设生态文明等重大理论和实践问题，回答了时代之问、人民之问、世界之问。习近平总书记指出，"我们建设现代化国家，走美欧老路是走不通的，再有几个地球也不够中国人消耗"①。这鲜明地表达出中国坚决摒弃工业文明时代征服自然的发展理念，主张人与自然和谐共生、绿水青山就是金山银山的先进理念，自觉调整人类不可持续的生产生活方式，实现生产发展、生活富裕、生态良好，在人与自然和谐共生中实现现代化，开辟出人类历史上更加高效、更加绿色、更加安全的现代化发展道路。

二、继承和发展马克思主义人与自然关系的思想理论

一是习近平生态文明思想主张人与自然和谐共生，这与马克思主义人与自然关系的思想一脉相承。马克思主义认为，自然界先于人类社会而存在，是人类生存和发展的基础。恩格斯在《反杜林论》中指出，"人本身是自然界的产物，是在自己所处的环境中并且和这个环境一起发展起来的"②，在此过程中，人不是被动地适应自然，而是创造性地改造自然，自然界和人类社会不可分割。习近平总书记提出的"人与自然和谐共生""人与自然是生命共同体"③等科学论断，诠释了人与自然相互依存的关系，保护自然就是保护人类自身，自然作为人类社会生存和发展的基础，也理应得到保护。

二是习近平生态文明思想主张绿水青山就是金山银山，这继承和发展了马克思主义生产力理论。马克思指出劳动者、劳动对象和劳动

---

① 中共中央文献研究室：《习近平关于社会主义生态文明建设论述摘编》，中央文献出版社，2017年版第3页。
② 《马克思恩格斯文集（第九卷）》，人民出版社，2009年版第38～39页。
③ 习近平：《推动我国生态文明建设迈上新台阶》，《求是》2019年第3期。

资料是生产力构成的三大要素，但都必须与自然力相结合才能形成现实的生产力，这凸显了自然在生产力构成中不可或缺的作用。习近平总书记提出，"绿水青山就是金山银山"[①]"保护生态环境就是保护生产力、改善生态环境就是发展生产力"[②]，这是对马克思主义生产力理论的当代拓展。只有尊重自然、顺应自然、保护自然，人类才能创造出适合自身需要的劳动产品。

三、丰富中国特色社会主义的理论内涵

一是习近平生态文明思想拓展了中国共产党全心全意为人民服务的内涵。习近平总书记指出，"我们党来自人民、扎根人民、造福人民，全心全意为人民服务是党的根本宗旨，必须以最广大人民根本利益为我们一切工作的根本出发点和落脚点"[③]。新民主主义革命时期，广大人民群众的首要关切是民族独立，那时在广大农村地区和城市工厂车间，虽然已存在环境污染，但远未引起重视；社会主义革命和建设时期，广大人民群众的首要关切是发展经济和解决温饱，为满足经济建设要求，虽然局部存在毁林开荒等问题，但人们较少关切生态破坏带来的负面影响；改革开放和社会主义现代化建设时期，我国开启工业化进程，重工业快速发展，村村点火、户户冒烟的乡镇企业突飞猛进，这造成了巨大的能源消耗和严重的工业"三废"问题，时有发生的环境污染突发事件引起人们高度重视，广大人民群众在收入水平不断提高的同时，越来越担忧不断扩大的环境污染。党的十八大以

① 中共中央文献研究室：《习近平关于社会主义生态文明建设论述摘编》，中央文献出版社，2017年版第21页。
② 中共中央文献研究室：《习近平关于社会主义生态文明建设论述摘编》，中央文献出版社，2017年版第20页。
③ 习近平：《在庆祝改革开放40周年大会上的讲话》，新华社，2018年12月18日。

来，中国特色社会主义进入新时代。随着经济社会发展和人民生活水平不断提高，生态环境在群众生活幸福指数中的地位不断凸显。人民群众不是对国内生产总值增长速度不满，而是对生态环境不好有更多不满。习近平生态文明思想主张良好生态环境是最普惠的民生福祉，着力解决群众身边的突出生态环境问题，还老百姓蓝天白云、繁星闪烁，满足广大人民群众对美好生活的新期待，这体现了我们党时刻围绕不同发展阶段人民群众的需求，一以贯之地全心全意为人民服务。

二是习近平生态文明思想赋予了党的发展理念以新的内涵。我们党领导人民治国理政，很重要的一个方面就是要回答好实现什么样的发展、怎样实现发展这个重大问题。新中国成立以来，中国共产党的发展理念不断深化、不断创新。新中国成立之初，我们党坚持赶超发展，提出中国工业化道路和"两步走"战略，在优先发展重工业的同时，实现农业和轻工业齐步发展，赶超发展生产力，摆脱贫穷落后。此时，勤俭节约是社会主义建设的重要方针，环境保护并未成为发展理念的组成内容。改革开放和社会主义现代化建设时期，我们党强调以经济建设为中心，实施改革开放，"先富带动后富"，提出"三步走"战略。环境保护上升为基本国策，环境法律体系从无到有得以建立，正式开启现代化环境保护事业。接着，我们党提出可持续发展观，强调人与自然发展的协调性与可持续性，转变经济发展方式；又提出科学发展观，强调要"坚持以人为本，树立全面、协调、可持续的发展观，促进经济社会和人的全面发展"，处理好人口、资源和环境的关系。党的十八大以来，中国特色社会主义进入新时代，以习近平同志为核心的党中央提出"创新、协调、绿色、开放、共享"的发展理念，其中，绿色发展注重的是解决人与自然和谐问题。绿水青山就是金山银山，深刻阐释了生态环境保护和经济发展的辩证统一关系，既是发展理念，又是发展途径。习近平生态文明思想把我们党对发展理念的认识和发展实践的创新，提升到新的历史高度，推动党的理论不断创新。

三是习近平生态文明思想体现了中国共产党先进的制度思维，推进了国家治理体系和治理能力现代化。习近平总书记强调，"生态文明是人民群众共同参与共同建设共同享有的事业"①。以习近平同志为核心的党中央提出，要构建政府为主导、企业为主体、社会组织和公众共同参与的环境治理体系。与以往相比，习近平生态文明思想更加注重发挥社会各主体的作用，特别强调生态环境保护能否落到实处，关键在领导干部。习近平生态文明思想强调构建包括源头严防、过程严管、后果严惩系统完整的生态文明制度体系。与以往侧重于环境污染末端治理的单一制度相比，习近平生态文明思想指引生态文明制度创新，提高制度供给质量，构建起系统完整的生态文明制度体系。习近平生态文明思想真正强化了生态文明制度的执行，让制度成为不可触碰的高压线，加强制度的刚性约束。

四、创新绿色发展的理论体系

解决生态环境污染问题，本质上就是解决现代社会生产和生活的环境外部性问题。与西方理论不同，习近平生态文明思想结合中国国情和制度优势，提出解决环境外部性的一揽子理论方案。

一是明确解决环境外部性的关键主体：领导干部。习近平总书记强调，"生态环境保护能否落到实处，关键在领导干部。一些重大生

① 习近平：《推动我国生态文明建设迈上新台阶》，《求是》2019年第3期。

态环境事件背后，都有领导干部不负责任、不作为的问题"①。习近平生态文明思想强调加强党对生态文明建设的领导，各地区各部门要坚决担负起生态文明建设的政治责任，从而使得中国共产党人的责任担当，先于"理性经济人"的避重就轻，成为解决环境污染治理"搭便车"现象的关键一招。

二是解决排污者造成的环境外部性：依靠环境法治。习近平总书记强调，"对一些偷排'红汤黄水'、搞得大量鱼翻白肚皮的企业，决不能心慈手软，要坚决叫停"②"政府要强化环保、安全等标准的硬约束，对不符合环境标准的企业，要严格执法，该关停的要坚决关停"③。习近平生态文明思想提出用最严密的法治保护生态环境，修订和完善法律法规，规范环境污染制造者和受损者之间的权责关系，通过大幅提高环境违法成本，控制排污行为造成的外部性。

三是解决前一代造成的环境外部性：依靠中国共产党人的胸怀和意志。习近平总书记指出，"我们在生态环境方面欠账太多了，如果不从现在起就把这项工作紧紧抓起来，将来付出的代价会更大"④"我国生态环境矛盾有一个历史积累过程，不是一天变坏的，但不能在我们手里变得越来越坏，共产党人应该有这样的胸怀和意志"⑤。全心全意为人民服务，就要彻彻底底地解决历史遗留的环境问题。

① 中共中央文献研究室：《习近平关于社会主义生态文明建设论述摘编》，中央文献出版社，2017年版第110页。
② 中共中央文献研究室：《习近平关于社会主义生态文明建设论述摘编》，中央文献出版社，2017年版第84页。
③ 中共中央文献研究室：《习近平关于社会主义生态文明建设论述摘编》，中央文献出版社，2017年版第103页。
④ 中共中央文献研究室：《习近平关于社会主义生态文明建设论述摘编》，中央文献出版社，2017年版第3页。
⑤ 中共中央文献研究室：《习近平关于社会主义生态文明建设论述摘编》，中央文献出版社，2017年版第8页。

四是避免当代人对子孙后代造成环境外部性：依靠责任终身追究。习近平总书记强调，"为子孙后代留下天蓝、地绿、水清的美丽家园"①，提出"在生态环境保护上一定要算大账、算长远账、算整体账、算综合账，不能因小失大、顾此失彼、寅吃卯粮、急功近利"②，强调"不能把一个地方环境搞得一塌糊涂，然后拍拍屁股走人，官还照当，不负任何责任"③。习近平生态文明思想提出实行领导干部生态文明建设责任制度和问责制度，对造成生态环境损害负有责任的领导干部终身追责，从而避免当代人给子孙后代造成环境外部性。

五是解决跨区域、跨流域的环境外部性：依靠共建共治共享。区域性、流域性生态环境保护有赖于共建共治共享的生态环境治理新格局。习近平生态文明思想强调环境污染联防联控，推动区域环境保护主体从一元向多元转变。健全区域生态环境保护合作的激励机制，实现区域生态文明建设的责权利对等。改革区域生态环境保护组织机构，按流域设置环境监管和行政执法机构，增强流域生态文明建设的统一性和整体性。

五、贡献全球可持续发展的中国智慧

习近平主席指出，要"共同构建地球生命共同体，共同建设清洁美丽的世界"④，这是中国古代天人合一思想在当今全球的发展和应用。

① 《习近平致2022年六五环境日国家主场活动的贺信》，新华社，2022年6月5日。
② 中共中央文献研究室：《习近平关于社会主义生态文明建设论述摘编》，中央文献出版社，2017年版第8页。
③ 中共中央文献研究室：《习近平关于社会主义生态文明建设论述摘编》，中央文献出版社，2017年版第100页。
④ 习近平：《共同构建地球生命共同体——在〈生物多样性公约〉第十五次缔约方大会领导人峰会上的主旨讲话》，新华社，2021年10月12日。

共建地球生命共同体，是中国生态文明建设实践与全球可持续发展努力的有机融合，是中国传统生态文化、生态智慧与全球可持续发展理念的交流互鉴，是向全世界传播中国的生态文明理念和实践，为应对全球环境挑战提供中国智慧和中国方案。构建地球生命共同体就是要超越不同国家、不同民族的意识形态、发展阶段、文化等方方面面的差异，在求同存异的基础上，构建一个齐心协力应对全球环境挑战的命运共同体，共筑绿色家园，共享绿色发展成果。

第二篇

伟大实践

导　言

　　党的十八大以来，习近平生态文明思想科学指引我国全面系统地开展生态文明建设，推动生态文明理论创新、实践创新和制度创新。本篇展示习近平生态文明思想指引我国生态文明建设开展的重大实践，从加强党的全面领导、推进生态文明体制改革、绿色发展、打好污染防治攻坚战、力争实现碳达峰碳中和等方面，梳理总结生态文明建设重大战略决策部署、取得成效和基本经验，彰显习近平生态文明思想的科学性、人民性和系统性。

　　第一，党的全面领导是根本保证。生态文明建设是关系党的使命宗旨的重大政治问题，是国之大者。我们党历来高度重视生态文明建设，进入新时代，以习近平同志为核心的党中央加强对生态文明建设的全面领导，把生态文明建设摆在全局工作的突出位置，从思想、法律、体制、组织、作风上全面发力，做出一系列重大决策和战略部署，全方位、全地域、全过程加强生态环境保护，充分显示党加强生态文明建设的坚定意志和坚强决心。当前我们进入了全面建设社会主义现代化国家、向第二个百年奋斗目标迈进的新发展阶段，加强生态文明建设，走人与自然和谐共生的现代化道路，必须要加强党的领导。落实领导干部生态文明建设责任制，建立健全科学合理的考核评价体系，不断提高党领导生态文明建设的能力和水平，充分发挥人民群众的智慧和力量，形成群众广泛参与生态文明建设的磅礴力量，把建设美丽中国转化为全体人民自觉行动。

第二，系统全面推进生态文明体制改革，为生态文明建设提供制度保障。保护生态环境必须依靠制度、依靠法治。党的十八大以来，以习近平同志为核心的党中央加快推进生态文明顶层设计，全面推进生态文明体制改革，建立起源头严防、过程控制、损害赔偿、责任追究的生态文明制度体系，严格生态环境保护执法，牢固树立起生态文明制度的刚性和权威，有效破除制约生态文明建设的体制机制障碍，全党全国推动绿色发展的自觉性和主动性显著增强，美丽中国建设迈出重大步伐。

第三，建立生态文明建设问责体系。建立具有中国特色的生态环境保护问责制度，是我国生态文明制度体系的重大创新。党的十八大以来，我国实行生态环境保护党政同责、一岗双责制度，建立并实施中央生态环境保护督察制度，坚持问题导向，坚决查处一批破坏生态环境的重大典型案件、解决一批人民群众反映强烈的突出环境问题，取得显著成效。在习近平生态文明思想的指引下，要继续推动中央生态环境保护督察向纵深发展，加强法制化和规范化，强化督察问责、形成警示震慑，推进各项生态文明建设工作有效落实。

第四，推进绿色发展，坚持绿水青山就是金山银山。绿色发展是新发展理念的重要组成部分。绿水青山就是金山银山，阐述了经济发展和生态环境保护的关系，揭示了保护生态环境就是保护生产力、改善生态环境就是发展生产力的道理。党的十八大以来，在习近平生态文明思想的指引下，我国不断完善绿色发展体制机制，优化绿色空间格局、调整产业结构、优化能源结构、推进污染防治、加强资源节约集约利用，加快建立起绿色低碳循环发展经济体系，绿色发展理念深入人心，绿色发展加快推进。

第五，深入打好污染防治攻坚战。环境就是民生，青山就是美丽，蓝天也是幸福。良好生态环境是最普惠的民生福祉，回应广大人民群众对优美生态环境的需求，是习近平生态文明思想的宗旨要求。党的十八大以来，党中央高度重视生态环境保护，坚决向污染宣战。蓝天、碧水、净土保卫战及污染防治攻坚战的七场标志性战役和四个专项行动都取得阶段性胜利，大气、水、土壤质量和农村人居环境质量大幅提升，人民群众的生态环境改善获得感显著增强。党的全面领导、依法治污、环境监管体制改革、监测体系发展、公众参与，是我国打好污染防治攻坚战的基本经验。当前人民群众对生态环境质量的期望值更高，对生态环境问题的容忍度更低，生态环境保护任重道远。要深入打好污染防治攻坚战，持续打好蓝天、碧水、净土保卫战，集中攻克老百姓身边的突出生态环境问题，让人民群众实实在在感受到生态环境质量在改善。

第六，打造国家重大战略绿色发展高地。以共抓大保护、不搞大开发为导向，推动长江经济带发展，是习近平生态文明思想在区域层面的生动体现。习近平总书记心系长江经济带发展，亲自谋划、亲自部署、亲自推动，先后三次主持召开长江经济带发展座谈会，并多次对长江经济带发展作出重要指示批示。长江沿线省份和有关部门积极践行习近平生态文明思想，强化顶层设计、开展综合治理和系统保护修复、加强法律法规制度保障，推动长江经济带生态环境明显改善，绿色发展水平走在全国前列。推动长江经济带发展，必须从中华民族长远利益考虑，把修复长江生态环境摆在首要位置，使长江经济带成为我国生态优先绿色发展主战场、畅通国内国际双循环主动脉、引领经济高质量发展主力军。

第七，筑牢国家生态安全屏障[①]。生态安全是国家安全体系的重要基石，事关中华民族永续发展。生态安全屏障是保障国家及区域生态安全和生态服务供给并支撑可持续发展的重要复合生态系统。党的十八大以来，我国生态安全屏障体系建设取得重要进展和明显成效，重点生态功能区生态服务功能稳步提升，为国家生态安全屏障的存续、改造和建设发挥了重要基础性支撑作用。但与此同时，在质量功能、体制机制、监管能力等方面仍存在一些短板。展望未来，要深入贯彻习近平生态文明思想，落实习近平总书记对国家生态安全屏障的重大部署和中央相关政策，围绕国家生态安全大局全力优化生态安全屏障体系，持续筑牢国家生态安全屏障。

第八，力争2030年前实现碳达峰、2060年前实现碳中和。实现碳达峰碳中和是以习近平同志为核心的党中央统筹国内国际两个大局作出的重大战略决策部署。中国以最大努力提高应对气候变化力度，承诺实现从碳达峰到碳中和的时间，远远短于发达国家所用时间。我国加快构建起碳达峰碳中和"1+N"政策体系，《中共中央 国务院关于完整准确全面贯彻新发展理念做好碳达峰碳中和工作的意见》及《2030年前碳达峰行动方案》先后发布，能源、节能减排、循环经济、绿色消费、工业、城乡建设、交通等分领域实施方案陆续出台。如期实现碳达峰碳中和，必须深入贯彻习近平生态文明思想，完整、准确、全面贯彻新发展理念，把碳达峰碳中和纳入经济社会发展全局，以经济社会发展全面绿色转型为引领，以能源绿色低碳发展为关键，坚定不移走生态优先、绿色低碳的高质量发展道路。

---

① 生态安全屏障是特定区域范围内具有战略性意义、基础性作用，尤其以山地、高原、丘陵为典型地貌，以森林、草地、湿地、水域等为主要生态类型的重要复合生态系统，事关国家、区域生态安全和可持续发展。它可分为国家意义、地区意义的屏障。生态安全屏障体系是一系列类型相互补充、规模相互匹配的生态安全屏障的总称。

第一章

加强党对生态文明建设的全面领导

建设生态文明是中华民族永续发展的根本大计。党的十八大以来，以习近平同志为主要代表的中国共产党人，顺应新时代发展，创立了习近平生态文明思想。习近平生态文明思想的最本质特征，就是强调党从思想、政治、组织、制度等各方面坚持和加强对生态文明的全面领导，提高党把方向、谋大局、定政策、促改革的能力和定力。这为推动我国生态文明建设不断实现新进步、美丽中国建设不断迈上新台阶提供了根本保证。

一、党的全面领导是根本保证

党政军民学，东西南北中，党是领导一切的。党的领导是中国特色社会主义最本质的特征，是中国特色社会主义制度的最大优势。生态文明建设是中国特色社会主义"五位一体"总体布局的重要组成部分。在习近平总书记关于生态文明建设的重要论述中，突出强调了坚持和加强党对生态文明建设领导的这一关乎生态文明建设高质量发展的根本问题。

（一）深刻阐明生态文明建设战略地位和作用，要求各级党委、政府高度重视生态文明建设

党的十九大报告中明确提出，建设生态文明是中华民族永续发展的千年大计。人与自然是生命共同体，人类必须尊重自然、顺应自然、保护自然。人类只有遵循自然规律才能有效防止在开发利用自然上走弯路，人类对大自然的伤害最终会伤及人类自身，这是无法抗拒的规律。我们要建设的现代化是人与自然和谐共生的现代化，既要创造更多物质财富和精神财富以满足人民日益增长的美好生活需要，也要提供更多优质生态产品以满足人民日益增长的优美生态环境需要。习近平总书记在全国生态环境保护大会上深刻指出，"生态兴则文明兴，生态衰则文明衰。生态环境是人类生存和发展的根基，生态环境变化直接影响文明兴衰演替""生态环境是关系党的使命宗旨的重大政治问题，也是关系民生的重大社会问题"[①]。习近平总书记的重要论述深刻阐明生态文明建设在中国特色社会主义伟大事业中的战略地位和作用，已引起各级党委、政府对生态文明建设的高度重视和强力推进。

（二）坚持把生态文明建设放到现代化建设全局的突出地位，明确提出资源节约和保护环境是基本国策

推动形成绿色发展方式和生活方式是贯彻新发展理念的必然要求，必须把生态文明建设摆在全局工作的突出地位，坚持节约资源和保护环境的基本国策，坚持节约优先、保护优先、自然恢复为主的方针，形成节约资源和保护环境的空间格局、产业结构、生产方式、生活方式，努力实现经济社会发展和生态环境保护协同共进，为人民群

---

① 习近平：《推动我国生态文明建设迈上新台阶》，《求是》2019年第3期。

众创造良好生产生活环境。习近平总书记在主持中共中央政治局就新形势下我国生态文明建设集体学习时强调，"生态环境保护和经济发展是辩证统一、相辅相成的，建设生态文明、推动绿色低碳循环发展，不仅可以满足人民日益增长的优美生态环境需要，而且可以推动实现更高质量、更有效率、更加公平、更可持续、更为安全的发展，走出一条生产发展、生活富裕、生态良好的文明发展道路""我国建设社会主义现代化具有许多重要特征，其中之一就是我国现代化是人与自然和谐共生的现代化，注重同步推进物质文明建设和生态文明建设"[1]。习近平总书记在主持中共中央政治局第三十六次集体学习时强调，"要把'双碳'工作纳入生态文明建设整体布局和经济社会发展全局，坚持降碳、减污、扩绿、增长协同推进，加快制定出台相关规划、实施方案和保障措施，组织实施好'碳达峰十大行动'，加强政策衔接。各地区各部门要有全局观念，科学把握碳达峰节奏，明确责任主体、工作任务、完成时间，稳妥有序推进"[2]。习近平总书记的重要论述鲜明提出节约资源和保护环境是基本国策，把生态文明建设放在了我国现代化建设全局的突出位置。

（三）明确新时代推进生态文明建设必须坚持的重大原则，指明生态文明建设奋进方向

习近平总书记在全国生态环境保护大会上总结党的十八大以来我们党建设生态文明的科学经验，系统阐述了新时代推进生态文明建设必须坚持好的重大原则。一是坚持人与自然和谐共生。人与自然是生命共同体。生态环境没有替代品，用之不觉，失之难存。要

① 习近平：《努力建设人与自然和谐共生的现代化》，《求是》2022年第11期。
② 《习近平主持中共中央政治局第三十六次集体学习》，新华社，2022年1月25日。

多谋打基础、利长远的善事，多干保护自然、修复生态的事实，多做治山理水、显山露水的好事，还自然以宁静、和谐、美丽。二是绿水青山就是金山银山。绿水青山就是金山银山，阐述了经济发展和生态环境保护的关系，揭示了保护生态环境就是保护生产力、改善生态环境就是发展生产力的道理，指明了实现发展和保护协同共生的新路径。绿水青山既是自然财富、生态财富，又是社会财富、经济财富。保护生态环境就是保护自然价值和增值自然资本，就是保护经济社会发展潜力和后劲，使绿水青山持续发挥生态效益和经济社会效益。三是良好生态环境是最普惠的民生福祉。环境就是民生，青山就是美丽，蓝天也是幸福。发展经济是为了民生，保护生态环境同样也是为了民生。要坚持生态惠民、生态利民、生态为民，重点解决损害群众健康的突出环境问题，加快改善生态环境质量，提供更多优质生态产品，努力实现社会公平正义，不断满足人民日益增长的优美生态环境需要。四是山水林田湖草是生命共同体。人的命脉在田，田的命脉在水，水的命脉在山，山的命脉在土，土的命脉在林和草，这个生命共同体是人类生存发展的物质基础。五是用最严格制度最严密法治保护生态环境。保护生态环境必须依靠制度、依靠法治。要加快制度创新，增加制度供给，完善制度配套，强化制度执行，让制度成为刚性的约束和不可触碰的高压线。要严格用制度管权治吏、护蓝增绿，有权必有责、有责必担当、失责必追究，保证党中央关于生态文明建设决策部署落地生根见效。六是共谋全球生态文明建设。生态文明建设关乎人类未来，建设绿色家园是人类的共同梦想，保护生态环境、应对气候变化需要世界各国同舟共济、共同努力，任何一国都无法置身事外、独善其身。我国已成为全球生态文明建设的重要参与者、贡献者、引领者，主张加快构筑尊崇自然、绿色发展的生态体系，共建清洁美丽的世界。习近平总书记提出的新时代推进生态文明的重大原则，是系统完整的思想体系和方向引领。

（四）从时代发展、国情世情出发，坚定走生产发展、生活富裕、生态良好的文明发展之路

绿色发展注重解决人与自然和谐问题。绿色低碳循环发展，是当今时代科技革命和产业革命的方向，是最有前途的发展领域，我国在这方面的潜力相当大，可以形成很多新的经济增长点。我国资源约束趋紧，环境污染严重、生态系统退化的问题十分严峻，人民群众对清新空气、干净饮水、安全食品、优美环境的要求越来越强烈。为此，我们必须坚持节约资源和保护环境的基本国策，坚定走生产发展、生活富裕、生态良好的文明发展道路，加快建设资源节约型、环境友好型社会，推进美丽中国建设，为全球生态安全作出新贡献。习近平总书记在全国生态环境保护大会上告诫全党全社会，"在整个发展过程中，我们都要坚持节约优先、保护优先、自然恢复为主的方针，不能只讲索取不讲投入，不能只讲发展不讲保护，不能只讲利用不讲修复，要像保护眼睛一样保护生态环境，像对待生命一样对待生态环境，多谋打基础、利长远的善事，多干保护自然、修复生态的实事，多做治山理水、显山露水的好事，让群众望得见山、看得见水、记得住乡愁，让自然生态美景永驻人间，还自然以宁静、和谐、美丽"①。习近平总书记在主持中共中央政治局就新形势下我国生态文明建设集体学习时强调，"坚持不懈推动绿色低碳发展""建立健全绿色低碳循环发展经济体系，促进经济社会发展全面绿色转型是解决我国生态环

① 习近平：《推动我国生态文明建设迈上新台阶》，《求是》2019年第3期。

境问题的基础之策"①。习近平总书记的重要论述指明了要坚定不移走生产发展、生活富裕、生态良好的文明发展之路，深刻阐明了生产、生活、生态的重大关系。

（五）深入推进生态文明体制改革，加强对生态文明建设的总体设计和组织领导

党的十九大报告对加快生态文明体制改革、建设美丽中国作出深刻论述和全面部署，改革生态环境监管体制是生态文明体制改革的重大任务。要加强对生态文明建设总体设计和组织领导，设立国有自然资源资产管理和自然生态监管机构，完善生态环境监管制度，统一行使全民所有自然资源资产所有者职责，统一行使监管城乡各类污染排放和行政执法职责。构建国土空间开发保护制度，完善主体功能区配套政策，建立以国家公园为主体的自然保护地体系。习近平总书记在全国生态环境保护大会上强调，"要加快构建生态文明体系，必须加快建立健全以生态价值观念为准则的生态文化体系，以产业生态化和生态产业化为主体的生态经济体系，以改善生态环境质量为核心的目标责任体系，以治理体系和治理现代化为保障的生态文明制度体系，以生态系统良性循环和环境风险防控为重点的生态安全体系。同时强调，加快推进生态文明体制改革落地见效，生态文明体制改革是全面深化改革的重要领域，要以解决生态环境领域突出问题为导向，抓好已出台改革举措的落地，及时制定新的改革方案"②。习近平总书记的重要论述为推进生态文明体制改革指明了方向，是加强对生态文明建设的总体设计和组织领导的根本遵循。

---

① 习近平：《努力建设人与自然和谐共生的现代化》，《求是》2022年第11期。
② 习近平：《推动我国生态文明建设迈上新台阶》，《求是》2019年第3期。

（六）实行最严格的生态环境保护制度，为生态文明建设提供可靠保障

只有实行最严格的制度、最严密的法治，才能为生态文明建设提供可靠保障。其中，最重要的是要完善经济社会发展考核评价体系，要将资源消耗、环境损害、生态效益等体现生态文明建设状况的指标纳入经济社会发展评价体系，使之成为推进生态文明建设的重要导向和约束。要建立责任追究制度，对那些不顾生态环境盲目决策、造成严重后果的人，必须追究其责任，而且应该终身追究。习近平总书记在全国生态环境保护大会上，把"用最严格制度最严密法治保护生态环境"列为加强生态文明建设必须坚持的六大原则之一，保护生态环境必须依靠制度、依靠法治。我国生态环境保护中存在的突出问题大多同体制不健全、制度不严格、法治不严密、执行不到位、惩处不得力有关。要加快制度创新，增强制度供给，完善制度配套，强化制度执行，让制度成为刚性的约束和不可触碰的高压线。要严格用制度管权治吏、护蓝增绿，有权必有责、有责必担当、失责必追究，保证党中央关于生态文明建设决策部署落实生根见效。习近平总书记的重要论述阐明生态文明治理体系和治理能力现代化的根本方向，构建起了生态文明制度建设的"四梁八柱"。

（七）健全党委领导的环境治理体系，生态环境保护落到实处的关键在领导干部

习近平总书记在全国生态环境保护大会上将"加强党对生态文明建设的领导"作为一大部分，提出了重要要求，作出了全面部署，强调"打好污染防治攻坚战时间紧、任务重、难度大，是

一场大仗、硬仗、苦仗，必须加强党的领导"①。中共中央、国务院印发《关于全面加强生态环境保护 坚决打好污染防治攻坚战的意见》，对打好污染防治攻坚战作出全面部署。各地区各部门要增强"四个意识"，坚决维护党中央权威和集中统一领导，坚决担负起生态文明建设的政治责任，全面贯彻落实党中央决策部署。地方各级党委和政府主要领导是本行政区域生态环境保护第一责任人，对本行政区域的生态环境质量负总责，要做到重要工作亲自部署、重大问题亲自过问、重要环节亲自协调、重要案件亲自督办，压实各级责任，谁的孩子谁抱，管发展的、管生产的、管行业的部门必须按照"一岗双责"的要求抓好工作。要抓紧出台中央和国家机关相关部门生态环境保护责任清单，使各部门守土有责、守土尽责、分工协作、共同发力。各级人大及其常委会要把生态文明建设作为重点工作领域，开展执法检查，定期听取并审议同级政府工作情况报告。要建立科学合理的考核评价体系，考核结果作为各级领导班子和领导干部奖惩和提拔使用的重要依据。要实施最严格的考核问责。要建设一支生态文明保护铁军，政治强、本领高、作风硬、敢担当，特别能吃苦、特别能战斗、特别能奉献。习近平总书记的重要论述是加强党对生态文明建设的领导的行动指南，是有关组织、领导干部履职尽责的强大动力。

二、党对生态文明建设领导的成功实践

党的十八大以来，我国生态文明建设从认识到实践都发生了历史性、转折性、全局性变化，为"十四五"时期生态文明建设实现新进

---

① 习近平：《推动我国生态文明建设迈上新台阶》，《求是》2019年第3期。

步，2035 年生态环境根本好转、美丽中国建设目标基本实现奠定了坚实基础。我们党对生态文明建设规律性认识更加深化、建设谋篇布局更加成熟、体制机制更加完善、历史性成就更加彰显、世界影响更加深远，这些历史性成就和历史性变化的取得，根本在于习近平生态文明思想的科学指引，在于以习近平同志为核心的党中央的坚强领导，是党加强对生态文明建设领导新的成功实践。

（一）加强党对生态文明建设的思想领导

我们党加强对生态文明建设的思想领导，主要就是用党的创新理论特别是习近平生态文明思想教育和武装广大党员和人民群众，指导生态文明建设实践，把我们党关于生态文明建设的主张变成人民群众的自觉行动。党的十九大通过的《中国共产党章程》将习近平总书记关于推进生态文明建设的重要思想观点作为重点内容，增加了"增强绿水青山就是金山银山的意识""实行最严格的生态环境保护制度"等内容，生态文明理念成为全党意志。这对于全党更加牢固树立社会主义生态文明观、自觉践行绿色发展理念、同心同德建设美丽中国、开创社会主义生态文明新时代具有根本性的指导意义。大力宣传贯彻包括绿色发展在内的新发展理念。创新、协调、绿色、开放、共享的新发展理念，是习近平新时代中国特色社会主义思想的重要内容，是确保我国经济社会持续健康发展的科学理念。习近平总书记指出，"新发展理念是一个系统的理论体系，回答了关于发展的目的、动力、方式、路径等一系列理论和实践问题，阐明了我们党关于发展的政治立场、价值导向、发展模式、发展道路等重大政治问题"[①]。党的十九

---

① 《习近平在省部级主要领导干部学习贯彻党的十九届五中全会精神专题研讨班开班式上发表重要讲话》，人民网，2021年1月11日，http://politics.people.com.cn/n1/2021/0111/c1024–31996277.html。

届六中全会强调，贯彻新发展理念是关系我国发展全局的一场深刻变革，不能简单以生产总值增长率论英雄，必须实现创新成为第一动力、协调成为内生特点、绿色成为普遍形态、开放成为必由之路、共享成为根本目的的高质量发展，推动经济发展质量变革、效率变革、动力变革。"十四五"规划和 2035 年远景目标纲要把"坚持新发展理念"作为"十四五"时期经济社会发展必须遵循的一条原则。不断深化对新发展理念的理解，把新发展理念完整、准确、全面贯穿发展全过程和各领域，对于我们立足新发展阶段、构建新发展格局、推动高质量发展，实现更高质量、更有效率、更加公平、更可持续、更为安全的发展，具有重大的理论和实践意义。当前，全党全国人民正在认真践行新发展理念，绿水青山就是金山银山的理念广泛深入人心，促进经济社会发展全面绿色转型，建设人与自然和谐共生的现代化，已经成为全党全国人民的自觉实践，收到了立竿见影的效果。

（二）加强党对生态文明建设的政治领导

加强党对生态文明建设的政治领导，就是加强党对政治方向、政治原则、重大决策的领导。党的十八大通过的《中国共产党章程（修正案）》把"中国共产党领导人民建设社会主义生态文明"写入党章。生态文明建设纳入一个政党特别是执政党的行动纲领，中国共产党在全世界是第一个。在中央政治局常务委员会会议、中央政治局集体学习、中央全面深化改革领导小组会议等党的高级别会议中，也多次强调要加强党对生态文明建设的全面领导，把生态文明建设摆在全局工作的突出位置，全面加强生态文明建设。生态文明建设、环境保护、污染防治等纳入党中央议事议程，充分表明以习近平同志为核心的党中央把生态文明建设作为关系中华民族永续发展的根本大计，真正摆在治国理政的重要位置，作出一系列事关全局的重大战略部署。按照党中央决策部署，在中国特色社会主义事业"五位一体"总体布局中，生态文明建设已经成为重要组成部分；在新时代坚持和发展中国特色社会主义基本方略中，坚持人与自然和谐共生是一条基本方略；在新发展理念中，绿色是一大理念；在三大攻坚战中，污染防治是一大攻坚战；在到 21 世纪中叶建成富强民主文明和谐美丽的社会主义现代化强国目标中，美丽是一个重要目标；《中共中央关于制定国民经济和社会发展第十四个五年规划和二〇三五年远景目标的建议》把"推动绿色发展 促进人与自然和谐共生"作为"十四五"时期的重大任务；党的十九届六中全会审议通过的《中共中央关于党的百年奋斗重大成就和历史经验的决议》，指出生态文明建设是关乎中华民族永续发展的根本大计，保护生态环境就是保护生产力，改善生态环境就是发展生产力，决不以牺牲环境为代价换取一时的经济增长。党中央领导着力打赢污染防治攻坚战，深入实施大气、水、土壤污染防治三大行动计划，打好蓝天、碧水、净土保卫战。

（三）加强党对生态文明建设的组织领导

各级党委和政府要担负起生态文明建设的政治责任，坚决做到令行禁止，确保党中央关于生态文明建设各项决策部署落地见效。中央成立全面深化改革领导小组（2018 年 3 月组建为中央全面深化改革委员会），习近平总书记亲自任组长（主任），研究确定生态文明体制等方面改革的重大原则、方针政策、总体方案。下设经济体制和生态文明体制改革等 6 个专项小组，经济体制和生态文明体制改革专项小组排在第一位，体现了中央对生态文明建设和环境保护的高度重视，也足以体现生态文明体制改革的迫切程度，生态文明建设有了顶层组织保障。2018 年组建生态环境部，统一行使生态和城乡各类污染排放监管与行政执法职责；组建自然资源部，统一履行所有国土空间用途管制和生态保护修复职责。全国生态环境保护大会 2018 年第一次由党中央决定召开，各省、自治区、直辖市党委"一把手"参会，表明生态文明建设已经成为各地党委需要认真统抓的大事、要事、急事。地方各级党委承担生态文明建设主体责任，地方各级党委和政府主要领导是本行政区域生态环境保护第一责任人。实行生态环境保护督察制度，设立中央生态环境保护督察办公室，拟订生态环境保护督察制度、工作计划、实施方案并组织实施。组织协调中央生态环境保护督察及中央生态环境保护督察组的相关工作，对省、自治区、直辖市党委和政府、国务院有关部门以及有关中央企业等组织开展生态环境保护督察，推动了生态文明建设各项责任的落实落地。

（四）加强党对生态文明建设的法治保障

只有实行最严格的制度、最严密的法治，才能为生态文明建设提供可靠保障。2018 年 3 月通过的《中华人民共和国宪法修正案》将生态文明写入宪法，实现了党的主张、国家意志、人民意愿的高度统一。制定和修改《中华人民共和国环境保护法》《中华人民共和国环境保护税法》《中华人民共和国大气污染防治法》《中华人民共和国水污染防治法》《中华人民共和国核安全法》等一系列法律并陆续实施，生态文明建设顶层设计的"四梁八柱"日益完善。《中国共产党问责条例》《中国共产党巡视工作条例》《中国共产党党内监督条例》等一系列党内法规均将生态文明建设纳入其中，明确对推进生态文明建设中出现的重大偏差和失误，给党的事业和人民利益造成严重损失、产生恶劣影响的进行问责处分。《党政领导干部选拔任用工作条例》将生态文明建设作为地方党政领导班子成员考察评价的重要内容。中央生态环境保护督察办公室印发《中央生态环境保护督察工作规定》及其配套的《生态环境保护专项督察办法》等系列规定办法，完善督察制度体系，指导督察工作实践，压实生态环境保护责任。中共中央、国务院相继出台《关于加快推进生态文明建设的意见》《生态文明体制改革总体方案》，中共中央办公厅、国务院办公厅印发《关于深化生态保护补偿制度改革的意见》，制定了40多项涉及生态文明建设的改革方案，从总体目标、基本理念、主要原则、重点任务、制度保障等方面，对生态文明建设进行全面系统部署安排。特别是推进中央生态环境保护督察制度，敢于动真碰硬，咬住问题不放松，坚决查处一批破坏生态环境的重大典型案件、解决一批人民群众反映强烈的突出环境问题。实践证明，切实用最严格的制度和最严密的法治保护生态环境，推动生态文明制度更加成熟更加定型，是加强党对生态文明建设领导的重要方式，也是实现生态文明建设目标的有效途径。

在党的正确领导下，经过努力探索和实践，我国蓝天持续增多，河流更加澄澈，绿色发展方式和生活方式深入人心，生态文明建设取得巨大成效。"十三五"规划纲要确定的9项生态环境保护约束性指标全部圆满完成。光伏、风能装机容量、发电量均居世界首位。新能源汽车产销量、保有量占世界一半。2020年碳排放强度比2005年降低48.4%。2000—2017年，全球新增绿化面积约1/4来自中国。我国宣布二氧化碳排放力争于2030年前达到峰值，努力争取2060年前实现碳中和，受到国际社会广泛认同和高度赞誉。积极参与全球生物多样性保护，率先签署和批准《生物多样性公约》。与40余个国家的150多家合作伙伴建立了"一带一路"绿色发展国际联盟。我国消耗臭氧层物质的淘汰量占发展中国家总量的50%以上，成为对全球臭氧层保护贡献最大的国家。塞罕坝林场建设者、浙江省"千村示范、万村整治"工程等获得联合国"地球卫士奖"。深度参与全球生态环境治理，坚持推动构建人类命运共同体，把生态文明作为我国参与和引领全球治理的重要支撑。推动落实联合国 2030 年可持续发展议程，建设绿色"一带一路"。实施积极应对气候变化国家战略，推动和引导建立公平合理、合作共赢的全球气候治理体系，我国生态文明建设的全球贡献更加突出。

三、持续加强党对生态文明建设的领导

党的领导是我国生态文明建设成功的关键，只能加强，不能削弱。面对全面建设社会主义现代化国家新征程，面对统筹推进"五位一体"总体布局、协调推进"四个全面"战略布局新任务，面对我国生态文明建设的新形势，必须进一步加强党对生态文明建设的领导，进一步建立健全相关制度和规则，使我们党对生态文明建设的领导更加坚强有力，方式更加科学，机制更加完善，效果更加明显。

（一）进一步用习近平生态文明思想武装头脑指导实践

时代出课题，思想解难题。习近平总书记传承中华民族传统文化、顺应时代潮流和人民意愿，站在坚持和发展中国特色社会主义、实现中华民族伟大复兴中国梦的战略高度，深刻回答了为什么建设生态文明、建设什么样的生态文明、怎样建设生态文明等重大理论和实践问题，系统形成了习近平生态文明思想，为生态文明体制改革、推进生态文明建设提供了方向指引。加强和改进党对生态文明建设的领导，首要任务就是用习近平生态文明思想武装头脑、指导实践、推进工作，深入学、反复学、持久学，真正用、持续用、结合实际用。

要继续全面深入贯彻落实习近平生态文明思想，围绕全面建成社会主义现代化国家新征程中的重大任务、重大问题，立足新发展阶段、贯彻新发展理念、构建新发展格局、推动高质量发展，扎实推进生态文明建设。推动"生态文明建设是关乎中华民族永续发展的根本大计，保护生态环境就是保护生产力，改善生态环境就是发展生产力"的理念更加深入人心，引导干部群众像保护眼睛一样保护生态环境，像对待生命一样对待生态环境，更加自觉地推进绿色发展、循环发展、低碳发展，坚持走生产发展、生活富裕、生态良好的文明发展道路。

要把习近平生态文明思想贯彻落实到生态文明建设实践的各方面、全过程。明确新时代推进生态文明建设必须坚持生态兴则文明兴，坚持人与自然和谐共生，决不以牺牲环境为代价换取一时的经济增长。坚持绿水青山就是金山银山的理念，坚持良好生态环境是最普惠的民生福祉。坚持山水林田湖草沙是生命共同体，推进一体化保护和系统治理。坚持用最严格制度最严密法治保护生态环境，坚持建设美丽中国全民行动。坚持共谋全球生态文明建设，积极参与全球环境与气候治理，完成力争2030年前实现碳达峰、2060年前实现碳中和的庄严承诺，体现负责任大国的担当。

要把习近平生态文明思想的落实真正放在发现和解决生态文明建设面临的突出问题、瓶颈问题、短板问题上。引领各方面在完善制度、补齐短板、化解矛盾、根除问题上取得突破性进展，促使生态文明建设更加有力、高效，助力发展更加平衡、协调、可持续。引领干部群众进一步增强绿色发展的自觉性和主动性，推动形成节约资源和保护环境的空间格局、产业结构、生产方式、生活方式。

引领打赢污染防治攻坚战，继续深入实施大气、水、土壤污染防治三大行动计划，全力打好蓝天、碧水、净土保卫战，解决好人民群众反映强烈的突出环境问题，不断提高人民群众对优美生态环境的获得感。

（二）更好发挥党在生态文明建设中的领导核心作用

坚持党的领导，发挥党总揽全局、协调各方的领导核心作用，这是党的十八大以来我国生态文明建设顺利推进的根本保证，也是下一步生态文明建设各项任务落实落地的根本保证。党的十八大以来，以习近平同志为核心的党中央举旗定向、谋篇布局，以前所未有的决心和力度推进生态文明建设，对生态文明体制改革作出了一系列重大战略部署，取得一系列显著成效。党的各级领导机关和地方党委政府也高度重视生态文明建设，按照职责权限决定改革事项，加大对生态文明建设的领导和组织力度。下一步，要进一步加强和完善党对生态文明建设的领导，推进科学决策、民主决策、依法决策。深化生态文明体制改革、推进生态文明建设的决策部署牵一发而动全身，必须高度重视、慎重周密、严谨科学。

要围绕生态文明建设领域的重大问题，深入调查研究，广泛听取意见，正确把握生态文明建设的主要矛盾和基本脉络，把全局性、长期性、战略性问题及时纳入决策视野，突出具有结构支撑作用的重大举措，把党的意志、时代的需要、人民的呼声及时转化为生态文明领域的党内法规、国家法律、重大政策、改革方案。要加强生态文明建设顶层设计和整体谋划，认识大局、分析大局、把握大局，精准发现问题症结，精准谋划破解之道，正确把握生态文明建设总目标、大格局，搭建生态文明建设的主体框架，规划出台"四梁八柱"性的实施方案，着眼解决重点难点问题，分清轻重缓急，递次压茬推出务实举措，切实增强政策举措的整体性、系统性、协同性和可行性。

要进一步健全生态文明建设领导机构，完善相关工作机制。为使生态文明建设领域改革责任明确、分兵把口，中央全面深化改革领导小组（现为中央全面深化改革委员会）下设了经济体制和生态文明体制改革专项小组，地方各级党委和有关部门、行业、单位党组（党委）也建立了相应机构，形成了上下贯通、左右协调的推进生态文明建设的领导机构和工作机制。新形势下，要进一步加强机构建设、完善工作机制，把生态文明建设纳入制度化、规范化、程序化轨道，实现工作机构、机制、规则建设的与时俱进，为统筹推进生态文明建设领域改革，推动相关改革目标任务的全面落实，提供更为坚强有力的机构支撑。

要进一步健全生态环境保护督察监督体系，加强对有关权力运行的制约和监督。这是贯彻落实党的群众路线的内在要求，是推进制度治党的重要环节，也是发挥党的领导核心作用的基本方式。要把人民群众拥护不拥护、赞成不赞成、高兴不高兴作为生态文明建设的标准和有关政策制定的依据，做到人民群众关心什么、期盼什么，生态文明建设就抓住什么、推进什么，让人民群众监督生态文明建设工作，确保有关权力在阳光下运行，真正解决人民群众所需所急所盼，真正让最广大人民群众有更多、更直接、更实在的获得感、幸福感、安全感，让人民共享生态文明建设成果。人民群众的满意、拥护和支持，是我们党治国理政的最大本钱，也是我们党在生态文明建设方面发挥核心领导作用的最大底气。

（三）增强党对生态文明建设的领导本领和能力

党的领导之所以是各项事业取得成功的根本保证，根本原因在于我们党具有强大的政治领导力、思想引领力、群众组织力和社会号召力，从而为各项事业指明了正确方向、提供了强大保障、汇聚了磅礴力量。新形势下，加强和改善党对生态文明建设的领导，更需要不断提高党把方向、谋大局、定政策、促改革、抓落实的能力和定力，确保生态文明建设沿着正确方向前进。

要围绕大局、锚定方向、把握原则，牢牢把握生态文明建设的正确方向。始终坚持中国特色社会主义的根本政治方向。生态文明建设本质上是为了更好坚持和发展中国特色社会主义，必须坚持马克思主义指导地位不动摇，坚持科学社会主义基本原则不动摇，"咬定青山不放松，任尔东西南北风"。始终坚持以人民为中心的发展理念。习近平总书记强调，"要坚持生态惠民、生态利民、生态为民，重点解决损害群众健康的突出环境问题，加快改善生态环境质量，提供更多优质生态产品，努力实现社会公平正义，不断满足人民日益增长的优美生态环境需要"[①]。必须把以人民为中心的发展理念贯穿于生态文明建设的目标设计、实施过程和成效检验的各个方面，让人民群众真正感受和享有生态文明建设成果。始终坚持实事求是、一切从实际出发，加强调查研究、整体把握和科学谋划，使生态文明建设和生态文明领域改革的各项政策、措施、方案等真正符合实际需要。

要提高调动和发挥各方面积极性的能力，充分发挥生态文明建设实践者的主体作用。生态文明建设的实践者是广大人民群众，必须充分尊重人民群众在生态文明建设中的主体地位和首创精神。生态文明

---

① 习近平：《推动我国生态文明建设迈上新台阶》，《求是》2019年第3期。

建设任务越繁重，越要依靠人民群众的大力支持，越要珍视人民群众的主体地位，越要尊重人民群众的首创精神，不断夯实生态文明建设的群众基础。此外，还要充分调动广大党员的积极性、主动性和创造性。广大党员奋战在生态文明建设的第一线，是推进生态文明建设的重要力量。必须采取各种行之有效的措施，创造形成有利于广大党员改革创新、奋发有为的社会环境和组织氛围，增强广大党员的使命感和责任感，激励他们更好带领群众干事创业。

要提高抓落实的能力，以钉钉子精神推动生态文明建设举措落地生根。一分部署，九分落实。增强党对生态文明建设的领导，必须把抓好政策举措的落实摆在更加突出位置，发扬钉钉子精神，遵循建设规律和特点，建立全过程、高效率、可核实的落实机制，推动政策举措早落地、见实效。每项政策举措都要明确牵头单位、责任人员，确定实施时间表，实行挂图作战、对账盘点。采取专项督察、专门考评等方式，及时发现和解决阻碍落实的问题，对有关责任人员严肃处理。及时总结推广建设经验，把建设成果巩固好、发展好，努力使实践成果上升为制度成果，建立长效机制，发挥长久作用。

四、充分发挥人民群众的智慧和力量

推动形成绿色发展方式和生活方式，是发展观的一场深刻变革。加快形成绿色生活方式，关键在于全社会牢固树立生态文明理念，增强全民节约意识、环保意识、生态意识，培养生态道德和行为习惯，让天蓝地绿水清深入人心，把建设美丽中国转化为全体人民自觉行动。

（一）充分尊重人民群众在生态文明建设中的主体地位和首创精神

坚持以人民为中心，是习近平生态文明思想的核心要义之一。满足人民日益增长的优美生态环境需要，是我们党的重要时代使命和人民群众的强烈期盼。人民是历史的创造者，也是生态文明和美丽中国的创造者，必须依靠人民群众创造生态文明建设的历史伟业。一是坚持不懈推动习近平生态文明思想入脑入心。从根本上解决生态环境问题，必须坚持以习近平生态文明思想为指导，贯彻创新、协调、绿色、开放、共享的发展理念，要着眼构建新发展格局、实现高质量发展和现代化建设新征程，通过各种行之有效的方式，加强习近平生态文明思想的学习阐释和贯彻力度，让生态文明建设成为人民群众的共同认识和自觉行动。特别是领导干部应当深学笃用，结合历史学、多维比较学、联系实际学，从灵魂深处确立对习近平生态文明思想的自觉和自信，通过示范引领让广大干部群众深刻感受到习近平生态文明思想的真理力量。二是大力倡导绿色生活方式。积极倡导简约、绿色低碳的生活方式，反对奢侈浪费和不合理消费。广泛开展节约型机关、绿色家庭、绿色学校、绿色社区、绿色商场、绿色餐馆等系列绿色创建活动，推广绿色出行，通过生活方式绿色革命，倒逼生产方式绿色转型，为实现碳达峰碳中和作出应有贡献。三是积极推广绿色消费。生态文明建设同每个人息息相关，每个人都应该做践行者、推动者，充分发挥消费者对于生产者的能动作用。要加强生态文明宣传教育，强化公民环境意识，推动形成节约适度、绿色低碳、文明健康的生活方式和消费模式，形成全社会共同参与的良好风尚。

（二）不断完善人民群众创新实践和经验的汇集机制

推进改革开放要尊重群众和基层首创精神，同样地，推进生态文明建设也要尊重群众和基层的首创精神。在创造性开展生态文明建设的实践中，人民群众和基层组织进行了锐意探索和大胆实践，河长制、湖长制、林长制就是基层创造出来的典型而有效的经验和做法。一是形成发现创新实践和经验的机制。紧紧围绕推动形成绿色发展方式和生活方式、坚决打赢蓝天碧水净土保卫战、改革完善生态环境治理体系等生态文明建设重要领域，及时发现具有典型性、示范性、引领性的经验和做法，加强解读、宣传和阐释，引导有关方面学习和运用。二是形成可复制、可推广的经验和做法。对于总体设计的好思路、推进建设的好举措、产生实效的好做法等，都应当善于见微知著、以点带面，进行全面总结、理性剖析，指出其方向性的内涵、规律性的办法、应用性的途径，以使有关地方和部门学习、仿效和运用，以高质量高效益地推进生态文明建设。三是不断将经验和做法上升为制度和法治。用最严格的制度和最严密的法治保护生态环境，是加强生态文明建设必须坚持的重要原则。要注重把人民群众和基层组织创新的好经验和好做法，及时上升为一个行业、一个地区甚至是全国性的制度和法规，不断强化制度创新和制度供给，切实完善制度体系、织密法治之网。要严格执行制度和法规，使之成为不可逾越的底线、不可触碰的高压线。对那些在制度和法规上作选择、搞变通、打折扣的，要严惩不贷、绝不姑息。

（三）切实形成群众广泛参与生态文明建设的磅礴力量

习近平总书记指出，"生态文明是人民群众共同参与共同建设共同享有的事业，要把建设美丽中国转化为全体人民自觉行动。每个人都是生态环境的保护者、建设者、受益者，没有哪个人是旁观者、局外人、批评家，谁也不能只说不做、置身事外"①。这不仅指明了人民群众在生态文明建设中的主体地位，也对人民群众参与生态文明建设发出了动员令。广大人民群众之中蕴藏建设生态文明的磅礴伟力，一定要采取各种举措激发出来。人民群众要认真贯彻落实习近平总书记的部署和要求，积极投入生态文明建设的伟大实践中，努力实现生态文明建设的伟大梦想。一是增强生态意识。要深刻认识人与自然是生命共同体的理念，深刻认识绿水青山就是金山银山的理念，在工作和生活的各个方面，不断增强节约意识、环保意识、生态意识，切实做到尊重自然、顺应自然、保护自然，争做生态文明建设的坚定拥护者、全力践行者。二是开展全民绿色行动。绿色家园、美好环境是一点一点积累起来的，生态文明之路是一步一步走出来的。深入推进国土绿化行动，积极履行参加义务植树这一公民法定义务。深入推进"光盘"行动，珍惜每一粒粮食、每一份食物。深入推进垃圾分类行动，坚持变废为宝、资源再利用。深入推进有利于减少能源资源消耗、污染排放、降碳减碳的一切行动，以身体力行、不懈努力，为生态环境保护、生态文明建设作出应有贡献。三是积极发挥监督作用。人民群众的眼睛是雪亮的，人民群众对生态环境的监督是有力的。要发动人民群众自觉履行监督的责任，对于那些不符合生态文明建设的政策、举措要敢于抵制，对于那些违反生态文明建设制度、法规的行为要勇于举报，真正把生态文明建设的各方面、全过程置于人民群众的监督之下，让那些与生态文明建设格格不入的东西无所遁形。

---

① 习近平：《推动我国生态文明建设迈上新台阶》，《求是》2019年第3期。

第二章

全面推进生态文明体制改革

党的十八大以来，生态文明建设纳入"五位一体"总体布局和协调推进"四个全面"战略布局。习近平总书记对全面深化生态文明体制改革作出一系列重要论述，构成习近平生态文明思想的重要内容。在习近平生态文明思想的指引下，我国生态文明体制改革加快推进，生态文明制度体系不断完善，生态文明建设蓬勃开展，美丽中国建设迈出重大步伐，我国生态环境保护发生历史性、转折性、全局性变化。

一、生态文明体制的"四梁八柱"

（一）习近平总书记对生态文明体制改革作出重要论述

用最严格的制度、最严密的法治保护生态环境，是推进生态文明建设的重要原则。党的十八大以来，习近平总书记对生态文明体制改革的重要地位、为什么推进生态文明体制改革、生态文明体制改革的目标和任务等作出一系列重要论述。

习近平总书记对生态文明体制改革的重要地位作出论述。党的十九大报告按照"五位一体"的框架系统阐述了生态文明建设，尤其突出了生态文明体制改革。第九部分的标题就是"加快生态文明体制改革，建设美丽中国"，主要阐述了推进绿色发展、着力解决突出环境问题、加大生态系统保护力度、改革生态环境监管体制四个方面的内容①。在 2018 年全国生态环境保护大会上，习近平总书记提出了新时代生态文明建设的"五大体系"，其中就包括"生态文明制度体系"②。可见，生态文明体制改革在生态文明建设中占有重要地位。

习近平总书记对为什么推进生态文明体制改革作出重要论述。2013 年 11 月 9 日，习近平总书记在《关于〈中共中央关于全面深化改革若干重大问题的决定〉的说明》中指出，"我国生态环境保护中存在的一些突出问题，一定程度上与体制不健全有关"③。2015 年 6 月 16 日至 18 日，习近平总书记在贵州考察工作时讲话指出，"要正确处理发展和生态环境保护的关系，在生态文明建设体制机制改革方面先行先试"④。

习近平总书记对生态文明体制改革的目标和任务作出系统论述。2013 年 12 月 10 日，习近平总书记在中央经济工作会议上的讲话指出，"生态文明领域改革，三中全会明确了改革目标和方向，但基础性制度建设比较薄弱，形成总体方案需要做些功课"⑤。2016 年 11 月 28 日，习近平总书记在《关于做好生态文明建设工作的批示》中指出，"要深化生态文明体制改革，尽快把生态文明制度的'四梁八柱'

① 习近平：《决胜全面建成小康社会 夺取新时代中国特色社会主义伟大胜利——在中国共产党第十九次全国代表大会上的报告》，新华社，2017年10月18日。

② 习近平：《推动我国生态文明建设迈上新台阶》，《求是》2019年第3期。

③ 习近平：《关于〈中共中央关于全面深化改革若干重大问题的决定〉的说明》，《求是》2013年第22期。

④ 中共中央文献研究室：《习近平关于社会主义生态文明建设论述摘编》，中央文献出版社，2017年版第27页。

⑤ 中共中央文献研究室：《习近平关于社会主义生态文明建设论述摘编》，中央文献出版社，2017年版第103页。

建立起来，把生态文明建设纳入制度化、法治化轨道"①。习近平总书记对深化自然资源资产产权制度、用途管制制度、环境污染治理体系、生态环境保护的市场机制、生态文明建设目标评价考核和问责制度等生态文明制度体系，都作出过专门的论述，为生态文明体制改革的顺利推进提供了方向指引和遵循。

以习近平同志为核心的党中央将生态文明建设写进《中国共产党章程》和《中华人民共和国宪法》。党的十八大审议通过的《中国共产党章程（修正案）》，在"总纲"中提出，"坚持创新、协调、绿色、开放、共享的发展理念""统筹推进经济建设、政治建设、文化建设、社会建设、生态文明建设"，专门论述"中国共产党领导人民建设社会主义生态文明"，明确提出"增强绿水青山就是金山银山的意识""实行最严格的生态环境保护制度"。2018 年，十三届全国人大一次会议第三次全体会议通过的《中华人民共和国宪法修正案》正式写入"生态文明"，明确提出"推动物质文明、政治文明、精神文明、社会文明、生态文明协调发展，把我国建设成为富强民主文明和谐美丽的社会主义现代化强国，实现中华民族伟大复兴"。生态文明写入宪法，使其具有了更高的法律地位，拥有了更强的法律效力。

（二）生态文明体制改革是全面深化改革的重要内容

把生态文明体制改革纳入全面深化改革。2013 年 11 月 12 日，中国共产党第十八届中央委员会第三次全体会议通过的《中共中央关于全面深化改革若干重大问题的决定》②中，按照"五位一体"总体布局

---

① 中共中央文献研究室：《习近平关于社会主义生态文明建设论述摘编》，中央文献出版社，2017 年版第 109 页。
② 《中共中央关于全面深化改革若干重大问题的决定》，中国政府网，2013 年 11 月 15 日，http://www.gov.cn/jrzg/2013-11/15/content_2528364.htm。

的框架，系统阐述了经济体制改革、政治体制改革、文化体制改革、社会体制改革和生态文明体制改革，其中第十四部分就是"加快生态文明制度建设"，生态文明制度建设成为全面深化改革的重要内容。文件中明确提出"健全自然资源资产产权制度和用途管制制度""划定生态保护红线""实行资源有偿使用制度和生态补偿制度""改革生态环境保护管理体制"。建设生态文明，必须建立系统完整的生态文明制度体系，必须深化生态文明体制改革。

中央指定专门机构负责推进生态文明体制改革。2013 年 12 月 30 日，中共中央政治局召开会议，决定成立中央全面深化改革领导小组，习近平同志担任组长。2014 年 2 月 28 日，中央全面深化改革领导小组第二次会议审议通过了《关于经济体制和生态文明体制改革专项小组重大改革的汇报》，正式成立了中央经济体制和生态文明体制改革专项小组，负责经济体制和生态文明体制改革的研究、协调和推动。2018 年 3 月，根据《深化党和国家机构改革方案》，"中央全面深化改革领导小组"改成"中央全面深化改革委员会"。这体现了中央对生态文明体制改革的高度重视，从组织机构上为顺利推进生态文明体制改革提供了重要保障。2021 年，中央成立了碳达峰碳中和工作领导小组，加强碳达峰、碳中和工作的统筹协调。

（三）出台建立系统完整的生态文明制度体系的改革文件

中央出台《关于加快推进生态文明建设的意见》和《生态文明体制改革总体方案》，对生态文明体制改革作出顶层设计。2015 年 4 月 25 日，中共中央、国务院出台《关于加快推进生态文明建设的意见》，提出我国生态文明建设的主要目标和重点任务①。2015年9月21日，中共中央、国务院印发《生态文明体制改革总体方案》，为加快建立系统完整的生态文明制度体系提供了顶层设计方案，明确提出要从"健全自然资源资产产权制度""建立国土空间开发保护制度""建立空间规划体系""完善资源总量管理和全面节约制度""健全资源有偿使用和生态补偿制度""建立健全环境治理体系""健全环境治理和生态保护市场体系""完善生态文明绩效评价考核和责任追究制度"八个方面完善生态文明制度体系②。

《生态文明体制改革总体方案》从八个方面详细提出生态文明制度体系建设的具体目标，以及相应要着力解决的突出体制机制问题：一是构建归属清晰、权责明确、监管有效的自然资源资产产权制度，着力解决自然资源所有者不到位、所有权边界模糊等问题。二是构建以空间规划为基础、以用途管制为主要手段的国土空间开发保护制度，着力解决因无序开发、过度开发、分散开发导致的优质耕地和生态空间占用过多、生态破坏、环境污染等问题。三是构建以空间治理和空间结构优化为主要内容，全国统一、相互衔接、分级管理的空间规划体系，着力解决空间性规划重叠冲突、部门职责交叉重复、地方规划朝令夕改等问题。四是构建覆盖全面、科学规范、管理严格的资源总量管理和全面节约制度，着力解决资源使用浪费严重、利用效率不高等问题。五是构建反映市场供求和资源稀缺程度、体现自然价值和代际补偿的资源有偿使用和生态补偿制度，着力解决自然资源及其产品价格偏低、生产开发成本低于社会成本、保护生态得不到合理回

① 《中共中央 国务院关于加快推进生态文明建设的意见》，中华人民共和国国务院公报，2015年第14期第5~14页。
② 《中共中央 国务院印发〈生态文明体制改革总体方案〉》，中华人民共和国国务院公报，2015年第28期第4~12页。

报等问题。六是构建以改善环境质量为导向，监管统一、执法严明、多方参与的环境治理体系，着力解决污染防治能力弱、监管职能交叉、权责不一致、违法成本过低等问题。七是构建更多运用经济杠杆进行环境治理和生态保护的市场体系，着力解决市场主体和市场体系发育滞后、社会参与度不高等问题。八是构建充分反映资源消耗、环境损害和生态效益的生态文明绩效评价考核和责任追究制度，着力解决发展绩效评价不全面、责任落实不到位、损害责任追究缺失等问题。

上述两个文件为推进生态文明体制改革提供了顶层设计。

中央和各部委陆续出台生态文明体制改革专项方案。2018年5月18日，习近平总书记在全国生态环境保护大会上指出，党的十八大以来，制定了40多项涉及生态文明建设的改革方案，包括生态文明建设目标评价考核、自然资源资产离任审计、生态环境损害责任追究等制度出台实施，主体功能区制度逐步健全，省以下环保机构监测监察执法垂直管理、生态环境监测数据质量管理、排污许可、河（湖）长制、禁止洋垃圾入境、绿色金融改革、自然资源资产负债表、环境保护税、生态保护补偿等落实见效。2014年新修订的《中华人民共和国环境保护法》颁布施行；2016年《中华人民共和国环境保护税法》获得通过;《中华人民共和国大气污染防治法》《中华人民共和国海洋环境保护法》《中华人民共和国水污染防治法》《中华人民共和国土壤污染防治法》分别于2015年、2016年、2017年和2018年修订。2021年3月15日，习近平主持召开中央财经委员会第九次会议强调，"把碳达峰、碳中和纳入生态文明建设整体布局"①。2021年9月22日，中共中央、国务院印发《中共中央 国务院关于完整准确全

① 《习近平主持召开中央财经委员会第九次会议》，新华社，2021年3月15日。

面贯彻新发展理念 做好碳达峰碳中和工作的意见》①；2021年10月24日，国务院印发《2030年前碳达峰行动方案》②。这两个文件对我国碳达峰碳中和工作和相关制度建设作出顶层设计，随之，碳达峰碳中和的"1+N"政策体系陆续发布。

（四）实施生态文明建设机构改革

2018年，中共中央印发《深化党和国家机构改革方案》，在"国务院机构改革"和"行政执法体制改革"部分，对生态文明体制改革作出明确规定③。一是重组生态文明建设相关机构和职责。组建自然资源部，统一行使全民所有自然资源资产所有者职责，统一行使所有国土空间用途管制和生态保护修复职责；组建生态环境部，统一行使生态和城乡各类污染排放监管与行政执法职责；组建农业农村部，统筹实施乡村振兴战略；组建应急管理部，推动形成统一指挥、专常兼备、反应灵敏、上下联动、平战结合的中国特色应急管理体制；组建国家林业和草原局，由自然资源部管理，加快建立以国家公园为主体的自然保护地体系。二是整合组建生态环境保护综合执法队伍。整合环境保护和国土、农业、水利、海洋等部门相关污染防治和生态保护执法职责、队伍，统一实行生态环境保护执法。由生态环境部指导。

（五）建立国家生态文明试验区

中央对设立统一规范的国家生态文明试验区作出部署。党的

---

① 《中共中央 国务院关于完整准确全面贯彻新发展理念 做好碳达峰碳中和工作的意见》，中华人民共和国国务院公报，2021年第31期第33～38页。

② 《国务院关于印发2030年前碳达峰行动方案的通知》，中华人民共和国国务院公报，2021年第31期第48～58页。

③ 《中共中央印发〈深化党和国家机构改革方案〉》，新华社，2018年3月21日。

十八届五中全会提出，设立统一规范的国家生态文明试验区，重在开展生态文明体制改革综合试验，规范各类试点示范，为完善生态文明制度体系探索路径、积累经验。2016年6月27日，习近平主持召开中央深改组第二十五次会议，审议通过了《关于设立统一规范的国家生态文明试验区的意见》，提出"设立若干试验区，形成生态文明体制改革的国家级综合试验平台""到2020年，试验区率先建成较为完善的生态文明制度体系，形成一批可在全国复制推广的重大制度成果"①。

相继出台4个国家生态文明试验区实施方案。福建、江西和贵州、海南分别于2016年、2017年、2019年出台国家生态文明试验区实施方案，明确了各个试验区开展生态文明制度体系示范的主要内容和重点任务，分别如下：

《国家生态文明试验区（福建）实施方案》提出，福建要围绕国土空间科学开发的先导区、生态产品价值实现的先行区、环境治理体系改革的示范区、绿色发展评价导向的实践区的战略定位，开展国土空间规划和用途管制制度、环境治理和生态保护市场体系、多元化的生态保护补偿机制、环境治理体系、自然资源资产产权制度、绿色发展绩效评价考核六项重点任务建设②。

《国家生态文明试验区（江西）实施方案》提出，江西要围绕山水林田湖草综合治理样板区、中部地区绿色崛起先行区、生态环境保护管理制度创新区和生态扶贫共享发展示范区的战略定位，开展山水林田湖草系统保护与综合治理制度体系、生态环境保护与监管体系、促进绿色产业发展的制度体系、环境治理和生态保护市场体系、绿色

---

①② 《中共中央办公厅 国务院办公厅印发〈关于设立统一规范的国家生态文明试验区的意见〉及〈国家生态文明试验区（福建）实施方案〉》，中华人民共和国国务院公报，2016年第26期第5～15页。

共治共享制度体系、全过程的生态文明绩效考核和责任追究制度体系六项重点任务，打造美丽中国的"江西样板"[①]。

《国家生态文明试验区（贵州）实施方案》提出，贵州要围绕长江珠江上游绿色屏障建设、西部地区绿色发展、生态脱贫攻坚、生态文明法治建设、生态文明国际交流合作"五大示范区"战略定位，开展绿色屏障建设、促进绿色发展、生态脱贫、生态文明大数据、生态旅游发展、生态文明法治、生态文明对外交流合作、绿色绩效评价考核八项制度创新试验[②]。

《国家生态文明试验区（海南）实施方案》提出，海南要围绕生态文明体制改革样板区、陆海统筹保护发展实践区、生态价值实现机制试验区、清洁能源优先发展示范区的战略定位，构建国土空间开发保护制度、推动形成陆海统筹保护发展新格局、建立完善生态环境质量巩固提升机制、建立健全生态环境和资源保护现代监管体系、创新探索生态产品价值实现机制、推动形成绿色生产生活方式[③]。

二、生态文明体制改革的辉煌成就

（一）生态文明体制改革取得了明显成效

1. 生态文明理念深入人心

一是党政领导干部的绿色政绩观总体树立。2021 年，国务院发展研究中心资源与环境政策研究所在全国开展"双碳"意识调查发

---

①② 《中共中央办公厅 国务院办公厅印发〈国家生态文明试验区（江西）实施方案〉和〈国家生态文明试验区（贵州）实施方案〉》，中华人民共和国国务院公报，2017年第29期第22~39页。

③ 《中共中央办公厅 国务院办公厅印发〈国家生态文明试验区（海南）实施方案〉》，中华人民共和国国务院公报，2019年第15期第16~25页。

现，公职人员对资源循环高效利用、环境污染防治、碳达峰碳中和三项生态文明建设议题关注度较高，受访者比重分别为 67.3%、65.9%、58.8%。同时，公职人员受访者对生态文明建设工作情况也较了解。这总体上表明，公职人员的生态文明理念水平较高。在实地调研中也发现，地方领导干部的绿色发展理念也牢固树立。例如，河北省正定县的领导干部坚持"宁肯不要钱，也不要污染"，严格防止污染搬家、污染下乡，牢固树立绿水青山就是金山银山的理念，着力改善生态环境质量、建立现代经济体系、建设宜居宜业宜游城市，加快走向生产发展、生活富裕、生态良好的文明发展之路。生态文明理念已经实实在在转化为领导干部的行动准则。

二是企业的环境守法意识不断增强。2020 年，国务院发展研究中心资源与环境政策研究所针对 455 家企业开展的调查显示，企业能够自觉遵守环境保护法律的相关要求，依法自行开展污染物排放监测，并向社会公开。90% 的企业对自行监测的环境数据准确性打了满分或较高分，87% 的企业认为自行监测数据和当地环保部门的数据一样可靠或更可靠，企业建立了自行环境监测管理制度，投入了资金。调研中也发现，企业能够积极开展绿色转型，绿色发展理念明显增强。

三是社会公众的生态文明自觉已经树立。2021 年，国务院发展研究中心资源与环境政策研究所在全国开展"双碳"意识调查发现，68.6% 的受访者表示一直能做到随手关灯，67.2% 的受访者表示一直能做到杜绝浪费节约粮食，66.6% 的受访者表示一直能做到节约用水，五成以上的受访者表示一直能做到购买节能家电、自觉开展垃圾分类、多乘坐公共交通。这说明公众能够自觉投入生态文明建设行动中，全社会的绿色发展理念水平较高。

2. 生态文明建设动力加强

一是环境守法的约束增强。新修订的一系列生态文明法律明确了监管部门的责任，强化了问责机制，加大了企业违法处罚力度，不断提高的违法成本促使各主体履行生态文明建设职责。全国人大常委会、最高人民法院、最高人民检察院对环境污染和生态破坏界定入罪标准，加大惩治力度，形成高压态势。促使排污企业不敢污染环境、不想污染环境、不能污染环境。

二是保护生态环境的激励增强。第一，领导干部生态环境保护工作做得好，也能挂红花、当英雄。2021 年，国务院发展研究中心资源与环境政策研究所在全国开展"双碳"意识调查发现，91.4% 的公职人员受访者表示愿意从事碳达峰碳中和领域的相关工作。据 2022年 2 月 24 日《中国环境报》报道，多位生态环保干部走上省部级岗位。对 31 个省（自治区、直辖市）431 个地级市（区、州、盟、地区）"一把手"履历进行逐一检索，发现超过一半的省（自治区、直辖市）有地级市（区、州、盟、地区）出现有生态环保工作经历的干部转任"一把手"的情况。这体现了生态环保工作重要性在提升 [①]。第二，企业绿色转型做得好，也能够带来绿色收益。调查发现，浙江丽水通过打造"丽水山耕"区域公共品牌，截至 2020 年实现了加盟会员企业 977 家、合作基地 1153 个、生态农产品种类达 1200 个，2019年销售额突破 84 亿元，平均溢价率为 30%，部分溢价率达 5 倍以上。保护生态环境不再是一种负担，而是成为一种自发自觉的动力机制。

三是公众保护生态环境也得到了实实在在的收益。例如，浙江丽水建立个人生态信用"绿谷分"制度，开展个人生态信用绿色评

---

① 王珊，张倩，邹祖铭：《31省份431地市！生态环保干部哪些跻身省部级？哪些当了地市"一把手"？》，《中国环境报》2022年2月24日。

级，评级的结果可用于享受 60 余项消费优惠，激励了公众的生态文明行为。

3. 生态文明制度效能提高

一是政府生态文明建设职责得到优化配置。国家组建生态文明建设相关机构，生态环境领域的机构设置更加健全和完善，工作职责得到进一步明确，解决了以往的环境监管空白和监管交叉的问题。

二是生态文明制度和法治得到有效落实。通过生态文明体制改革，我国形成了源头严防、过程严管、责任追究的生态文明制度体系，建立了生态文明制度的"四梁八柱"。特别是中央环境保护督察制度建得好、用得好，敢于动真格，不怕得罪人，咬住问题不放松，成为推动地方党委和政府及其相关部门落实生态环境保护责任的硬招实招。生态文明执法力度不断增强，依靠法治保护生态环境，制度真正成为刚性的约束和不可触碰的高压线，成为"长牙齿的老虎"。2021 年中央环境保护督察共受理转办群众来电来信举报约 6.56 万件，曝光典型案例 87 个，有效发挥了警示震慑作用[①]。

三是生态文明制度示范效应明显。国家生态文明试验区建设取得了预期的示范效应，探索出了一系列可推广的生态文明重大制度。2020 年，国家发展和改革委员会印发《国家生态文明试验区改革举措和经验做法推广清单》，推广的国家生态文明试验区改革举措和经验做法共 90 项，包括自然资源资产产权、国土空间开发保护、环境治理体系、生活垃圾分类与治理、水资源水环境综合整治、农村人居环境整治、生态保护与修复、绿色循环低碳发展、绿色金融、生态补偿、生态扶贫、生态司法、生态文明立法与监督、生态文明考核与审

---

① 《关于2021年法治政府建设情况的报告》，生态环境部，2022年3月31日，https://www.mee.gov.cn/ywdt/hjywnews/202203/t20220331_973289.shtml。

计 14 个方面 ①。

四是基层生态文明制度创新活跃。在习近平生态文明思想的指引下，地方积极贯彻落实中央关于加快推进生态文明建设和生态文明体制改革的一系列重要决策部署，坚持顶层设计和基层创新相结合，发挥首创精神，大胆探索，因地制宜地开展了一系列卓有成效的生态文明制度体系创新。例如，深圳市开展的生态文明公众评审制度，赋予公众对被考核单位的主要领导进行现场评审和打分的权力，真正将公众监督落到实处。福建长汀成立国有专业生态治理公司，创新实行水土流失治理的公司化运作机制，推进水土流失高效治理，带动绿色产业发展。

4. 生态文明能力得到提升

一是政府部门推进绿色发展的能力总体较高。2021 年，国务院发展研究中心资源与环境政策研究所在全国针对政府部门推进"双碳"工作的"政治能力、调查研究能力、科学决策能力、改革攻坚能力、应急处突能力、群众工作能力、抓落实能力"开展了问卷调查。数据显示，各级政府推进"双碳"工作的能力总体较强，认为能力"非常高"和"比较高"的公职人员比重占到八成以上。在调查中我们也发现，各级政府通过邀请生态文明专业人士作专题报告、考察学习生态文明建设典型案例等方式，提高推进生态文明工作的专业能力。

二是专业部门的生态环境监管能力明显提升。党的十八大以来，我国形成了一支生态环境保护铁军，政治强、本领高、作风硬、敢担当，特别能吃苦、特别能战斗、特别能奉献。党的十八大以来，有多

---

① 《国家生态文明试验区改革举措和经验做法推广清单》，国家发展和改革委员会，2020年11月25日。

位生态环保系统人员获得全国五一劳动奖章。2020 年，国务院发展研究中心资源与环境政策研究所针对省以下环境监测机构垂直管理制度改革成效的调查显示，通过改革，全国环境监测机构的能力水平有所提升。

三是生态文明决策支撑能力提高。党的十八大以来，各类专业化智库对生态文明决策咨询的支撑能力显著提高。各级党校机构在领导干部培训中，都把生态文明建设作为重点培训内容。国务院发展研究中心、中国社会科学院、中国工程院等国家高端智库，都高度重视生态文明体制改革研究。国务院发展研究中心近十年持续对打好污染防治攻坚战、生态文明体制改革、碳达峰碳中和等生态文明重大问题开展深入研究，急党中央之所急，想党中央之所想，向党中央及时报送一系列决策咨询研究报告，有力支撑了生态文明体制改革的顺利推进。2020 年，国务院发展研究中心设立习近平生态文明思想研究室，加强习近平生态文明思想的学习、研究和宣传传播，推动生态文明决策咨询研究迈上新台阶。

生态文明体制改革的推进，有力促进了生态文明建设，美丽中国建设迈出重大步伐。我国空气更加清新，2021 年全国 $PM_{2.5}$ 浓度为 30 微克 ∕ 立方米，实现"六连降"；水体更加清澈，全国地表水Ⅰ～Ⅲ类断面比例为 84.9%，实现"六连升"；土壤更加安全，全国受污染耕地安全利用率稳定在 90% 以上；单位国内生产总值二氧化碳排放下降达到"十四五"序时进度[①]。生态更加优美，生态结构较完整、功能较完善。广大人民群众对生态环境改善的获得感不断增强。国务院发展研究中心"中国民生调查"数据显示，2021 年，受访者对总体生态环境的满意度为 80.5%。

---

① 《2021中国生态环境状况公报》，生态环境部，2022年5月27日。

（二）生态文明体制改革积累了宝贵经验

一是坚持习近平生态文明思想的理论指导。生态文明体制改革始终坚持绿水青山就是金山银山的理念，坚持为人民做实事的不变信念，通过完善生态文明制度体系，着重解决老百姓身边的突出生态环境问题，朝着正确的改革方向稳步推进，取得了前所未有的生态环境保护成就，赢得了广大老百姓的认可。正确的理论指导是改革取得成功的关键。

二是坚持党的领导。党政军民学，东西南北中，党是领导一切的。中国共产党是领导生态文明体制改革事业的核心力量。党的十八大以来，以习近平同志为核心的党中央以前所未有的力度抓生态文明建设，从思想、法律、体制、组织、作风上全面发力，全方位、全地域、全过程加强生态环境保护。在党中央的集中坚强领导下，各地区各部门坚决担负起生态文明建设的政治责任，全面贯彻落实党中央的决策部署；地方各级党委和政府主要领导切实对行政区域的生态环境质量负总责，坚决维护党中央权威和集中统一领导，团结一致推动生态文明体制改革。

三是坚持顶层设计和基层创新相结合。党的十八大以来，中央对生态文明体制改革进行前所未有的总体部署和统筹协调，中央制定了生态文明体制改革总体方案，明确了生态文明体制改革的总体要求、重点任务、实施保障等内容，加强中央对各部门各地区推进生态文明体制改革的统一指导，确保全党全国形成改革共识，采取一致的改革行动。各地方积极贯彻落实中央决策部署，开展的生态文明建设和生态文明体制改革的丰富实践，既验证了中央生态文明体制改革决策部署的科学性，又在实践和探索中进一步完善了国家生态文明制度体系，形成了中央和地方互动、齐心推进生态文明建设的良性循环。

四是坚持问题导向。生态文明体制改革具有鲜明的问题导向特色。首先是为人民排忧解难。解决人民最关心、最直接、最现实的利益问题是执政党使命所在。民之所好好之，民之所恶恶之。要坚持生态惠民、生态利民、生态为民，重点解决损害群众健康的突出环境问题。其次是立足于现实，找准问题。哪里有问题，就解决哪里的问题；哪里问题严重，就优先解决哪里的问题。最后是扫除造成问题的体制机制障碍。生态文明体制改革要调整环境污染受益者和受损者之间的矛盾、当代人和后代人之间的矛盾、国内减排和国际减排之间的矛盾，通过改革找到解决矛盾的思路、方法和对策。

三、持续深化生态文明体制改革

一是改革永远在路上。广大人民群众对优美生态环境存在很多新要求、新期待。推进美丽中国建设和实现"双碳"目标，不是轻轻松松就能实现，仍面临着不少挑战，这都需要我们学深悟透习近平生态文明思想，不断深化生态文明体制改革，为生态文明建设提供不竭动力，为广大人民群众提供越来越多的优质生态产品。

二是协同推进"双碳"体制改革。以习近平同志为核心的党中央把"双碳"工作纳入生态文明建设整体布局和经济社会发展全局，坚持降碳、减污、扩绿、增长协同推进。相应地，生态文明体制改革也要将"双碳"相关的体制机制改革纳入其中，通过完善制度体系，着力解决好发展和减排的关系、整体和局部的关系、长远目标和短期目标的关系、政府和市场的关系。

三是继续完善生态文明制度体系。认真总结党的十八大以来生态文明体制改革的经验和成效，增强制度供给质量。深化生态文明问责制度改革，做好中央生态环境保护督察。健全生态文明市场体系，发挥市场主体在生态文明建设中的作用。强化绿色发展法律和政策保障，加强生态文明统筹协调。各级党委和政府要担负起生态文明建设的政治责任，坚决做到令行禁止，确保党中央关于生态文明建设各项决策部署落地见效。

四是发挥基层改革首创精神。基层改革创新一头连着广大基层干部，一头连着广大人民群众。基层改革创新、大胆探索是推动生态文明体制改革的重要方法。生态文明体制改革的任务越重，越要重视基层探索实践。基层改革创新是完善生态文明制度体系的源头活水，要尽可能多听基层和一线的声音，多取得第一手材料，及时总结经验，把基层改革创新中发现的问题、解决的方法、蕴含的规律，及时形成理性认识。鼓励和允许不同地方进行差别化探索。完善考核评价和激励机制，既鼓励创新、表扬先进，也允许试错、宽容失败，营造想改革、谋改革、善改革的浓郁氛围，最大限度调动地方、基层以及各方面的积极性、主动性、创造性。同时，要发挥中央顶层设计对基层实践的引领、规划、指导作用，始终保持正确的改革方向。

第三章

建立生态文明建设问责体系

生态文明建设问责体系是习近平生态文明思想的重要组成部分。以习近平同志为核心的党中央推动生态环境保护党政同责、一岗双责和齐抓共管的制度化，一改以前的生态环境保护国家权力运行格局要求，突出了地方党委在地方生态环境保护治理体系中的作用，强调地方党委和政府的协同监管职责，突出其他行政监管部门的分工负责作用，并配套以失职追责的机制，既是对传统的生态环境保护监管体制、制度和机制的重大创新，也是对现代国家治理体系理论的重大突破。

一、问责体系是生态文明制度的重大创新

（一）生态环境保护党政同责与督察、督查问责① 的制度创新

1. 生态环境保护党政同责、一岗双责、齐抓共管是国家治理理论的创新和发展

党的十八届三中全会首次提出建立国家治理体系，推进国家治理能力现代化。国家治理反映的是科学共治和法治共治的治国模式，在

---

① 是指通过中央和省级生态环境保护督察及各级生态环境保护专项执法督查发现问题，并依法依规问责。

中国国情和语境下，其应是中国共产党领导下政府负责和政府主导的，政府、市场、个人等多主体依法参与和监督国家、社会事务的政治和法治模式。而生态环境保护作为国家治理中的重要内容，其监管体制理应涉及执政党、政府、市场等各个主体，做到权责平衡且形成合力。

从逻辑上看，生态环境保护党政同责、一岗双责、齐抓共管这一新思想、新观点、新要求，是在国家治理体系的大框架之下展开的，既符合中央关于治国理政制度化的要求，更符合我国生态环境保护工作的实际。在 2018 年全国生态环境保护大会上，习近平总书记指出，"中央环境保护督察制度建得好、用得好，敢于动真格，不怕得罪人，咬住问题不放松，成为推动地方党委和政府及其相关部门落实生态环境保护责任的硬招实招"①。因此，可以说生态环境保护党政同责、一岗双责、齐抓共管的制度化是我国体制、制度和机制创新的一个亮点，对国家治理体系的全面建设具有突破作用。

在过去的生态环境保护工作中，存在仅强调政府的生态环境保护工作而忽视地方党委的生态环境保护领导责任的情况。而地方政府的工作是在地方党委领导下开展的，没有地方党委的决策、组织、思想等方面的强力支持，地方政府的生态环境保护工作不可能取得好的成效。在工业化、城镇化的进程中，若地方党委不重视生态环境保护工作，便容易产生环境污染和生态破坏。因此，必须强化地方党委在生态环境保护工作中的领导和监管责任。

国家治理下的生态环境保护治理体系强调的是制度之治，它不仅包括法律层面的生态环境保护法治，还包括党的建设、社区自治、社会参与、道德建设等政治层面的生态环境保护制度之治。它的提出是对国家治理体系内容和方式的丰富与发展，是生态环境保护领域的新

---

① 闻言：《推进美丽中国建设的根本遵循》，《人民日报》2022年4月7日第6版。

的文明革命，是法治化文明和制度化文明的革命。在这种制度文明的形成和发展之中，生态环境保护党政同责、一岗双责体制制度和机制的建设是一个关键的突破口。近几年，其在实践中不断地制度化、规范化和程序化，在新常态下，将带动各方面制度的健全和落实，使符合生态文明要求的意识和行为在实践中生根、发芽、开花、结果。

2. 生态环境保护党政同责、一岗双责、齐抓共管的政策和法制基础

我国是社会主义国家，中国共产党在立法和国家、社会事务方面的领导地位已为宪法所确定。因此，不能忽视中国共产党的领导政策和领导规则来空谈中国特色社会主义的法治工作。基于此，党的十八届四中全会决定把党内法规体系纳入中国特色社会主义法治体系，党的十九届四中全会决定也强调了党内法规建设。生态环境保护党政同责、一岗双责、齐抓共管的政策基础不仅包括国家的政策基础，还包括党的政策基础；法制基础不仅包括国家立法基础，还包括党内法规基础。

在政策基础方面，党的十八届三中、四中全会文件和十九届四中全会文件，都或多或少地涉及党政同责、一岗双责、齐抓共管、失职追责的问题，为生态环境保护一岗双责、齐抓共管、失职追责的实施指明了改革方向，如党的十八届三中全会决定建立生态环境损害责任终身追究制，对领导干部实行自然资源离任审计制度等。国民经济和社会发展"十三五"规划纲要以及生态环境保护规划，就为生态环境保护一岗双责、齐抓共管、失职追责的实施奠定了国家政策基础。近些年来，出现一个新的趋势，就是党的机关和国家机关针对共同关心的现实生态环境问题联合出台指导性和规范性文件，来推动生态环境保护事务的解决，如中共中央、国务院联合发布了《关于加快推进生态文明建设的意见》《生态文明体制改革总体方案》等文件。

在法律法规方面，我国现行的《中华人民共和国环境保护法》《中华人民共和国水污染防治法》《中华人民共和国大气污染防治法》《中华人民共和国固体废物污染环境防治法》《中华人民共和国土壤污染防治法》等法律中均为一岗双责提供了法律依据，如《中华人民共和国环境保护法》第 6 条第 2 款规定："地方各级人民政府应当对本行政区域的环境质量负责。"《中华人民共和国水污染防治法》《中华人民共和国大气污染防治法》等中也有相应的关于地方各级人民政府对本行政区域水和大气环境质量负责的规定。2019 年以来，北京等地在垃圾分类、社区物业管理、街道办事处等地方法规建设方面，在条文中加强了地方党委领导的规定建设。

在党的法规方面，党的十八大把生态文明建设写入党章，成为全党的行动指南。在具体举措方面，中共中央、国务院于 2015 年联合发布了《党政领导干部生态环境损害责任追究办法（试行）》，中共中央办公厅、国务院办公厅于 2016 年联合发布了《生态文明建设目标评价考核办法》。《党政领导干部生态环境损害责任追究办法（试行）》第 1 条规定："根据有关党内法规和国家法律法规，制定本办法。"由此可以看出这些文件的党内法规属性。这些联合法规性文件不仅是党和国家在生态环境保护国家治理方面制度化、规范化、程序化的尝试，体现了生态环境保护党内法规与国家立法的衔接和互助，还是中国特色社会主义环境法治的重大创新。

（二）生态环境保护党政同责与督察、督查问责制度建设进展

生态环境保护党政同责是新时代撬动生态环境保护工作新格局

的关键机制，在此基础上的中央生态环境保护督察制度则是实现生态环境保护党政同责的配套措施。通过党的十八大以来的生态文明体制改革，中央生态环保督察问责既有党和国家的政策依据，也有国家法律依据，还有党内法规依据。在制度建设层面，生态环境保护党政同责、一岗双责、齐抓共管以生态环境保护督察、评价考核、自然资产离任审计、责任追究等为抓手，相继出台一些文件，推动法律和法律制度建设，实现失职追责的目的。

实现生态环境保护党政同责、一岗双责、齐抓共管，需要对区域即地方党委和政府建立科学的考核评价方法。实行党政同责的评价考核，是在党的十八大之后开始设计、推行的。目前，已经建立了规划实施目标的责任分解机制，为生态文明建设评价考核尤其是党政同责联合法规性文件出台，奠定了技术基础。2016 年 10 月，中共中央办公厅、国务院办公厅联合出台了《生态文明建设目标评价考核办法》，建立了绿色发展指标体系和生态文明评价指标体系，每年度开展一次绿色发展指标体系评估，每五年开展一次考核。此后，一些省份也出台了自己的方案，如青海省把全省按照实际情况分为三类区域进行评价和考核。

实现生态环境保护党政同责、一岗双责、齐抓共管，需要对地方党委和政府的主要领导人开展自然资源资产离任审计。为此，中央印发了《关于开展党政领导干部自然资源资产离任审计的试点方案》《编制自然资源资产负债表试点方案》等试点文件及其后的正式改革文件。通过审计发现问题的，则依据《党政领导干部生态环境损害责任追究办法（试行）》追究责任。该办法规定地方各级党委和政府对本地区生态环境和资源保护负总责，党委和政府主要领导成员承担主要责任，其他有关领导成员在职责范围内承担相应责任。

实现生态环境保护党政同责、一岗双责、齐抓共管，需要通过中央环保督察来发现问题，督促整改问题。中央生态环境保护督察不仅是一个政治举措，也是一个法治举措，并且已经于法有据，即有法可依。如2015年10月国务院办公厅印发《环境保护督察方案（试行）》，之后，湖南、贵州、浙江、福建等省份出台了自己的实施方案。在试行的基础上，2017年中共中央办公厅和国务院办公厅联合发布《中央生态环境保护督察办法》，规定了督察的目的、机构、方法、程序等，使督察有章可循，更加规范化。

二、生态文明建设问责体系的建设成效与经验

2016年起，中共中央、国务院开始推行中央环境保护督察工作。2016年初，首个中央环保督察组进驻河北省，开始试水环境保护督察工作。在整个督察工作中，共有31批2856件环境问题举报已办结，关停取缔非法企业200家，拘留123人，行政约谈65人，通报批评60人，责任追究366人。督察组代表的是中共中央、国务院，督察的主线是核实地方是否走生态文明路线。由于反馈的意见尖锐，摆出的问题很实，问责也很严厉，对于全国的地方保护主义有很大的震慑作用，引起各省、自治区、直辖市的高度关注。

2016年7月，第一批中央环境保护督察组进驻内蒙古、黑龙江、江苏、江西、河南、广西、云南、宁夏8个省（自治区）。督察工作结束后，收到了中央环保督察组的反馈意见，截至2016年11月反馈督察结果时，已有3000多人被问责。其中，河南省2451件环境举报问题已办结，责令整改企业2712家，立案处罚1384件，处罚金额9750万元，拘留108人，约谈618人，问责449人；黑龙江省责令整

改 1034 件，立案处罚 220 件，拘留 28 人，约谈 32 人，问责 13 个党组织、20 个单位和 560 人；内蒙古共办结环境问题举报 1637 个，关停取缔违法企业 362 家，立案处罚 206 件，拘留 57 人，约谈 238 人，问责 280 人，边督边改的效果得到群众肯定。

2016 年 11 月底，第二批中央环境保护督察组进驻北京、上海、湖北、广东、重庆、陕西、甘肃 7 个省（直辖市），实施督察问责，2017 年 4 月督察反馈完毕，共立案处罚 6310 家，拘留 265 人，问责 3121 人和 2 个单位。如中央第三环境保护督察组 2016 年 7 月 15 日进驻江苏省开展工作以来，江苏省纪检监察机关针对环保工作领导不力，造成严重损失、产生恶劣影响的，针对环保工作不负责、不担当，监督乏力，该发现的问题没有发现，产生严重损害的，针对发现问题不报告不处置、不整改不落实等情况，开展严肃问责，如针对南京、常州、镇江三市 4 个水质不达标断面被区域限批的问题，省纪委立即责成相关地市调查核实，严肃追究责任，22 名领导干部被给予党政纪处分。2017 年 5 月，中央对第二批督察的个别地方开展了最严厉的追责，省委省政府被要求向中央作出深刻检查，几名省部级干部被追责，几个厅长被撤职，一些地市的市委书记与市长、县委书记与县长等被处理，体现了中央环保督察的严厉性和严肃性。

2017 年 5 月，第三批中央环境保护督察组进驻天津、山西、辽宁、安徽、福建、湖南、贵州等 7 个省（直辖市），开始进行督察问责。截至反馈前夕，已经有 4000 多人被追责，其中包括厅级干部。针对发现的严峻问题，不排除中央会对地方厅及以上干部开展追责。

2017 年 7 月，第四批中央环境保护督察组将对全国剩余的省份实施督察进驻。在此基础上开展督察"回头看"的工作。值得注意的是，青海省是第四批接受中央环境保护督察的省份。在中央环境保护督察组进驻之前，该省已经实施了省内督察，并且开展了督察"回头看"的工作。督察"回头看"的工作，将对国家层面的制度建设，产生一定的借鉴意义。

2018 年 6 月，中央环境保护督察"回头看"工作启动。2018 年 8 月"中央环境保护督察"改名为"中央生态环境保护督察"。第一轮中央生态环境保护督察及"回头看"共问责 6000 多名党政领导。其中，省部级领导近 20 人、厅局级领导 900 余人、处级领导 2800 余人，体现了党政同责、一岗双责。

2021 年，第二轮中央生态环境保护督察工作启动。督察的对象既包括省级党委和政府，也包括央企。此轮中央生态环境保护督察将新发展理念的贯彻、新发展格局的建立、"两高"（高耗能、高排放）项目的限制、产业布局的调整纳入督察范围，督察范围更宽，内容更深。截至 2022 年 7 月初，中央第一轮和第二轮生态环境保护督察受理转办群众信访举报 28.7 万件，已完成整改 28.5 万件。第一轮生态环境保护督察和"回头看"确定的整改任务，总体完成率达到 95%。第二轮前三批整改方案明确的 1227 项整改任务，半数已经完成。总的来看，第一轮督察回头看和第二轮督察，不仅解决了一些反弹的问题，解决了一些新的问题，还通过紧盯不放解决了一些深层次的问题。

中央生态环境保护督察属于生态环境保护的政治巡视和法治巡视，规格高，敢于碰硬，做到了有法必依、执法必严、违法必究，不留情面，让人红脸、出汗，对一些地方党委和政府甚至作出了形式主义、官僚主义、假装整改、敷衍整改、拖延整改、甩手掌柜等定性评价，倒逼地方各级党委和政府重视生态环境保护、层层传导环保压力，调整产业结构，淘汰落后的工艺和设备，解决"散乱污"问题，对于促进绿色发展起到了重要的作用。通过中央生态环境保护督察和地方省级生态环境保护督察，一些久而未决的问题得到及时解决。对于近期不能解决的问题，建立了整改的长效方案。在环境整治中，环境友好型企业占有了更大的市场份额，促进了经济的高质量发展，如2017年、2018年、2019年工业增速回升，企业利润增长也喜人，实现了高质量发展。2020年和2021年，我国的经济发展速度和质量在全球也引人注目。在全国338个地级及以上城市中，$PM_{2.5}$平均浓度2016年比2015年下降9.1%，2017年比2016年下降6.5%，2018年比2017年下降9.3%。2019年至2021年上半年，北京等地区的$PM_{2.5}$浓度持续下降，创历史同期最好水平。2019年，北京大气环境中细颗粒物$PM_{2.5}$年均浓度为42微克/立方米，创有监测记录以来新低；2020年，北京市的$PM_{2.5}$年均浓度为38微克/立方米，首次进入"30+"微克/立方米的时代；2021年，北京市的$PM_{2.5}$年均浓度为32微克/立方米，进一步降低。

可见，生态环境保护党政同责与督察、督查问责体系的建设，实现了党依党规领导生态环境保护事业、政府依法开展生态环境保护公共服务、人民依法监督生态环境保护工作的有机统一，解决了以前环保法律实施过软的问题，是立足于中国的实际，用中国的思维和方法解决中国自己的问题的中国特色社会法治形式，更加坚定了党和政府以及全社会持续、深入开展生态文明建设和改革的决心与信心。目前，我国生态环境保护从认识到实践发生历史性、转折性、全局性变化。

生态环境保护党政同责与督察、督查问责体系的建设正从督促地方端正生态环境保护态度和打击生态环境违法为主要任务的阶段，步入强调增强生态环境保护基础、提升绿色发展能力为主要任务的阶段。中央生态环境保护督察制度的实施取得如此大的成效，主要的经验是坚持了四个不变：坚持党中央对生态环境保护督察的坚强领导不变，坚持改善生态环境质量和为绿色发展保驾护航的目的不变，坚持治标与治本结合推进经济社会发展和生态环境保护相协调的方式不变，坚持生态环境保护党政同责、一岗双责、失职追责、终身追责的原则不变。在生态文明新时代，面对新的生态文明建设目标和新的任务，生态环保党政同责与督察、督查问责体系的建设呈现了一些新特点。

三、完善生态文明建设问责体系的前景展望

（一）完善建议

强化立法依据，促进中央生态环境保护督察在法治的轨道上长足地发展。生态环保党政同责与督察过程中，党务人员是否违规和如何追责，目前的依据为《党政领导干部生态环境损害责任追究办法（试行）》，该办法不属于国家法律，而国家法律基于角色限制，不可能认定党员是否尽职履责，更不可能对党务干部如何追责作出细致规定，所以迫切需要加强党内法规和国家立法的衔接，通过两者的衔接来实现责任追究的互助法治效果。建议修改《中华人民共和国环境保护法》，在总则部分原则性规定："国家实施中央生态环境保护督察制度，对有关部门和各省、自治区、直辖市开展生态环境保护督察。"在法律责任部分，作出与党内法规相衔接的指引性规定："党员领导干部违反职责规定应追责的，按照《党政领导干部生态环境损害责任追究办法（试行）》的规定执行。"从而实现党的十八届四中全会提出的党内法规与国家立法相衔接的社会主义法治

要求，使生态环保党政同责与督察、督查问责既具有党内法规的依据，也具有各层级国家立法的依据，促进中央生态环境保护督察在法治的轨道上长足地发展。

大力明确及加强全国人大、中央纪委国家监委的角色作用。从参与主体来看，目前参与生态环境保护党政同责与督察、督查问责工作的机构包括中共中央办公厅、国务院办公厅、生态环境部和其他相关部委等。根据督察的组成、程序和追责情况来看，全国人大、中央纪委国家监委的角色作用将于未来不断加强。全国人大的生态环境保护法律巡视，与中央生态环境保护督察相协调；全国人大可派人员参与中央生态环境保护督察。整合进中央生态环境保护督察工作体系，与对地方党委和政府的督察一体化进行。在中央纪委国家监委的督察参与方面，建议中央纪委国家监察参与中央生态环境保护督察，明确其作用，细化其参与程序和案件移送程序，发挥其对地方违纪违法的震慑作用。

启动中央部委的环保督察。从生态环保党政同责与督察、督查问责的对象来看，目前包括地方各级党委、政府和企业。建议按照《中央生态环境保护督察工作规定》和中共中央、国务院《关于全面加强生态环境保护 坚决打好污染防治攻坚战的意见》的督察规定，在第二轮中央生态环境保护督察期间，在督察国家能源局等机构后，尽快督察国家发展改革、生态环境、自然资源、国有资产管理、工业与信息化、住房与城乡建设等与生态环境保护有关的部门，发现其对地方和行业开展指导、协调、服务和监督的不足，然后责令采取制度建设、能力建设等限期整改措施。使各部门的工作部署实事求是，指导既周到又贴心，让生态文明体制改革和建设措施落到实处。

理顺中央生态环境保护督察与国家自然资源督察的关系。一是设立专门的中央自然资源督察制度，与中央生态环境保护督察并列，代表中共中央、国务院对各省份行政区域开展陆地与海洋自然资源、生态修复与保护、生态空间管控等方面的政治和专业巡视；中央自然资源督察办公室设在自然资源部，不再保留国家自然资源督察办公室。二是将国家自然资源督察纳入中央生态环境保护督察体系，由中央生态环境保护督察组代表中共中央、国务院统一开展生态环境和自然资源方面的综合督察，中央生态环境保护督察组办公室的设立维持现状，仍然设立在生态环境部。

（二）趋势展望

生态环境保护党政同责与督察、督查问责的标本兼治，促进经济发展与生态环保相协调。从生态环境保护党政同责与督察、督查问责功能来看，生态环境保护党政同责与督察、督查问责体系的建设从注重生态环境保护向促进经济社会发展与生态环境保护相协调转型，推进了国家和各地的高质量发展。中央生态环境保护督察组从 2018 年起就反对"一刀切"，禁止采取简单粗暴措施。生态环境部和一些地方党委和政府针对督察整改出台了禁止生态环境保护"一刀切"的工作意见和建议，要求各地把握生态环境保护的工作节奏，严禁"一律关停""先停再说"等敷衍整改的应对做法。这些措施，有利于经济社会和生态环境保护的长远协调共进。对照《生态文明体制改革总体方案》和其他生态文明建设和体制改革文件的要求，将以下治本措施纳入生态环保党政同责与督察、督查问责事项：地方是否按照贯彻新发展理念、构建新发展格局的要求开展空间规划与优化工作，区域空间开发利用结构是否优化，农业农村环境综合整治基础设施是否按期建设和运行，产业结构是否体现错位发展、特色发展和优势发展的要求，环境保护监管机构和人员配备是否健全，环保基础能力建设是否到位，企业环境管理是否专业化，体制、制度和机制是否改革到位，规划和建设项目的环评是否衔接，区域产业负面清单制度是否建立，生态环境监测数据是否一贯真实，生态文明建设目标评价考核是否严格等。发现问题后，建议中央有关部门加强对地方整改的工作辅导和财政支持，针对共性问题改进政策。

从生态环境保护党政同责与督察、督查问责事项来看，生态环境保护党政同责与督察、督查问责体系的建设从侧重环境污染防治向生态保护和环境污染防治并重转型。2016—2017 年，尽管中央环境保护督察组通报了包括填海、破坏湿地、侵占自然保护区搞建设、在自然保护区开矿、生态修复措施缺乏、破坏林地、河道采砂在内的生态破坏案件，关注了生态保护，但是总体来看，通报的事项中，环境污染防治事项偏多，如水环境质量和空气质量、污水处理设施配套管网建设、工业园区环境污染、区域性行业性环境污染、规模化畜禽养殖场污染、城镇垃圾处理、饮用水水源地保护等问题，主要的原因可能是原环境保护部的主要职责偏重于污染防治。2018 年后，中央生态环境保护督察对一些地方的反馈意见中，生态保护内容所占的比重增多，如 2018 年 10 月 16 日，中央生态环境保护督察组对江西省委、省政府的反馈意见除了继续关注 2016 年中央环境保护督察提出的"稀土开采生态恢复治理滞后"问题外，还专门设置一段"流域生态破坏问题突出"评价当地的生态破坏问题。

从生态环境保护党政同责与督察、督查问责模式来看，生态环境保护党政同责与督察、督查问责体系的建设从全面的督察向全面督察与重点督察相结合转型。2016—2017 年开展的第一轮中央环境保护督察，前无古人，目的之一是通过社会举报、现场检查、空中遥感、地面监测等方式，发现暴露历史积累和现实存在的环境污染和生态破坏问题，发现产业结构和工业布局问题，所以督察组反馈的内容是全方位和多层次的。到了中央生态环境保护督察"回头看"阶段，因为有第一轮督察所获得的全面的资料，督察的针对性就强一些，针对已发现问题的点穴式和紧盯式督察色彩就浓厚一些，2019年启动的第二轮中央生态环境保护督察，还围绕中央和各地方制定的污染防治攻坚战行动计划和方案，采取针对性的督察；针对重点国有企业开展生态环境保护督察，让国有企业在社会主义制度下整体发挥生态环境保护的领跑者作用，以点带面，提升所有企业在新时代的守法水平。

从生态环境保护党政同责与督察、督查问责方式来看，生态环境保护党政同责与督察、督查问责体系的建设从监督式追责向监督式追责和辅导性辅助并举转型。中央生态环境保护督察自启动以来，发现了一大批生态环境问题，并追责了一大批领导干部，这对于地方提高生态环境保护的意识和责任感很有必要。但是一些地方在督察后指出，一些生态环境问题的产生原因是地方人才缺乏、能力建设滞后、科技和管理能力不足，因此地方发现不了问题，即使发现也难以解决问题。他们希望中央能够帮助地方充分发现本地的问题、分析问题的产生原因，并提出解决问题的具体对策。只有这样，各地今后才能不犯同样的错误，各地干部才能不被稀里糊涂地追责。针对这个现象，从2017年10月起，原环境保护部把中央环境保护督察和大气污染防治专项督查相结合，研究大气环境质量改善途径和重污染天气应对措施，派出队伍下沉到京津冀大气污染传输通道的"2+26"城市，帮助制定大气污染控制的"一市一策"。从目前来看，辅导性措施的采取得到了地方的欢迎，地方官员和企业阶层对中央生态环境保护督察的抵制心态明显弱化。

　　从生态环境保护党政同责与督察、督查问责重点来看，生态环境保护党政同责与督察、督查问责体系的建设从着重纠正环保违法向纠正违法和提升守法能力相结合转型，既治标，也治本。地方出现的一些生态环境问题，表面看来是企业的违法问题，但从深层次看是地方政府的生态环境保护基础设施建设滞后问题。2016 年开始实施的中央环境保护督察既指出各地的环境违法违规、环境执法松软、环境质量不达标等环保违法违规现象，也按照"水十条"的部署，对各地污水处理设施建设的情况开展通报。在第一轮督察后，各地的污水处理设施建设进展普遍得到提速。到了中央生态环境保护督察"回头看"阶段，督察意见指出的空间开发格局优化、产业结构调整、淘汰落后产能、产业区域布局、垃圾收运和处理、淘汰"散乱污"企业、新发展理念贯彻、新发展格局构建等治本事项，比重有所增加，体现了治标与治本并重。如 2018 年 10 月中央生态环境保护督察组对江苏的反馈意见，除了关注污水处理设施的建设外，还专门拿出一部分指出"产业结构和布局调整不够到位"，从根本上提升解决工业环境问题的能力。各地制定的整改方案既包括对整治违法违规的治标措施，也包括如何长效地保护生态环境的治本措施。

　　从生态环境保护党政同责与督察、督查问责对象来看，生态环境保护党政同责与督察、督查问责体系的建设从主要追责基层官员向问责包括地方党政主官在内的各方面、各层级官员转型。地方出现的一些生态环境问题表面看来是基层的执法问题，实质上是地方党委和政府的重视程度问题，问责主官要比问责一线执法人员影响力更大。2016 年 1 月在河北试水的中央环境保护督察，问责的对象主要是处级以下的官员，存在虚假整改、敷衍整改和拖延整改的现象，环境保护压力传导层层衰减。随着中央对河北省委原书记、甘肃省委原书记、山西省委原书记等省级党委原负责人的处理，被问责的干部级别整体有很大的提高。实践证明，问责地方党政主官和部门主官，对于倒逼地方各级党委和政府层层传导环保压力、调整产业结构、淘汰落后的工艺和设备、解决"散乱污"问题、促进绿色发展的作用巨大，另外，基层官员对问责的怨言明显减少。

从生态环境保护党政同责与督察、督查问责规范化来看，生态环境保护党政同责与督察、督查问责体系的建设从专门的生态环境保护工作督察向全面的生态环境保护法治督察转变。首先，与督察工作相关的法制建设得到加强。中央环境保护督察起步时主要的依据是《环境保护督察方案（试行）》和《党政领导干部生态环境损害责任追究办法（试行）》；2019 年 6 月，中共中央办公厅、国务院办公厅印发了《中央生态环境保护督察工作规定》，使督察工作更加规范化。为了进一步提升督察的绩效，有必要针对现实的中央生态环境保护督察体制、制度、机制和法制问题，采取相应的健全工作。中央结合实际中遇到的问题，制定了《中国共产党问责条例》《中国共产党纪律处分条例》，修改了《中国共产党巡视工作条例》，发现和处理生态环境问题违纪违规的党内法规依据更加配套。为了促进中央生态环境保护督察工作人员廉洁奉公，生态环境部党组还制定了《中央环境保护督察纪律规定（试行）》等专门文件。其次，在督察中，为了实施精准问责，防止追责扩大化，相当多的地方党委和政府联合出台了生态环境保护的党政同责、一岗双责的权力清单文件，以前由政府主要承担生态环境保护责任的局面以及政府部门中主要由生态环境保护部门承担生态环境保护责任的局面，已经得到一些改变。

从生态环境保护党政同责与督察、督查问责体制来看，生态环境保护党政同责与督察、督查问责体系的建设正在得到其他机构巡视和督察工作的协同支持，督察的权威性得到进一步增强。2018 年 6 月，中央纪委通报了几起地方政府和国有企业环境保护违纪违规问题追责情况；2018 年全国人大实施了《中华人民共和国大气污染防治法》实施的执法检查，该工作被称为环境保护法律巡视；2018 年 6 月，自然资源部作出了几起侵占农地、破坏林地、填海造地、侵占湿地等案件的自然资源督察通报；2018 年 8 月，自然资源部还设立了国家自然资源督察办公室。这些制度化的巡视和督察工作对于配合中央生态环境保护督察制度的实施，起了重要的协调、促进和保障作用。

第四章

推进绿色发展

　　绿色发展是发展观的深刻革命，是生态文明建设的必然要求，规定了生态文明建设的战略路径。"绿水青山就是金山银山，改善生态环境就是发展生产力。良好生态本身蕴含着无穷的经济价值，能够源源不断创造综合效益，实现经济社会可持续发展。"[1]秉持绿水青山就是金山银山的理念，坚持走节约资源、保护环境、低碳循环的绿色发展之路，实现物质产品极大丰富条件下人与自然和谐共生，满足人民群众日益增长的美好生活需要，体现了习近平生态文明思想的真谛。党的十八大以来，以习近平同志为核心的党中央坚持新发展理念，坚持"绿水青山就是金山银山"，坚定不移推动绿色发展，实现经济增长质量不断提高、生态环境质量持续好转，生态文明建设取得历史性成就。进入新发展阶段，我们必须坚持以习近平生态文明思想为指导，深入贯彻新发展理念，加快推动绿色发展，尽快形成节约资源和保护环境的空间格局、产业结构、生产方式、生活方式，实现经济社会发展全面绿色转型，推动建设美丽中国。

---

　　① 习近平：《共谋绿色生活，共建美丽家园——在2019年中国北京世界园艺博览会开幕式上的讲话》，新华社，2019年4月28日。

一、推进绿色发展是生态文明建设的战略路径

"绿水青山就是金山银山"的科学论断，阐述了社会经济发展与生态环境保护的和谐共生关系，是重要的发展理念，也是推进现代化建设的重大原则。"绿水青山就是金山银山"理念的本质就是要保护生产力和发展生产力，通过节约资源和保护环境实现绿色发展，也就是要在自然资源和生态环境能够承受的范围内、在自然资源资产不降低的条件下，实现经济的持续增长、人民生活的持续改善，稳步实现建设现代化强国的伟大目标。中国走绿色发展之路，实现人与自然和谐共生的现代化，这是中国式现代化道路的重要内容，是人类文明新形态的重要方面，是中国为地球生命共同体和人类命运共同体建设的巨大贡献。

需要强调的是，"绿水青山就是金山银山"所体现的绿色发展本质内涵，是协同考量社会经济与生态环境、以人与自然和谐为价值取向、以绿色低碳循环为主要原则的可持续增长的高质量发展模式。从经济增长的逻辑看，绿色发展的内核是绿色增长（green growth）。世界银行（WB）在 2012 年 5 月发布的《包容性绿色增长报告》中，将绿色增长定义为"高效利用自然资源的'高效增长'，将污染和环境影响降至最低的'清洁增长'，考虑到自然灾害以及环境管理和自然资本在预防自然灾害方面的作用的'弹性增长'。这种增长需要具有包容性"。经济合作与发展组织（OECD）在 2011 年制定的绿色增长战略中将绿色增长定义为"促进经济增长和发展，同时确保自然资产继续提供我们的福祉所依赖的资源和环境服务。为此，必须促进能扶持可持续增长及产生经济机遇的投资及创新"。我国"绿水青山就是金山银山"指导下的"绿色发展"，更加侧重于发展与保护之间的

协同，是以人与自然和谐共生为价值取向的可持续、高质量发展的模式。从这个意义上说，"绿水青山就是金山银山"关于绿色发展的理论和方法，是对"增长"与"发展"在理论内涵上进行的更高层次上的诠释、升华，也是对绿色发展的重要理论贡献。

党的十八大以来，以习近平同志为核心的党中央高度重视生态文明建设，基于"发展是解决我国一切问题的基础和关键"这一原则，坚定不移贯彻创新、协调、绿色、开放、共享的新发展理念，将推动绿色发展作为重要任务，部署实施了一系列重大举措，大力推动生态文明建设，相关的制度体系得到进一步完善。坚持和贯彻绿色发展理念，平衡和处理好发展与保护的关系，坚持在发展中保护、在保护中发展，在实践中走出一条绿色发展之路。

（一）中央从顶层设计到全面部署，加快完善相关制度体系

党的十八大以来，在习近平生态文明思想指引下，党中央加强对生态文明建设工作的领导，加强顶层设计，扎实推进生态文明体制改革，建立系统完整的生态文明制度体系，有力地促进了绿色发展。以中共中央、国务院印发的《关于加快推进生态文明建设的意见》《生态文明体制改革总体方案》顶层设计为核心代表，强调围绕绿色发展的核心原则，构建生态文明体制和制定政策。坚持经济社会发展必须建立在资源得到高效循环利用、生态环境受到严格保护的基础上，与生态文明建设相协调，形成节约资源和保护环境的空间格局、产业结构、生产方式。《生态文明体制改革总体方案》体现了从资源产权界定、资源利用、外部性控制的全过程各环节都要围绕"绿色发展"开展制度创新任务。在我国不断深化经济领域的体制改革，不断完善市场在资源配置中起决定性作用和更好发挥政府作用的体制，为提高资

源利用效率、控制环境外部性、促进低碳转型构建了更好的市场条件和更有效的制度环境。在生态文明领域，也从自然资源资产产权改革，到国土空间用途管制、市场配置资源、法律和监管控制环境外部性方面出台了一系列专门制度。党的十八大以来，从顶层设计到全面部署，从最严格制度到最严密法治，以习近平同志为核心的党中央以改革推进生态文明建设，出台一系列改革措施，用实际行动回答了落实绿色发展"做什么"和"怎么做"的时代问题。

（二）灵活运用多种政策工具，逐步形成政策体系

政策工具是用于实现政策目标的重要手段。从政策层面来看，推动我国绿色发展的政策体系基本包括：监管政策、市场机制（水权交易制度、碳排放制度、生态产品价值实现机制）、财政激励政策（生态补偿机制、绿色税收政策）、绿色金融支持、科技创新等政策支持。

1. 提高生态环境监管有效性

生态环境监管对促进绿色发展发挥了关键作用，生态文明建设过程离不开对生态环境有效监管，要用最严密法治保护生态环境，强化制度执行和生态环境执法。党的十八大以来，严格落实领导干部生态文明建设责任制，明确生态环境保护责任和任务，严格考核问责机制，明确生态环境损害责任追究办法，增强党政同责、一岗双责的责任意识。生态环境保护督察作为生态环境保护的一项重大举措，有效解决了突出的生态环境问题。

2. 完善促进绿色发展的市场机制

一是水权交易制度推行取得实质性进展。水权交易是通过政府与市场两手发力，促进资源节约保护、优化配置进而实现生态产品价值的重要工具。初步建立了水权确权、交易、监管等制度。水利部出台

《水权交易管理暂行办法》《加强水资源用途管制的指导意见》等，明确了水权交易的类型、程序和用途管制要求等。

目前，国家层面的 7 个水权试点经几年的积极探索，初步形成了流域间、流域上下游、区域间、行业间和用水户间等多种水权交易模式，为全国水权改革提供了可复制可推广的经验做法。河北、新疆、山东、陕西、浙江、黑龙江、湖南、云南、重庆等部分省（自治区、直辖市）贯彻落实国家关于水权制度建设的决策部署，积极借鉴试点省区成熟经验，结合本地区实际，围绕水权确权、水权交易及水权制度建设等，自发开展了省级水权试点，以地方性法规或规章的形式明确了水权确权和交易的有关要求。

二是碳排放权交易市场建设稳步推进。2011 年以来，北京、天津、上海、重庆、湖北、广东及深圳 7 个省（市）开展了碳排放权交易试点工作。2017 年底，中国正式启动碳排放权交易体系。到 2020 年 11 月，试点碳市场共覆盖电力、钢铁、水泥等 20 余个行业近 3000 家重点排放单位。2020 年 12 月 25 日生态环境部审议通过了《全国碳排放权交易管理办法（试行）》，要求建立全国碳市场统一的制度、标准和技术规范，印发了全国碳市场第一个履约周期配额分配方案[1]。2021 年以来，陆续发布了企业温室气体排放报告、核查技术规范以及碳排放权登记、交易、结算三项管理规则，初步构建起全国碳市场制度体系。积极推动《碳排放权交易管理暂行条例》尽快出台，规范碳排放权交易，加快经济社会发展全面绿色转型。

三是生态产品价值实现机制建设取得突破。2018 年 4 月，习近平总书记在深入推动长江经济带发展座谈会上指出："要积极探索推广绿水青山转化为金山银山的路径，选择具备条件的地区开展生态产品

---

[1] 曹红艳：《碳排放权交易试点累计成交额超90亿元》，《经济日报》2020年11月3日。

价值实现机制试点。"① 近年来，各地积极践行"绿水青山就是金山银山"的理念，积极探索生态产品价值实现的路径和机制，形成了一批具有示范效应的经验做法。2021 年 4 月，中共中央办公厅、国务院办公厅印发了《关于建立健全生态产品价值实现机制的意见》，提出构建绿水青山转化为金山银山的政策制度体系。该意见的出台，从制度层面破解了绿水青山转化为金山银山的瓶颈制约，有利于推动完善政府主导、企业和社会各界参与、市场化运作、可持续的生态产品价值实现路径，增强生态优势转化为经济优势的能力。

3. 完善激励绿色发展的财政政策

一是生态补偿机制持续创新。《生态文明体制改革总体方案》出台后，国务院办公厅于 2016 年印发《关于健全生态保护补偿机制的意见》，从国家层面完善了生态保护补偿机制的顶层设计，财政部、原国家林业局等中央部门针对上述重点领域制定了相应的政策文件。横向生态补偿模式目前已被推广应用到东江流域（江西—广东）、汀江韩江流域（福建—广东）、九洲江流域（广西—广东）、滦河流域（河北—天津）等地，17 个省（自治区、直辖市）也出台了省内的流域横向生态补偿政策。中共中央办公厅、国务院办公厅于 2021 年进一步印发《关于深化生态保护补偿制度改革的意见》，统筹谋划、全面推进生态保护补偿制度及相关领域改革，要求贯彻新发展理念，构建新发展格局，践行绿水青山就是金山银山理念，做好碳达峰碳中和工作，加快推动绿色低碳发展，促进经济社会发展全面绿色转型。

二是绿色税收政策着力完善。积极推进税制改革、完善税收政策，切实发挥好税收对促进资源节约、环境保护的调控作用，建立了

---

① 习近平：《在深入推动长江经济带发展座谈会上的讲话》，《人民日报》2018年6月14日第2版。

以环境保护税为主体，以资源税、耕地占用税为重点，其他税种为辅助的生态税收体系[①]。强化关税的调节作用。对进口的环保设施、环保材料征收较低关税，降低企业成本；对进口对环境有严重污染和预期污染而又难以治理或治理成本较高的原材料、产品等征收较高关税，从严控制"输入型"污染源。推进资源税改革，全面实施资源税从价计征改革，将税收与资源价格挂钩，建立有效的税收自动调节机制，促进资源节约利用。

4. 完善支持绿色发展的金融政策

2016 年，财政部、国家发展改革委等发布《关于构建绿色金融体系的指导意见》，提出建立"绿色金融体系"并明确界定其内涵——"通过绿色信贷、绿色债券、绿色股票指数和相关产品、绿色发展基金、绿色保险、碳金融等金融工具和相关政策支持经济向绿色化转型的制度安排"。随后，相关部门出台了一系列政策文件，绿色金融体系框架初步建成。2020 年 7 月 7 日召开的国务院常务会议提出，通过碳减排货币政策来推动清洁能源、节能环保、碳减排技术等领域的发展，引导社会资本促进参与碳减排建设项目[②]。2021 年，《银行业金融机构绿色金融评价方案》施行，要求对相关金融机构的绿色金融业务开展综合评价并进行评级，优化了绿色金融的激励约束机制，从金融领域支持绿色发展。目前，我国绿色贷款余额已超过 11 万亿元，绿色债券余额 1 万多亿元，居于世界前列[③]。

5. 大力支持科技创新

科技创新是绿色发展的第一动力，我国大力支持绿色低碳技术创

---

① 《税收力量助推绿色发展》，国家税务总局，2019 年 8 月 12 日。

② 郭子源，姚进：《金融机构需将"双碳"目标嵌入业务全流程》，《经济日报》2021 年 7 月 20 日第 7 版。

③ 姚进：《绿色金融将有更大发展》，《经济日报》2021 年 1 月 19 日第 8 版。

新和成果转化推广，构建绿色科技体系以推动绿色发展，党的十九大报告提出"构建市场导向的绿色技术创新体系，发展绿色金融，壮大节能环保产业、清洁生产产业、清洁能源产业"，为促进科技创新与绿色发展之间更加良性的互动指明了方向。

注重绿色科技创新主体培育，支持企业牵头绿色技术研发项目和加大对绿色科技创新投入，降低企业生产能耗和污染，提高了企业生产效率；针对煤炭、电力、钢铁、化工、建材等行业领域，积极推动节能技术推广，布局实施重点节能技术，发挥市场对科技创新的导向作用，积极推动绿色低碳新工艺和新技术的研发与应用；在浙江设立了综合性国家级绿色技术交易市场，加速绿色技术成果的转移转化。

（三）协同推动经济高质量发展和生态环境高水平保护，加速形成区域绿色发展格局

党的十八大以来，在绿水青山就是金山银山重要理念引领下，我国协同推动经济高质量发展和生态环境高水平保护。国土空间布局得到优化，部分省份的生态保护红线已经划定。绿色发展方式加快形成，供给侧结构性改革深入推进，产业结构不断优化，一大批高污染企业有序退出，京津冀及周边地区"散乱污"企业整治力度空前，产业低碳化为绿色发展提供新动能。污染防治攻坚战取得了阶段性成效，资源能源利用效率持续提升。清洁低碳安全高效的能源体系加快构建，能源消费结构发生积极变化，我国成为世界利用新能源和可再生能源第一大国。全面节约资源有效推进，资源消耗强度大幅下降。绿色发展方式和生活方式进一步普及，区域绿色发展格局加速形成。

加快构建绿色空间格局。以主体功能区为基础的国土空间开发保

护战略架构初步搭建，实现陆域国土空间和海域国土空间的全覆盖，以分级分类国土全域保护为导向的生态安全战略格局加速形成，多中心、网络化、开放式的区域开发格局逐渐明晰；坚持山水林田湖草沙生命共同体理念，完成了永久基本农田、生态保护红线、城镇开发边界"三条控制线"的划定工作，科学有序统筹布局农业、生态、城镇等功能空间；加强对生态系统的保护力度，实施退耕还林还草退牧还草工程、停止新增围填海、大规模推动国土绿化等重要措施，推动生态系统休养生息，提高固碳能力，加快形成绿色发展的空间格局[①]。

加快产业结构调整。建立绿色低碳循环发展的经济体系，促进经济社会发展全面绿色转型，是解决资源生态环境问题的基础。我国制定了绿色低碳循环发展等新兴产业发展规划，全面推进高效节能、先进环保和资源循环利用产业体系建设，培育绿色市场，重点推动新能源和节能环保产业发展，增加绿色产品供给，积极推进统一的绿色产品认证与标识体系建设，推动绿色生产、绿色流通、绿色生活和绿色消费目标实现。持续推进产业结构调整，发布并持续修订产业指导目录，深入推进供给侧结构性改革，不断优化产业结构。2015年，我国建立了湖北黄石、安徽铜陵、江西鹰潭、山西朔州、内蒙古包头、辽宁鞍山、河南济源、河北张家口、四川攀枝花、甘肃兰州、江苏镇江11个首批区域工业绿色转型发展试点城市，探索建立联动机制，推进工业绿色转型发展。2016年以来，工业和信息化部利用绿色制造专项支持了225个重点项目，发布了720项绿色制造示范名单，持续加大钢铁、水泥、电解铝等重点高耗能行业节能监察力度，一大批高污染企业有序退出，"散乱污"企业整治力度空前，产业低碳化为绿色

---

① 中央党史和文献研究院：《中国共产党党史》，人民出版社、中共党史出版社联合出版，2021年版第十章第二节。

发展提供新动能。

坚决打好污染防治攻坚战。习近平总书记在全国生态环境保护大会中强调，"要集中优势兵力，动员各方力量，群策群力，群防群治，一个战役一个战役打，打一场污染防治攻坚的人民战争"[①]。2018年，中共中央、国务院《关于全面加强生态环境保护 坚决打好污染防治攻坚战的意见》提出了打赢蓝天保卫战、打好碧水保卫战和推进净土保卫战三大战役，按照习近平总书记作出的重大部署，围绕污染防治攻坚战目标，把解决突出生态环境问题作为民生优先领域，集中优势兵力，以重大战役作为突破口，制定了污染防治攻坚战实施方案、细分目标任务和重点举措。推动污染防治的措施之实、力度之大、成效之显著前所未有，实现了生态环境质量的明显改善。

优化调整能源结构。加快建立绿色低碳安全高效的能源体系，重点推动非化石能源、水电、风电和太阳能等绿色能源发展，同时有序开展核电、生物质能、地热能和海洋能等其他能源的开发和利用；针对煤炭产能过剩领域，实施供给侧结构性改革，通过安全开发和创新技术利用，实施煤炭清洁利用，进一步实现煤电行业绿色高效发展，并逐步减少了煤炭终端消费；深化能源体制改革，实施能源消费强度和总量双控制度，强化能源节约与能效提升，能源消费强度和总量控制细分目标任务已纳入生态文明等绩效指标体系。

推进自然资源节约集约利用。把坚持节约资源作为一项基本国策，通过节约和集约两大路径推动资源利用方式的转变。改革土地管理方式，深化增量安排与消化存量挂钩机制，盘活土地存量；开展节约集约用地评价，严格审核建设用地使用情况，组织开展了不同类型用地标准制定修订工作，积极推广节地技术和节地模式；大力推进绿

---

① 习近平：《推动我国生态文明建设迈上新台阶》，《求是》2019年第3期。

色矿山建设，制定矿产资源开采指标管理制度，发布了多项矿产资源节约与综合利用相关技术；全面加强海洋资源管理，严格保护自然海岸线，全面禁止围填海，并实施海洋生态保护修复工程。

（四）建立"绿水青山就是金山银山"实践创新基地，鼓励地方探索绿色发展新路子

在中央顶层制度体系的框架下，中央有关部委十分重视"绿水青山"向"金山银山"转化的探索实践。其中，生态环境部（原环境保护部）自 2017 年开始探索建立"绿水青山就是金山银山"（以下简称"两山"）实践创新基地，并于当年命名了安吉县等 13 个地区为第一批实践创新基地，提出建立实践创新基地的目的是"要积极探索绿水青山转化为金山银山的有效途径，提升生态产品供给水平和保障能力，创新生态价值实现的体制机制，打造绿色惠民、绿色共享品牌"。

截至 2021 年底，我国"两山"实践创新基地已达 136 个（共五批），培育打造了一批践行"绿水青山就是金山银山"理念的生动实践样本，初步探索形成了"守绿换金""添绿增金""点绿成金""绿色资本"4 种转化路径。2021 年 7 月第一批示范性案例发布，共有 8 种模式和 18 个案例，主要包括：生态修复模式（修复生态本底，厚积生态资本）；生态农业模式（推进农业生态化，激发乡村振兴活力）；生态旅游模式（盘活特色资源，发展"美丽经济"）；生态工业模式（聚力转型发展，引领提质升级）；"生态 +"复合产业模式（延伸产业链条，促进业态融合）；生态市场模式（推进生态确权，拓展市场交易）；生态金融模式（创新金融产品，服务"绿色产业"）；生态补偿模式（享补偿红利，绘绿色底色）。

"绿水青山就是金山银山"实践创新基地在推进绿色发展方面取得了积极进展和成效，尤其表现在天更蓝了、水更清了、空气更香甜了，区域经济可持续发展的质量与能力得到提升。生态产品价值的实现极大地改善了老百姓的物质生活和精神生活，人民群众的获得感、幸福感、满足感不断提升。第一批典型案例为全中国乃至全世界提供了可复制、可推广、可借鉴的"两山转换"经验。

二、推进绿色发展实现高质量增长和高水平保护取得巨大成就

党的十八大以来，我国坚持生态优先、绿色发展，通过发挥市场作用和政府作用，通过严格的法治，在经济持续增长、生态环境保护、经济社会全面绿色转型方面取得巨大成就，充分说明了坚持生态文明建设、实现绿色高质量发展是可行的。

（一）经济实现持续增长同时实现资源效率提升和污染排放下降

党的十八大以来，我国坚持新发展理念，经济实现了持续中高速增长，GDP 总量从 2012 年的 52 万亿元持续增长到 2021 年的 114 万亿元，人均 GDP 超过 1.2 万美元，接近世界银行分类中的高收入国家。从经济结构上看，我国高技术制造业和装备制造业占规模以上工业增加值比重分别从 2012 年的 9.4% 和 28% 上升至 2021 年的 15.1% 和 32.4%，产业结构加快升级。与此同时，万元 GDP 的能源消耗从 2012 年的 0.697 吨标准煤下降到 2021 年的 0.458 吨标准煤，而 $PM_{2.5}$

从 2013 年的 72.4 微克 / 立方米下降到 2021 年的 30 微克 / 立方米，实现了资源效率稳步提高、污染排放持续下降（见表 2–1、图 2–1）。

表2–1 我国经济增长、污染物排放和能源效率的宏观图景

年份	2012	2013	2014	2015	2016	2017	2018	2019	2020	2021
PM$_{2.5}$（微克/立方米）		72.4	65.2	57.1	52	48	43	40	37	30
能源消费总量（亿吨标准煤）	36.2	37.5	42.6	43	43.6	44.9	46.4	48.6	49.8	52.4
能耗强度（吨标准煤/万元）	0.697	0.659	0.669	0.635	0.586	0.543	0.515	0.491	0.490	0.458
GDP（亿元）	519322	568845	636463	676708	744127	827122	900309	990865	1015986	1143670

资料来源：国家统计局。

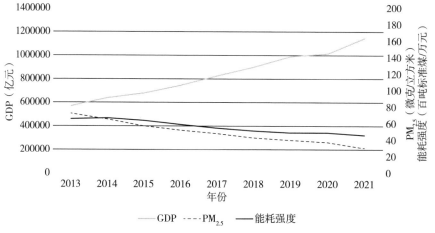

图2-1 中国经济增长与生态环境质量改进的演进趋势

资料来源：国家统计局。

（二）生态环境质量持续改善

党的十八大以来，我国生态环境保护取得了辉煌成就，人民

群众迫切关心的生态环境问题得到基本解决，美丽中国建设迈出坚实步伐。"十三五"规划纲要确定的生态环境约束性指标均圆满超额完成。其中，全国地级及以上城市优良天数比率为 87%（目标 84.5%）；$PM_{2.5}$ 未达标地级及以上城市平均浓度相比 2015 年下降 28.8%（目标 18%）；全国地表水优良水质断面比例提高到 83.4%（目标 70%）；劣 V 类水体比例下降到 0.6%（目标 5%）；二氧化硫、氮氧化物、化学需氧量、氨氮排放量和单位 GDP 二氧化碳排放指标，均在 2019 年提前完成"十三五"目标基础上继续保持下降 [1]。

（三）生态系统碳汇能力持续巩固提升

生态系统碳汇能力得到持续巩固提升。"十三五"时期，全国森林蓄积量超过 175 亿立方米，我国森林面积和森林蓄积连续 30 年保持"双增长"，成为全球森林资源增长最多的国家，森林覆盖率达到 23.04%，森林生态服务功能显著提升，森林质量不断提升，生态功能持续改善，森林植被的总碳储量达到 89.8 亿吨，年涵养水源 6289.5 亿立方米，年固定土壤 87.48 亿吨 [2]。

"十三五"期间，全国完成历史遗留废弃矿山修复治理面积约 400 万亩 [3]；完成石漠化治理面积 165 万公顷；人工种草 1755.2 万亩，改良退化草原 2599.7 万亩，治理黑土滩、毒害草 1195.0 万亩；新增水土流失综合治理面积 31 万平方千米；完成防沙治沙任务 1000 多万公顷，京津风沙源工程二期实现固沙 47.6 万亩；修复滨海湿地 34.5

---

[1]　中华人民共和国国务院新闻办公室：《中国应对气候变化的政策与行动》，《人民日报》2021年10月28日第14版。

[2]　《全国林业和草原工作视频会议召开》，国家林业和草原局，2021年1月26日。

[3]　1亩=0.067公顷。

万亩，整治修复岸线1200千米，渤海入海河流消劣方案确定的10个国控断面水质均值全部达到V类及以上。截至2021年底，我国建立了国家级自然保护区474处，面积超过国土面积的十分之一①。我国自然保护地面积占全国陆域国土面积的18%，初步划定的生态保护红线面积约占陆域国土面积的25%以上。

（四）产业绿色化和绿色产业化水平不断提升

党的十八大以来，国家把绿色发展的要求落实到产业升级之中，将绿色发展融入产业发展中，持续推动产业绿色化和绿色产业化，为绿色发展提供新的动能，绿色已经是我国经济社会发展的亮丽底色。一是产业结构进一步优化。截至2020年，我国单位工业增加值二氧化碳排放量比2015年下降约22%，主要资源产出率比2015年提高约26%，"十三五"期间，高耗能项目得到有效控制，石化、化工、钢铁等重点行业转型升级加速。二是新能源产业蓬勃发展。我国成为世界利用新能源和可再生能源第一大国。新能源汽车产业进入加速发展的新阶段，截至2022年4月，新能源汽车产业已经累计推广1033万辆，连续多年位居全球第一。以风电、光伏发电设备为代表的新能源技术水平和产业规模位居世界前列，特别是相关产品的份额位居世界第一，新型储能装机规模约330万千瓦，位居全球第一。三是绿色节能建筑跨越式增长。截至2020年底，城镇新建绿色建筑占当年新建建筑比例高达77%，累计建成绿色建筑面积超过66亿平方米；累计建成节能建筑面积超过238亿平方米，节能建筑占城镇民用建筑面积比例超过63%。"十三五"期间，完成既有居住

---

① 中华人民共和国国务院新闻办公室：《中国应对气候变化的政策与行动》，《人民日报》2021年10月28日第14版。

建筑节能改造面积 5.14 亿平方米，公共建筑节能改造面积 1.85 亿平方米^①。

（五）能源绿色发展取得显著成就

能源绿色生产和能源消费革命取得巨大成效，能源消费结构和能源利用效率发生了积极变化。一是非化石能源快速发展。2020 年，我国非化石能源占能源消费总量比重提高到 15.9%，比 2005 年大幅提升了 8.5 个百分点；我国非化石能源发电装机总规模达到 9.8 亿千瓦，占总装机的比重达到 44.7%，非化石能源发电量达到 2.6 万亿千瓦时，占全社会用电量的比重达到 1/3 以上。二是能耗强度显著降低。2011—2020 年我国能耗强度累计下降 28.7%，特别是在"十三五"期间，年均 2.8% 的能源消费量增长贡献了年均 5.7% 的经济增长，是全球能耗强度降低最快的国家之一，占同时期全球节能量的一半左右。三是能源消费结构向清洁低碳加速转化。煤炭供给侧结构改革成效明显，2020 年我国能源消费总量控制在 50 亿吨标准煤以内，煤炭消费占比持续明显下降，煤炭占能源消费总量比重由 2005 年的 72.4% 下降至 2021 年的 56.0%^②。

（六）低碳生活日益成为社会普遍共识

伴随着绿色发展方式的不断推进，"绿水青山就是金山银山"理念已经成为全社会的共识，全社会绿色发展理念逐步增强，绿色发展方式和生活方式进一步普及。"光盘行动"、低碳出行、反对奢侈浪费和不合理消费等倡议得到了人们的响应和支持，"全国节能宣传

①② 中华人民共和国国务院新闻办公室：《中国应对气候变化的政策与行动》，《人民日报》2021年10月28日第14版。

周""全国低碳日""世界环境日"等活动影响力逐步增强^①，各省份积极开展创建绿色家庭、绿色学校、绿色社区、绿色出行和绿色商场等活动，在国民教育和培训体系中，珍惜生态、保护资源、爱护环境等内容大为加强，全社会逐步形成了绿色生活方式。同时，绿色产品和服务供给不断增加，共享经济、服务租赁、二手交易等新业态蓬勃发展，节能环保再生产品受到消费者青睐^②。

三、推进绿色发展的基本经验和前景展望

（一）基本经验

从"绿水青山"到"金山银山"，是一个理论性、实践性、政策性都很强的课题。无论是中央层面的探索，还是全国各地的实践，都还是初步的。这些初步的实践，给我们以初步但较为明确的经验和启示。

提高认识是基础。正如习近平主席强调的，"绿水青山就是金山银山。良好生态环境既是自然财富，也是经济财富，关系经济社会发展潜力和后劲。我们要加快形成绿色发展方式，促进经济发展和环境保护双赢，构建经济与环境协同共进的地球家园"^③。需要提高关于发展与保护关系的认识。必须以习近平生态文明思想为根本遵循，尤其要以"绿水青山就是金山银山"的生态价值思想为指引，高度认识到增强生态系统服务、增加生态产品有效供给、实现生态产品价值的重要性、迫切性。

---

① 中华人民共和国国务院新闻办公室：《中国应对气候变化的政策与行动》，《人民日报》2021年10月28日第14版。

② 中央党史和文献研究院：《中国共产党党史》，人民出版社、中共党史出版社联合出版，2021年版第十章第二节。

③ 习近平：《共同构建地球生命共同体——在〈生物多样性公约〉第十五次缔约方大会领导人峰会上的主旨讲话》，新华社，2021年10月12日。

政府引导是前提。"绿水青山就是金山银山",从长远看无疑要主要靠市场,充分发挥市场在优化生态资源配置、反映生态产品稀缺等方面的天然优越性。然而,在从"绿水青山"到"金山银山"的初始阶段,政府无疑要加强引导,努力为绿色发展创造社会氛围和制度环境。

实践探索是关键。一个成功的案例胜于无数的说教。我国不少地区已经在从"绿水青山"到"金山银山"方面做了有益的实践探索,取得了有益的经验,形成了成功的模式。我国全域绿色发展仍需不断探索,从点到面,从发达地区到欠发达地区,推动全国绿色发展进程的不断拓展、不断深化。

市场机制是根本。从"绿水青山"到"金山银山",需要健全、有效、透明的市场机制,特别是要让市场(消费者)真正认识到生态产品的真实价值;为生态产品供给者和消费者提供供需信息,努力消除信息不充分、信息不对称的现象;要努力健全包括生态产品生产、加工、运输、营销等在内的生态产品全价值链,实现生态产品的渐次升值;建立健全有别于其他产品的生态产品价值识别、鉴定、仲裁等体系,确保让消费者真正接受、享用生态产品,并为生态产品消费支付费用。

决不能操之过急。决不能再以牺牲绿水青山换取金山银山,走盲目、无序开发的老路。决不能操之过急,试图一朝一夕就把全部的"绿水青山"都变成"金山银山"。要循序渐进、量力而行,宁可晚一点、慢一点、少一点,也不能太早、太快、太多,否则就会破坏"绿水青山"。关键是要把握好度,这个度就是生态环境质量只能变好,不能变差;这个度就是自然资源资产只能变多、变好,不能变少、变差。为此,加强监测、评价、监管是十分必要的。

（二）深入推进绿色发展的展望

1. 持续深入打好"蓝天、碧水、净土"保卫战

为落实碳达峰、碳中和目标任务，党的十九届五中全会明确提出深入打好污染防治攻坚战。2021 年，《关于深入打好污染防治攻坚战的意见》提出，通过污染防治攻坚战，巩固拓展"十三五"时期污染防治攻坚战取得的成果，进一步加强生态环境保护。从"坚决打好"到"深入打好"，意味着污染防治触及的问题更深、领域更大、范围更广，针对蓝天、碧水和净土保卫战提出了更高的标准。

落实深入打好污染防治攻坚战的各项措施，核心是要持续开展中央生态环境保护督察，以党内问责推动生态环境保护各项法律法规的执行、各项规划政策的落实。作为我国生态保护取得成效的一条重要经验，各级生态环境部门应严格落实生态环境保护执法，依法行政、依法推进、依法保护，禁止"一刀切"处理方式①。

2. 加强生态红线监管，实施自然生态保护修复

2021 年全国生态保护红线划定工作已经基本完成，接下来的重点是落实主体责任，强化生态保护红线刚性约束，严守生态保护红线。推动自然生态系统修复工程。根据《全国重要生态系统保护和修复重大工程总体规划（2021—2035 年）》及相关重点生态修复方案要求，推进湿地、森林、海洋等各类生态系统修复。加强长江、黄河等大江大河生态保护和系统治理，深入推进大规模国土绿化行动，推行草原森林河流湖泊休养生息，健全耕地休耕轮作制度，提升耕地质量。进一步强化生态系统保护，继续落实生态保护红线和实施生态系统修复，保护自然生态环境。

---

① 李干杰：《坚决打好打胜污染防治攻坚战》，《人民日报》2020年1月16日第9版。

3. 建立健全绿色低碳循环发展经济体系

坚持把绿色发展理念融入产业升级中，持续推动产业绿色低碳化和绿色低碳产业化，努力走出一条产业发展和环境保护双赢的生态文明发展新路。

一是产业绿色低碳化。加快推动生产方式绿色化，构建科技含量高、资源消耗低、环境污染少的产业结构和生产方式。包括：推进工业绿色转型，推动农业绿色发展，提高服务业绿色发展水平，提升产业园区和产业集群循环化水平。

二是绿色低碳产业化。以绿色低碳技术创新和应用为重点，大幅提高经济绿色化程度，加快发展绿色产业，引导绿色消费，推广绿色产品，全面推进高效节能、先进环保和资源循环利用产业体系建设，大力培育发展新兴产业，更有力支持节能环保、清洁生产、清洁能源等绿色低碳产业发展，形成经济社会发展新的增长点[①]。进一步提升我国在可再生能源、新能源汽车等领域的国际竞争力，建立和巩固这些重要产业在引领全球绿色低碳发展潮流中的竞争优势和发展动力。

4. 建立健全生态保护补偿制度

加强生态涵养区建设，健全生态补偿机制。一方面，建立针对性生态补偿制度。针对山水林田湖草沙冰等不同生态要素，实施具有针对性、指向性的生态补偿制度，建立健全森林、草原、湿地、沙化土地、海洋、水流、耕地等领域生态保护补偿制度。另一方面，推进市场化多元化生态补偿机制建设。加快自然资源统一确权登记，建立归属清晰、权责明确、保护严格、流转顺畅、监管有效的自然资源资产产权制度。

---

① 中华人民共和国国务院新闻办公室：《中国应对气候变化的政策与行动》，《人民日报》2021年10月28日第14版。

同时，要完善绿色贷款、绿色债券、绿色保险、绿色基金、绿色信托、碳金融产品等多层次绿色金融产品和市场体系。加快构建绿色金融标准体系，推动国际绿色金融标准趋同，有序推进绿色金融市场双向开放。

5. 进一步建立健全生态文明法治

进一步强化法律意识和执法力度，在抓落实上投入更大精力，确保政策措施落到实处。根据新时代新实践，落实生态文明要求，加强重点领域立法，填补立法空白，加快构建与美丽中国建设目标相适应的生态文明法律法规体系，夯实法治基础。建立健全最严密的环境执法体制。依法对生态环境违法犯罪行为严惩重罚，对造成生态环境损害的责任者严格实行赔偿制度，依法追究刑事责任。加强行政执法机关与监察机关、司法机关的工作衔接配合，联合开展专项行动。加强生态环境保护法律宣传普及，营造依法履行生态保护义务的法治氛围。

第五章

持续深入打好污染防治攻坚战

打好污染防治攻坚战、不断改善生态环境质量是贯彻落实习近平生态文明思想的重大举措。党的十八大以来，党中央、国务院对大气、水、土壤污染防治工作作出全面战略部署，接续实施大气、水、土壤三大行动计划和污染防治攻坚战，开展了长江流域、黄河流域大保护等系列行动。我国污染防治等生态环境保护工作从认识层面到实践层面都发生了一系列历史性、转折性、全局性的重大转变，生态环境质量状况出现持续明显改善，人民群众对生态环境质量状况改善的满意感明显增强。

一、向环境污染宣战

（一）污染防治攻坚战的提出背景

京津冀等区域大气雾霾问题严重。党的十八大之前，我国空气质量状况恶化趋势明显，雾霾等一系列极端污染天气问题频繁出现，京津冀、长三角、珠三角等重点区域大气污染较为典型且影响较大。京津冀区域是我国空气污染最严重的区域，2013年京津冀区域所有城市（共13个地级以上城市）PM$_{2.5}$和PM$_{10}$年均浓度全部超标，其中7个城市位列全国空气污染最严重城市的前 10 位 [①]，这一严重空气污染问题引发社会各界的强烈关注。

全国大气、水体、土壤等环境污染形势严峻。党的十八大之前，雾霾天气、黑臭水体、土壤污染和垃圾围城以及农村人居环境脏乱等环境污染问题严重，未得到有效改善，环境污染进一步恶化的趋势严峻。环境污染成为当时重要的民生问题和社会问题，严重制约了我国经济社会的长期可持续发展。

广大人民群众对不断改善环境质量状况的呼声越来越强烈。改革开放以来，我国社会经济的快速发展极大地提升了人民群众的生活水平，但持续恶化的环境质量状况严重影响到了广大人民群众的正常生活生产活动和身体健康。广大人民群众对不断改善环境质量状况的呼声越来越强烈，党中央、国务院迅速采取一系列污染防治的重大部署和关键措施。

（二）污染防治攻坚战的重点举措和政策进展

党的十八大以来，以习近平同志为核心的党中央把生态文明建设作为统筹推进"五位一体"总体布局和协调推进"四个全面"战略布局的重要内容，谋划开展了一系列根本性、长远性、开创性的工作，推动生态环境保护从认识到实践发生了历史性、转折性、全局性变化。中共中央、国务院分阶段接续对我国大气、水、土壤等三大污染防治工作作出了一系列全面战略部署（见表 2-2），生态环境保护相关部门在其后陆续开展了七场标志性战役和四项专项行动（见表 2-3）。2013 年 9 月、2015 年 4 月和 2016 年 5 月，国务院接续印发了

---

① 《2013年京津冀区域所有城市PM$_{2.5}$和PM$_{10}$年均浓度全部超标》，2014年3月25日，http://www.gov.cn/xinwen/2014-03/25/content_2645501.htm。

《大气污染防治行动计划》《水污染防治行动计划》《土壤污染防治行动计划》。2018 年 6 月，中共中央、国务院印发了《关于全面加强生态环境保护 坚决打好污染防治攻坚战的意见》，提出坚决打赢蓝天保卫战，着力打好碧水保卫战，扎实推进净土保卫战，并确定了三大保卫战到 2020 年的具体指标。2020 年底，我国污染防治攻坚战的阶段性目标任务全部超额完成。2021 年 11 月，中共中央、国务院印发了《关于深入打好污染防治攻坚战的意见》，在加快推动绿色低碳发展，持续深入打好蓝天、碧水、净土保卫战等方面作出新的具体部署。

表2-2　污染防治攻坚战的重大部署

时间	名称	主要内容/要求
2013年9月	国务院印发《大气污染防治行动计划》（"大气十条"）	要求经过五年努力，全国空气质量总体改善，重污染天气较大幅度减少；京津冀、长三角、珠三角等区域空气质量明显好转
2015年4月	国务院印发《水污染防治行动计划》（"水十条"）	要求到2020年，全国水环境质量得到阶段性改善，污染严重水体较大幅度减少，饮用水安全保障水平持续提升
2016年5月	国务院印发《土壤污染防治行动计划》（"土十条"）	要求到2020年，全国土壤污染加重趋势得到遏制，土壤环境质量总体稳定，农用地土壤环境得到有效保护，建设用地土壤环境安全得到基本保障
2018年6月	中共中央、国务院印发《关于全面加强生态环境保护 坚决打好污染防治攻坚战的意见》	提出坚决打赢蓝天保卫战，着力打好碧水保卫战，扎实推进净土保卫战，并确定了到2020年三大保卫战具体指标
2021年11月	中共中央、国务院印发《关于深入打好污染防治攻坚战的意见》	在加快推动绿色低碳发展，深入打好蓝天、碧水、净土保卫战等方面作出新的具体部署

资料来源：笔者整理。

表2-3　污染防治攻坚战的七场标志性战役和四项专项行动

类型	时间	名称	主要内容
七场标志性战役	2018年3月	《全国集中式饮用水水源地环境保护专项行动方案》	原环境保护部、水利部联合印发，要求开展水源地保护
	2018年7月	《打赢蓝天保卫战三年行动计划》	国务院印发，要求开展蓝天保卫战
	2018年9月	《城市黑臭水体治理攻坚战实施方案》	住房和城乡建设部、生态环境部联合印发，要求开展城市黑臭水体治理
	2018年11月	《农业农村污染治理攻坚战行动计划》	生态环境部、农业农村部联合印发，要求开展农业农村污染治理
	2018年12月	《柴油货车污染治理攻坚战行动计划》	生态环境部、国家发展改革委、工业和信息化部、交通运输部等11部门联合印发，要求开展柴油货车污染治理
	2018年12月	《渤海综合治理攻坚战行动计划》	生态环境部、国家发展改革委、自然资源部联合印发，要求开展渤海综合治理
	2018年12月	《长江保护修复攻坚战行动计划》	生态环境部、国家发展改革委联合印发，要求开展长江保护修复
四项专项行动	2018年3月	《"绿盾2018"自然保护区监督检查专项行动实施方案》	原环境保护部、原国土资源部等七部门联合印发，要求开展"绿盾"自然保护区监督检查专项行动
	2018年12月	《关于调整〈进口废物管理目录〉的公告》（公告2018年第68号）[1]，以便更好地实施2017年国务院办公厅印发的《禁止洋垃圾入境推进固体废物进口管理制度改革实施方案》	生态环境部、商务部、国家发展改革委、海关总署联合印发，要求开展落实禁止洋垃圾入境推进固体废物进口管理制度改革实施方案的专项行动
	2018年5月	《关于坚决遏制固体废物非法转移和倾倒进一步加强危险废物全过程监管的通知》	生态环境部印发，要求开展打击固体废物及危险废物非法转移和倾倒专项行动

---

[1]　《关于调整〈进口废物管理目录〉的公告》，生态环境部网站，2018年12月25日。

续表

类型	时间	名称	主要内容
四项专项行动	2018年3月	《垃圾焚烧发电行业达标排放专项整治行动方案》（2018年3月生态环境部第一次部常务会议审议并原则通过）①	生态环境部审议并原则通过，要求开展垃圾焚烧发电行业达标排放专项行动

资料来源：笔者整理。

1. 蓝天保卫战

2013 年 9 月，国务院印发《大气污染防治行动计划》。2018 年 6 月，中共中央、国务院印发《关于全面加强生态环境保护 坚决打好污染防治攻坚战的意见》，提出要坚决打赢蓝天保卫战，制定实施了打赢蓝天保卫战作战计划，作战计划的先期是三年，作战计划的主战场为京津冀及周边区域、长三角、汾渭平原等重点区域。要求通过系列途径和措施明显改善我国大气环境质量。

推进工业企业空气污染减排综合治理。要求全面整治"散、乱、污"型工业企业及集群，对大气污染程度严重的重点区域和重点城市增强重点行业（钢铁、铸造、电解铝、炼焦、建材等）的压减产能力度，并且制定实施了空气污染物的系列特别排放限值。大力持续推进工业企业污染源全面实现达标排放，推进钢铁等重点行业超低排放、落后机组淘汰、污染治理升级改造，推进各类工业园区规范发展、提质增效和循环化改造。

推进散煤治理和农村清洁供暖、煤炭消费减量替代。推进散煤治理，推广清洁高效燃煤锅炉，基本淘汰落后燃煤锅炉。继续加快调整优化能源组成结构，不断提升清洁能源的使用比例，构建清洁、高

---

① 《生态环境部召开第一次部常务会议》，生态环境部网站，2018年3月26日。

效、低碳的能源结构体系。有效推进农村地区清洁供暖，加大生活和冬季取暖散煤替代力度。降低重点区域煤炭消费总量。

推进柴油机动车污染治理。以开展超标排放柴油货车专项整治为有力抓手，实施柴油货车污染治理的专项攻坚战行动，统筹开展系列"油品、道路、车辆"治理以及机动车船的污染防治。坚持源头防范与综合治理相结合的原则，加快调整运输结构，优化运输组织；坚持突出重点、联防联控；坚持远近结合、标本兼治。

强化国土绿化与扬尘管控。积极开展大规模的国土绿化行动，提升林草覆盖率，加大建设北方防沙带、京津风沙源治理工程、重点防护林工程实施力度。将城市功能改变中的腾退空间优先用于绿化。综合整治露天矿山，加快加大环境修复和绿化。加强道路、施工工地等扬尘管控。

强化重污染天气区域联防联控联治制度。强化重点区域联防联控联治工作机制，推动我国京津冀大气污染主要传输通道城市（京津冀以及周边地区"2+26"城市）区域联防联控联治，连续开展秋冬季联防联控联治攻坚行动，推动区域空气质量的整体改善以及北京市空气质量大幅改善。

完善重污染天气的监测、预警及应对系统。统一重污染天气的监测及预警分级标准、信息发布机制、应急响应机制，以及提前实施区域应急联动、应急减排措施等应对策略，完善区域监测预警会商制度，有效降低天气重污染风险。不断提升应对重污染天气能力，完善优化重污染天气的应急预案，明确各相关政府、部门及企业的应对措施和应急职责，制定翔实可操作性强的重污染天气期间的综合管控措施以及削减大气污染源排放量的管理清单，有效降低天气重污染程度。

2. 碧水保卫战

2015 年 4 月，国务院印发《水污染防治行动计划》。2018 年 6 月，中共中央、国务院印发《关于全面加强生态环境保护 坚决打好污染防治攻坚战的意见》，提出要着力打好碧水保卫战，深入推进实施水污染防治行动计划，扎实推进河长制、湖长制等创新制度，坚持水污染减排和水生态扩容协同发力，加快工业、农业和生活污水污染源及水生态系统整治，确保饮用水安全，消除城市黑臭水体，进一步减少污染严重水体和不达标水体。

打好水源地保护攻坚战。2015 年 4 月，国务院印发《水污染防治行动计划》，提出加强饮用水的水源水、出厂水、管网水、末梢水等的全过程管理。2018 年 3 月，原环境保护部、水利部印发《全国集中式饮用水水源地环境保护专项行动方案》，严格依据《水污染防治法》等系列法律法规要求，县级及以上城市全面完成地表水型集中式饮用水水源地保护区的"划、立、治"等三项重点任务，全面实现"保"的目标。定期开展饮用水全过程水质监测，保证饮用水水源地水质不能恶化并不断改善，切实提高饮用水水源的环境安全保障水平。

打好城市黑臭水体治理攻坚战。实施城镇污水处置"提质增效"系列行动计划，加快完善污水收集与处理体系，加大污水管网和污水处理能力的建设力度，尽快实现污水管网的全面覆盖、全面收集与全面处理。不断完善污水处理收费政策和保障措施体系，各地要合理确定污水处理收费标准并尽快落实到位，规范污水处理收费的使用，确保污水处理与污泥处置单位能够正常运营并且能够正常盈利，中央财政对中西部地区的污水处理与污泥处置给予适当支持。有效降低城市污水的面源污染，加大城市雨污分流能力建设，扩大城市对初期雨水的收集与处理设施建设。

打好长江保护修复攻坚战。习近平总书记高度重视长江保护与修复工作，于2016年、2018年和2020年先后三次在长江上中下游城市主持召开长江经济带发展座谈会，并多次到长江经济带省份视察，对长江保护修复作出重要的系统部署。生态环境部、国家发展改革委联合印发《长江保护修复攻坚战行动计划》，统筹推进解决各项突出生态环境问题。打好长江保护修复攻坚战，要重视协同保护优先，不搞大开发。要调查、评估长江流域的生态环境隐患风险，并划定风险区域进行风险管控。优化长江流域产业布局和规模，推进排污口整治和超标水体限时治理。强化船舶和港口的污染综合防治和改造。加强长江流域河湖沿线的生态环境系统保护和修复，实行长江十年禁渔。提升长江流域用水统筹调度能力，保障重点河湖基本生态用水。

打好渤海综合治理攻坚战。2018年，我国开始实施渤海综合治理攻坚战，是第一次开展海洋领域的污染防治攻坚行动，要求推动河口和海湾的综合整治，对排海主要污染物实施排污总量控制，对入海河流实行严格监管与治理，对陆海区域污染实行联防联控。对入海污染源实行全面整治，对入海排污口设置进行全面规范，关闭所有非法设置的排污口。推进海域污染防治，严格管控海水养殖等污染规模，推进防治和清理海洋垃圾。实施最严格的围填海和岸线开发管控，统筹安排海洋空间利用活动。

打好农业农村污染治理攻坚战。2018年4月中央财经委员会第一次会议和2018年5月全国生态环境保护大会均提出要加快解决农业农村的突出环境问题，着力打好农业农村污染治理攻坚战。生态环境部、农业农村部联合印发《农业农村污染治理攻坚战行动计划》，要以建设美丽宜居乡村为导向，持续开展农村人居环境全面整治行动，实现全国行政村环境整治行动全覆盖。开展一系列农村饮用水水源保护、村庄生活污水乱排乱放管控和生活垃圾治理（卫生厕所普及）、减少化肥农药地膜使用量等种植业污染、消纳利用畜禽养殖废弃物和养殖方式综合整治等养殖业污染的整治活动，并强调不断提升农业农村环境监管能力。

3. 净土保卫战

2016 年 5 月，国务院印发《土壤污染防治行动计划》。2018 年 6 月，中共中央、国务院印发《关于全面加强生态环境保护 坚决打好污染防治攻坚战的意见》，提出扎实推进净土保卫战，要求全面实施土壤污染防治行动计划，突出重点区域、重点行业和污染物管控，有效管控农用地和城市建设用地土壤环境风险。开展土壤污染的预防与修复。要求加快推进垃圾分类处理。强化固体废物污染防治。

强化土壤污染管控和修复。强化耕地和建设用地的土壤环境的分类管理与风险管控，对重污染耕地严格管控并严禁种植食用农产品；对建设用地中受污染地块设定修复名录，必须在完成治理修复后才能作为住宅、公共管理与服务等使用。制定实施污染土壤的治理与修复，以存在影响食用农产品质量以及人居环境安全风险的突出土壤污染问题为重点。依据"谁污染，谁治理"原则，明确土壤污染的治理与修复主体，开展治理与修复、改善区域土壤环境质量，并强化工程质量监管。

加快推进垃圾分类处理。实现城市和县城生活垃圾处理能力全覆盖，非正规的垃圾堆放点位要基本完成整治；重点城市和第一批生活垃圾分类示范城市要完成建设生活垃圾分类处理系统。大力推进垃圾的资源化利用，大力促进垃圾焚烧发电行业的发展。对于农村垃圾管理，要推进其就地进行分类和促进资源化利用处理。对于农村有机废弃物管理，要建立完善收集、转化和利用的网络化管理体系。

　　强化固体废物污染防治。严厉打击走私洋垃圾行为，全面禁止洋垃圾进入国境，大幅度、大力度消减进口固体废物的种类与数量，实现了2020年底前固体废物零进口的目标。提升固体废物的资源化再利用能力，开展"无废城市"的试点工作，不断推动固体废物的资源化再利用发展。完善危险废物的全过程管理监管体系，完善危险废物的经营许可、转运等管理制度，并建立危险废物信息化监管体系，切实提升危险废物处理处置能力。调查、评估、提升重点工业行业危险废物的整个产生、贮存、利用和处置情况。严厉打击涉及危险废物的非法倾倒和非法跨界流转等恶劣违法犯罪活动。

二、环境质量状况显著改善

　　在以习近平同志为核心的党中央坚强领导下，以习近平生态文明思想为指引，各地各部门坚决贯彻落实党中央、国务院污染防治决策部署，全力打好蓝天、碧水、净土保卫战。污染防治攻坚战决心之大、力度之大、成效之大前所未有。2021年8月，国务院新闻办公室就生态环境状况召开专门发布会，宣布：污染防治攻坚战阶段性目标任务圆满完成，生态环境质量明显改善。我国污染防治攻坚战已经取得阶段性胜利。

（一）空气质量明显改善

　　全国空气质量达标城市明显增加，优良天数比例大幅提高。2021年全国339个地级及以上城市的空气质量达标比例为64.3%，较2013年增长了60.2个百分点；空气平均优良天数比例为87.5%，较2013年增长了27个百分点。其中，重点区域空气质量明显改善：2021年京津冀及周边地区、长三角地区、汾渭平原PM$_{2.5}$平均浓度改善幅度总体高于全国平均水平（见图2-2）。

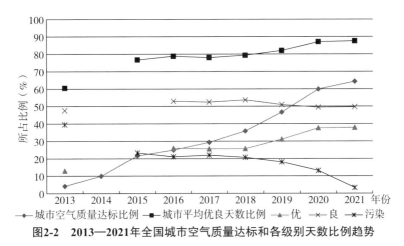

图2-2　2013—2021年全国城市空气质量达标和各级别天数比例趋势

资料来源：2013—2021年《中国生态环境（环境）状况公报》。
注：2013年空气质量启用新国标，作为基准年开始比较；部分数据缺失。

全国主要空气污染物浓度下降，地级及以上城市主要空气污染物浓度降幅显著。2021年全国二氧化硫（SO$_2$）、二氧化氮（NO$_2$）、一氧化碳（CO）、可吸入颗粒物（PM$_{10}$）、细颗粒物（PM$_{2.5}$）、臭氧（O$_3$）年均浓度分别为9微克/立方米、23微克/立方米、1.1毫克/立方米、54微克/立方米、30微克/立方米、137微克/立方米，比较2013年的年均浓度40微克/立方米、44微克/立方米、2.5毫克/立方米、118微克/立方米、72微克/立方米、139微克/立方米，分别下降77.5%、47.7%、56.0%、54.2%、58.3%、1.4%。其中，二氧化硫年均浓度从2017年开始连续5年达标，并持续降低至2021年的9微克/立方米，改善成效明显。二氧化氮年均浓度从2014年开始连续8年达标，并持续低于国家一级标准，大体上保持下降趋势。一氧化碳年均浓度连续多年达标，控制效果较为稳定。可吸入颗粒物（PM$_{10}$）、细颗粒物（PM$_{2.5}$）浓度呈大幅下降趋势。近年来臭氧年均浓度保持高位，在 2020 年、2021 年出现了进一步下降的趋势（见图 2-3）。

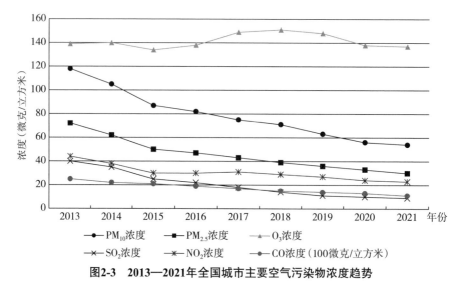

图2-3 2013—2021年全国城市主要空气污染物浓度趋势

资料来源：2013—2021年《中国生态环境（环境）状况公报》。

注：2013年空气质量启用新国标，作为基准年开始比较。

（二）水体质量不断改善

全国地表水水质不断改善。2021 年全国地表水 3641 个国家地表水考核断面中，水质优良（Ⅰ～Ⅲ类）的考核断面比例为 84.9%，较 2014 年相比上升 21.8 个百分点；劣 Ⅴ 类考核断面比例为 1.2%，较 2014 年下降 8 个百分点（见图 2-4）。

全国湖泊（水库）水质总体好转。2021 年全国开展水质监测的 210 个重点湖泊（水库）中，水质优良（Ⅰ～Ⅲ类）湖库个数占比为 72.9%，较 2012 年提升了 11.6 个百分点；劣 Ⅴ 类水质湖泊（水库）个数占比为 5.2%，较 2012 年下降了 6.1 个百分点（见图 2-5）。

全国主要河流（流域）水质稳步提升。2021 年，长江、黄河、松花江、辽河、海河、淮河、珠江七大主要河流（流域）以及西北诸河、西南诸河和浙闽片河流三个区域主要河流（流域）监测断面中，

水质优良（Ⅰ～Ⅲ类）监测断面比例为 87.0%，较 2012 年上升 18.1
个百分点；劣 V 类监测断面比例为 0.9%，较 2012 年下降 9.3 个百分
点（见图 2-6）。

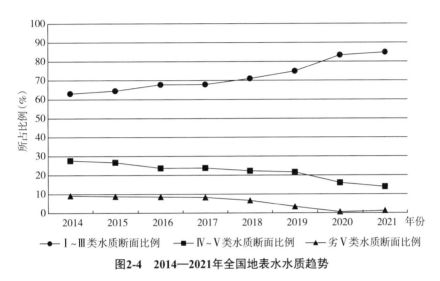

图2-4　2014—2021年全国地表水水质趋势

资料来源：2014—2021年《中国生态环境（环境）状况公报》。

注：我国从2014年开始统计地表水环境质量。

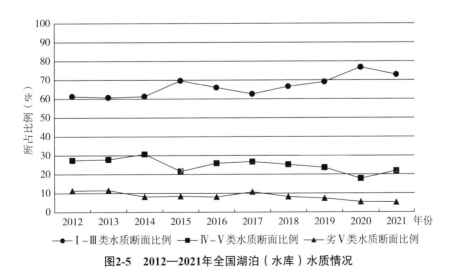

图2-5　2012—2021年全国湖泊（水库）水质情况

资料来源：2012—2021年《中国生态环境（环境）状况公报》。

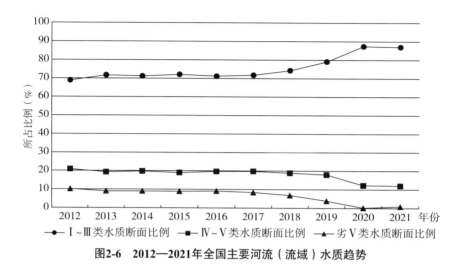

图2-6　2012—2021年全国主要河流（流域）水质趋势

资料来源：2012—2021年《中国生态环境（环境）状况公报》。

全国近岸海域海水水质持续向好。我国管辖海域海水水质整体持续向好，2021年夏季符合一类标准的海域面积占97.7%。全国近岸海域水质优良（一类、二类）比例为81.3%，比2012年提高11.9个百分点；劣四类水质面积比例为9.6%，比2012年下降9个百分点（见图2-7）。

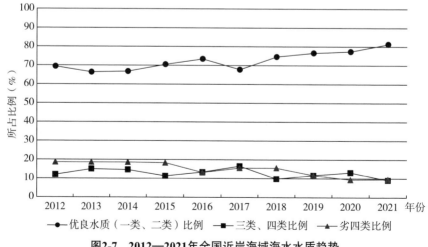

图2-7　2012—2021年全国近岸海域海水水质趋势

资料来源：2012—2021年《中国生态环境（环境）状况公报》。

（三）土壤污染防治取得初步进展

全国土壤污染防治工作稳步有序推进。全国土壤环境质量状况总体上保持较为稳定的状态，已经初步遏制住了全国土壤污染状况趋重的形势。开展土壤污染状况调查和安全利用，土壤污染的治理与修复。全国土壤污染的环境风险得到基本管控，2021 年底受污染耕地安全利用率稳定在 90% 以上[①]，污染地块安全利用率超过 93%[②]（2020年底）。

垃圾分类处理处置水平不断提升。全面启动全国地级及以上城市的生活垃圾分类工作，全国所有省份都已经制定了垃圾分类实施方案，全国人民群众正在加快养成垃圾分类的习惯。2020 年底，全国城市生活垃圾无害化处理率已经达 99.7%，清运量也达到2.35 亿吨[③]。

固体废物污染防治能力不断提升。我国固体废物污染防治工作进入了一个新的阶段，重点领域固体废物污染防治成效显著，危险废物监管和处置能力不断加强。2020 年底，我国固体废物"零进口"目标已经实现，彻底将洋垃圾拒挡在国门之外；全国再生资源回收总量达到了 3.7 亿吨；危险废物集中利用处置能力已经超过 1.4 亿吨 / 年[④]。

---

① 生态环境部：《2021中国生态环境状况公报》，2022年5月28日

② 《生态环境部部长黄润秋在2021年全国生态环境保护工作会议上的工作报告》，生态环境部网站，2020年2月1日，https://www.mee.gov.cn/xxgk2018/xxgk/xxgk15/202102/t20210201_819774.html。

③ 《全国人民代表大会常务委员会执法检查组关于检查〈中华人民共和国固体废物污染环境防治法〉实施情况的报告》，中国人大网，2021年10月25日，http://www.npc.gov.cn/npc/c30834/202110/20dcb8233e69453a988eb86a281a2db1.shtml。

④ 常钦：《全国95%以上的村庄开展了清洁行动》，《人民日报》2021年11月19日第18版。

（四）农村环境整治效果明显

农村人居环境整治效果明显。2019 年 1 月，中央农办、农业农村部、自然资源部、生态环境部等 18 个部门联合启动实施农村人居环境整治、村庄清洁行动，集中整治农村环境卫生"脏、乱、差"等突出问题。截至 2020 年底，全国有 15 万个行政村完成了农村环境的综合整治工作[①]，全国超过 95% 的村庄开展了农村清洁活动[②]，农村村容村貌发生了明显改善。2020 年底，农业农村治理攻坚战所确定的 8 项主要指标、22 项重点任务都顺利完成。2021 年，农村人居环境整治三年行动目标任务顺利完成。

农村生活垃圾和生活污水治理水平不断提高。我国农村生活垃圾收运处置体系已经覆盖了全国超过 90% 的行政村，2021 年农村生活垃圾收运处置体系稳定保持 90% 以上，逐渐完善了"户分类、村收集、乡转运、县处理"农村生活垃圾收运处置体系。基本建立了农村生活污水排放标准和县域规划体系，初步确定了农村黑臭水体的清单。2021 年农村生活污水治理水平不断提高，农村生活污水治理率达到 25.5%[③]。

农村厕所革命取得积极进展。2017 年 11 月，习近平总书记主持的十九届中央全面深化改革领导小组第一次会议上通过了《农村人居环境整治三年行动方案》，"厕所革命"上升至国家层面议题。2018—2020 年累计改造农村户厕 4000 多万户，2021 年全国农村卫生厕所普及率超过 70%[④]。中央财政采取"先建后补、以奖代补"等方式引导

---

① 常钦：《全国95%以上的村庄开展了清洁行动》，《人民日报》2021年11月19日第18版。

② 《国新办举行农村人居环境整治提升五年行动新闻发布会》，国务院新闻办公室网站，2021年12月6日，http://www.scio.gov.cn/xwfbh/xwbfbh/wqfbh/44687/47532/wz47534/Document/1717258/1717258.htm。

③ 钟星星：《乡村建设既要重"硬件"也要重"软件"》，《光明日报》2022年2月25日第11版。

和支持各地方大力推动具备条件的农村普及卫生厕所，中央预算投资支持中西部地区以县为单位推进农村厕所粪污治理等农村人居环境整治。

农村饮用水安全性稳步提升。"十二五"期间，我国已经基本解决了广大农村地区饮用水安全问题；"十三五"期间，我国继续深入实施农村地区饮用水安全巩固提升工程，至 2020 年底超过 83% 的农村地区人口用上了自来水，2.7 亿农村地区人口的供水保障水平得到进一步巩固提升；1710 万建档立卡贫困人口的饮水安全问题得到解决，贫困人口的饮水安全问题已经得到全面解决。全国 1 万多个"千吨万人"的农村地区饮用水水源地已经实现了保护区划定，18 个省份已经实现了农村地区饮用水卫生监测的乡镇层面全部覆盖[①]。

另外，截至 2020 年底，全国农村秸秆综合利用率超过 87%；化肥、农药的减量增效已经顺利实现了预期目标，其中水稻、小麦、玉米等三大主要粮食作物的化肥利用率和农药利用率已经分别达到了40.2% 和 40.6%；新型粪污综合利用率超过 76%，规模化养殖场装备配套粪污处理设施的比例达到 97%[②]。

（五）人民群众对环境质量改善的满意度不断提升

人民群众对环境质量改善的获得感和幸福感明显增强。"十二五"时期尤其是"十三五"时期以来，我国大力实施一系列污染防治攻坚战，环境质量状况总体改善的幅度明显加大，广大人民群众对环境质量实际改善的获得感和幸福感明显增强。2020 年国家统计局所做的公众生态环境满意度调查显示，人民群众对生态环境的满意度已经达

---

① 李国英：《在2022年全国水利工作会议上的讲话》，水利部网站，2022年1月7日，http://www.mwr.gov.cn/xw/slyw/202201/t20220107_1558779.html。

② 王浩等：《美丽乡村更宜居 群众生活更幸福》，《人民日报》2021年8月21日第1版。

到了 89.5%，较 2017 年大幅提高了 10.7 个百分点 [①]。利用调查数据从广大人民群众对生态环境的主观感受进行评价，国务院发展研究中心"中国民生调查"课题组调查显示，人民群众对居住地环境质量满意度呈提高的态势，调查得分从 2014 年的 59.6 分提高到 2020 年的 71.6 分（见表 2-4）。这都充分说明，污染防治攻坚战的一系列阶段性成效得到广大人民群众的充分认可。

表2-4　居住地环境质量满意度得分情况

年份	2014	2015	2016	2017	2018	2019	2020
居住地环境质量满意度得分	59.6	59.11	56.49	60.22	65.9	69.0	71.6

资料来源：国务院发展研究中心"中国民生调查"课题组。

三、污染防治攻坚战经验做法

（一）坚持党的全面领导，污染防治的执行力空前提升

坚持以习近平生态文明思想为指引。党的十八大以来，以习近平同志为核心的党中央把生态文明建设摆在全局工作的突出关键位置，把生态文明建设纳入中国特色社会主义事业"五位一体"总体布局，全面大力推进生态文明建设，先后多次强调打好污染防治攻坚战。党中央、国务院就加强生态环境保护、坚决打好污染防治攻坚战作出系列重大决策部署，地方党委和政府全面落实生态文明建设责任，全党生态文明建设的自觉性不断提高。

坚持以人民为中心。党和政府开展生态环境保护工作始终坚持服务于人民，坚持优先解决人民身边感受最近的、影响最大的环境污染问题，坚持不断满足人民日益增长的优美生态环境需要。坚持使环境

[①] 《生态环境部长黄润秋国新办新闻发布会答记者问》，生态环境部网站，2021年8月18日，https://www.mee.gov.cn/ywdt/zbft/202108/t20210818_858184.shtml。

治理改善成效与老百姓切身感受相贴合，坚持使人民群众获得感不断提升，并确保污染防治攻坚战实效得到人民认可、经得起历史检验。党和政府坚定依靠人民、仰仗人民，坚持打好污染防治的人民战争，让老百姓成为党和政府打好污染防治攻坚战的帮手、同盟军。

坚持落实"党政同责、一岗双责"。党的十八大以来，我国全面推进生态文明体制改革，大力落实生态环境保护政治责任，有关生态文明建设的政府目标责任体系及问责机制不断成熟。2018年6月，中共中央、国务院发布的《关于全面加强生态环境保护 坚决打好污染防治攻坚战的意见》进一步提出"落实领导干部生态文明建设责任制，严格实行党政同责、一岗双责"。中央和地方生态环境保护督察制度不断健全，确保了党对生态文明建设工作的领导落到实处。

（二）依法强力治污，提供法治保障

强化环境立法。党的十八大以来，党内法规和国家立法都深刻突出了依法治污的要求，不断完善环境立法。完成制定或修订了《中华人民共和国环境保护法》《中华人民共和国大气污染防治法》《中华人民共和国土壤污染防治法》《中华人民共和国固体废物污染环境防治法》《中华人民共和国长江保护法》等法律，以及《城镇排水与污水处理条例》《排污许可管理条例》等行政法规。环境保护法律法规体系逐步完善，环境保护各主要领域已全面实现有法可依。

完善环境司法。改革完善系统的环境司法体系，加强涉环境保护司法力量建设，健全了环境行政执法与刑事司法、民事司法、行政公益诉讼的衔接机制。全国各级司法机关将中国特色环境司法作为实现"国家治理能力与治理体系现代化"的重要组成部分，以环境司法专门化为抓手，以改革创新为动力，认真贯彻绿色司法理念、不断提升

环境司法能力，在组织机构建设、司法机制创新、司法方式改革、人才队伍建设、司法理论研究等方面不断取得新突破、新成就，不断推动环境司法专门化体系建设向纵深掘进。

强化环境执法。整合组建生态环境保护综合行政执法队伍，统一履行生态环境保护执法职能。严格公正文明执法，推进生态环境保护综合行政执法规范化建设，把生态环境保护综合行政执法机构列入政府行政执法机构序列，统一环境保护执法的着装、标识、证件、保障用车和装备。环境监管执法处罚的频次、力度显著提高。组织中央生态环境保护督察，强化生态环境保护督察执法，推动解决了一大批突出生态环境问题。全面推行"双随机、一公开"监管执法检查。

加强跨区域、跨部门协调执法。建立完善跨区域、跨部门的统一协调、相互协作、监管互认的环境监管协调机制，交叉检查制度，以及生态环境保护联合执法长效机制。不断提高协调机制的制度化、规范化程度。联合打击跨区域的突出生态环境违法行为，解决区域性生态环境突出问题和环境污染纠纷。

（三）完善环境监管体系，提高环境监管效能

深刻调整环境监管组织体系。深入推进生态环境治理体系和治理能力现代化。纵向上，省以下环保机构垂直管理改革、流域机构、跨域环保机构建设、环境质量监测事权上收、强化基层环境治理体制和能力建设等积极推进；横向上，2018年新一轮机构改革中组建的生态环境部的职能进一步拓展。整合分散的生态环境保护职责，强化生态保护修复和污染防治统一监管，建立健全生态环境保护领导和管理体制。

进一步完善环境监管工具。在生态文明体制改革框架下，排污费

改环境税、环评改革、排污许可制改革、"三线一单"生态环境分区管控等取得了积极进展，我国环境政策体系进入全面升级的新阶段。以排污许可制度为基础的固定源监管体系逐步完善，全国330多万个固定污染源全部纳入排污许可管理，排污许可环境监管实现了全面覆盖。党的十八届三中、四中全会提出了"健全行政执法和刑事司法衔接机制"的要求。2014年底，新《中华人民共和国环境保护法》的四个配套法规陆续出台，环境执法的程序进一步得到规范，并开始探索"网格化监管""双随机、一公开"监管制度。环境执法制度化、法治化、规范化进入新阶段，环境监管效能显著提升。

构建现代环境治理体系。2020年3月，中共中央办公厅、国务院办公厅印发了《关于构建现代环境治理体系的指导意见》，提出构建党委领导、政府主导、企业主体、社会组织和公众共同参与的现代环境治理体系。要求建立健全环境治理的领导责任体系、企业责任体系、全民行动体系、监管体系、市场体系、信用体系、法律法规政策体系，落实各类主体责任，提高市场主体和公众参与的积极性，形成导向清晰、决策科学、执行有力、激励有效、多元参与、良性互动的环境治理体系。

（四）强化科技支撑体系，增强防治保障能力

强化环境污染防治与修复的科学研究能力。国务院第170次常务会议决定，专门设置开展大气重污染成因与治理攻关项目集中攻关的总理基金项目。开展长江经济带发展与长江大保护两者协调关系的工作研究，组建国家长江生态环境保护修复联合研究中心。开展黄河流域生态环境保护与高质量发展的工作研究，组织制定黄河流域"1+N+X"综合规划政策体系。这些科学研究均汇集了各行业或专业

数百家知名科研院所、智库机构和高校等优势单位，集中了全国相关领域数千名多学科跨专业的资深科研人员，为打好污染防治攻坚战提供了强有力的科技支撑力量。

健全生态环境监测体系，提高环境监测数据质量。建立独立、权威、高效的生态环境监测体系，构建天地一体化的生态环境监测网络，实现国家和区域生态环境质量预报预警和质控。通过环境监测事权上收等改革举措，中央政府获取地方环境信息的能力显著增强。环境监测数据全面、准确、客观、真实有所提升，政府环境信息的公信力得到了提升。公众对政府环境信息的认可度明显改善。

（五）完善环保市场体系，健全第三方治理体系

促进环保产业快速发展。随着我国环境保护政策执行力度不断加大以及环保产业支撑政策不断完善，我国环保产业快速发展。我国环保产业已经形成了产业领域不断拓展、产业结构不断优化、生态环境治理和服务模式不断创新、环保科技创新能力不断提升的良好环保产业局面。我国的环保产业已经全面覆盖了大气、水体和土壤污染防治、固废处理（危废处理处置）、噪声振动防治等污染防治的产业领域，以及生态环境监测、生态环境修复与治理等污染防治延伸的产业领域，全面涵盖了环保技术研发、规划咨询、投资运营、装备制造、设计施工以及运行维护等全流程的完整环保产业体系，大力促进了我国污染防治攻坚战目标的实现，有力推动了我国生态环境保护和实现绿色发展。

完善环境保护投融资机制。国家通过综合运用财政预算投入、补贴、奖励、基金、担保、贴息等多种形式，并引导撬动社会资金进入环保领域，推动逐步形成多元化环保投融资渠道，助力环保产业发展

壮大。中央和地方大气、水、土壤污染防治专项资金保持高位。环境保护投融资机制方面，已经初步形成了一系列有倾向性的经验：稳定环保财政资金的投入力度，加大生态补偿力度、领域和范围，强化财政资金的引导和支持作用；优化绿色金融投资结构，更好发挥金融投资支持作用；稳步推进环境权益交易；健全投资回报机制，充分调动社会资本的投资积极性。

完善环境治理市场体系。2013 年 11 月印发的《中共中央关于全面深化改革若干重大问题的决定》正式提出"环境污染第三方治理"。《国务院办公厅关于推行环境污染第三方治理的意见》《关于加快推进生态文明建设的意见》《关于推进环境污染第三方治理的实施意见》提出，推行市场化机制，健全第三方治理市场，积极推进环境污染第三方治理，引入社会力量投入环境污染治理，并明确界定了污染治理责任。环境治理的政策环境、市场体系不断成熟，有力提升了政府污染防治的管理和服务能力。

（六）完善社会行动体系，健全公众参与机制

构建社会行动体系。2020 年 3 月，中共中央办公厅、国务院办公厅印发了《关于构建现代环境治理体系的指导意见》，要求健全环境治理社会全民行动体系。加强生态环境保护的教育、宣传、践行能力。健全生态环境新闻发布机制，充分发挥各类媒体监督督促作用。建立政府、企业环境社会风险预防与化解机制。推动环保社会组织和志愿者队伍规范健康发展，引导环保社会组织依法开展生态环境保护公益诉讼等活动，大力发挥环保志愿者作用。

规范信息公开制度。2007 年，《政府信息公开条例》和《环境信息公开办法（试行）》出台，中国环境信息公开制度进一步规范。《污

染源环境监管信息公开目录》《企业事业单位环境信息公开办法》《中华人民共和国环境保护法》进一步规范政府和企业等排污单位的环境信息公开工作。《构建绿色金融体系的指导意见》《关于共同开展上市公司环境信息披露工作的合作协议》《上市公司治理准则》均要求建立和完善企业强制性环境信息披露制度，确立环境、社会责任和公司治理（ESG）信息披露的基本框架，履行环境保护社会责任。形成政府、企业和公众的良性互动关系，有利于社会各方共同参与生态环境保护。

完善公众参与制度。2015 年和 2018 年，《环境保护公众参与办法》《环境影响评价公众参与办法》及配套办法陆续出台，环境保护公众参与制度的法治化、规范化程度不断提高。广泛动员公众参与生态环境保护，不断提高公众的生态环境保护意识，鼓励公众参与生态环境保护监督，引导公众践行绿色生活方式。不断提高环境保护公众参与制度的法治化、规范化程度。完善公众监督、举报反馈机制，保护举报人的合法权益，鼓励设立有奖举报基金。发挥各类社会团体作用，加强对社会组织的管理和指导，积极动员参与环境治理。

四、美丽中国前景可期

我国将继续深入打好污染防治攻坚战，坚持污染防治攻坚的决心不动摇，持续深入改善大气、水、土壤等环境质量，建立健全现代化环境治理体系，持续推进依法、科学、精准、系统性治污，协同推进减污降碳，继续大力推动生态文明建设。

展望"十四五"（2021—2025 年），到 2025 年我国环境质量将持续改善，主要污染物排放总量将持续下降，城乡人居环境将明显改善。重污染天气和城市黑臭水体将基本消除，土壤污染风险将得到有效管控，固体废物与新污染物治理能力将进一步明显增强（见表2-5），环境治理体系将更加完善，生产生活方式等绿色发展转型将成效显著，能源资源配置更加优化合理、利用效率实现大幅提高，生态文明建设实现新进步。

表2-5　2025年污染防治攻坚战的主要目标

类别	重点	2025年主要目标
深入打好蓝天保卫战	着力打好重污染天气消除攻坚战	全国重度及以上污染天数比率控制在1%以内
	着力打好臭氧污染防治攻坚战	挥发性有机物、氮氧化物排放总量比2020年分别下降10%以上，臭氧浓度增长趋势得到有效遏制，实现细颗粒物和臭氧协同控制
	持续打好柴油货车污染治理攻坚战	"十四五"时期，铁路货运量占比提高0.5个百分点，水路货运量年均增速超过2%
	加强大气面源和噪声污染治理	京津冀及周边地区大型规模化养殖场氨排放总量比2020年下降5%。深化消耗臭氧层物质和氢氟碳化物环境管理。全国声环境功能区夜间达标率达到85%
深入打好碧水保卫战	持续打好城市黑臭水体治理攻坚战	县级城市建成区基本消除黑臭水体，京津冀、长三角、珠三角等区域力争提前1年完成
	持续打好长江保护修复攻坚战	长江流域总体水质保持为优，干流水质稳定达到Ⅱ类，重要河湖生态用水得到有效保障，水生态质量明显提升
	着力打好黄河生态保护治理攻坚战	黄河干流上中游（花园口以上）水质达到Ⅱ类，干流及主要支流生态流量得到有效保障
	巩固提升饮用水安全保障水平	全国县级及以上城市集中式饮用水水源水质达到或优于Ⅲ类比例总体高于93%
	着力打好重点海域综合治理攻坚战	重点海域水质优良比例比2020年提升2个百分点左右，省控及以上河流入海断面基本消除劣Ⅴ类，滨海湿地和岸线得到有效保护
	强化陆域海域污染协同治理	深入陆域海域污染协同治理，建成一批具有全国示范价值的美丽河湖、美丽海湾

续表

类别	重点	2025年主要目标
深入打好净土保卫战	持续打好农业农村污染治理攻坚战	农村生活污水治理率达到40%，化肥、农药利用率达到43%，全国畜禽粪污综合利用率达到80%以上
	深入推进农用地土壤污染防治和安全利用	受污染耕地安全利用率达到93%左右
	有效管控建设用地土壤污染风险	完成重点地区危险化学品生产企业搬迁改造，推进腾退地块风险管控和修复
	稳步推进"无废城市"建设	鼓励有条件的省份全域推进"无废城市"建设
	加强新污染物治理	制定实施新污染物治理行动方案
	强化地下水污染协同防治	持续开展调查评估、划定及污染风险的管控、分级分类，开展污染综合防治试点

资料来源：《中共中央 国务院关于深入打好污染防治攻坚战的意见》，2021年11月7日，http://www.gov.cn/zhengce/2021-11/07/content_5649656.htm。笔者整理。

中期展望（2026—2035年）：到2030年我国生态环境质量将实现大幅改善，大气、水、土壤等环境质量状况将大幅提升，重点城市空气质量将实现全面达标，实现碳排放达峰，生态文明建设和绿色发展将成效显著，美丽中国建设将迈出更大步伐。到2035年我国生态环境质量将实现全面根本性好转，将广泛形成较为先进的绿色生产生活方式、空间格局以及产业结构，碳排放达峰后将稳中有降，基本实现美丽中国建设目标。

长期展望（2050年左右）：到21世纪中叶、新中国成立100周年之时，我国生态文明全面提升，碳中和目标更加接近，全面实现美丽中国建设目标，全面实现生态环境保护领域国家治理体系和治理能力现代化。

第六章

建设绿色长江经济带

党的十八大以来，习近平总书记多次深入长江沿线视察，先后主持召开三次长江经济带发展座谈会，多次就长江经济带发展作出重要指示批示，为推动长江经济带发展掌舵领航、把脉定向。沿江省市和有关部门认真践行习近平生态文明思想，坚持以"共抓大保护，不搞大开发""生态优先、绿色发展"为导向，深入推动长江经济带生态文明建设取得历史性成就。展望未来，长江经济带生态文明建设之路仍任重道远，必须认真总结经验，持续深入践行习近平生态文明思想，加快将长江经济带打造成为生态文明建设的先行示范带。

一、推动长江经济带生态优先绿色发展

（一）打造长江经济带"生态文明建设的先行示范带"的提出

1. 长江经济带是我国经济重心所在、活力所在，但长期粗放式发展造成生态环境严重透支

长江是中华民族的母亲河，孕育了源远流长的中华文明，对经济社会发展具有不可替代的重要支撑作用。长江流域自然条件优越、资源种类齐全、生态地位突出，是我国重要的生态宝库。以长江流

域为地理依托形成的长江经济带，东起长三角地区、西至云贵高原，覆盖上海、江苏、浙江、安徽、江西、湖北、湖南、重庆、四川、云南、贵州等 11 个省（直辖市），面积约 205.23 万平方千米，占到全国国土的 21.4%。长江经济带在历史上是我国经济的精华地带，在近现代更是我国的产业发达带。新中国成立以来特别是改革开放以来，经过快速的工业化、城市化发展，长江经济带经济社会迅猛发展，综合实力快速提升，人口和生产总值均超全国 40%，是我国经济重心所在、活力所在，为推动我国综合国力的不断提升作出了突出贡献。

然而，长期以来的粗放式发展方式让长江不堪重负，造成生态环境严重透支：沿江产业发展惯性大，污染物排放基数大；岸线港口乱占乱用、多占少用、粗放使用的问题突出，流域环境、风险隐患依然突出；长江"双肾"洞庭湖、鄱阳湖频现枯水季节延长、枯水期水位超低等情况，接近 30% 的重要湖库处于富营养化状态，生物完整性指数降低到了最差的"无鱼"等级……习近平总书记指出，"长江病了，而且病得不轻"[①]。长江生态环境之"病"，从根子上来说，是发展方式之"病"，发展理念之"病"。"绝不容许长江生态环境在我们这一代人手上继续恶化下去，一定要给子孙后代留下一条清洁美丽的万里长江！"[②]

2. 习近平总书记围绕长江经济带发展的三次重要讲话精神，是习近平生态文明思想在区域层面的具体体现

在此背景下，党的十八大以来，习近平总书记多次深入长江沿线考察，多次就长江经济带发展发表重要讲话、作出重要指示，并先

①　习近平：《在深入推动长江经济带发展座谈会上的讲话》，《求是》2019 年第 17 期。
②　《学习进行时丨习近平心中的大江大河》，新华网，2021 年 10 月 23 日，http://www.news.cn/politics/xxjxs/2021-10/23/c_1127986942.htm。

后在长江上、中、下游主持召开三次长江经济带发展座谈会。从"推动"到"深入推动",再到"全面推动",习近平总书记的三次重要讲话一脉相承、循序渐进,深刻回答了推动长江经济带生态文明建设的一系列重大理论和现实问题,是习近平生态文明思想在流域层面的生态体现。

第一次重要讲话是 2016 年 1 月 5 日,习近平总书记在重庆主持召开推动长江经济带发展座谈会,强调"把长江经济带建设成为我国生态文明建设的先行示范带、创新驱动带、协调发展带",并提出"推动长江经济带发展必须从中华民族长远利益考虑,走生态优先、绿色发展之路""当前和今后相当长一个时期,要把修复长江生态环境摆在压倒性位置,共抓大保护,不搞大开发"①。这一战略定位和导向,是由长江和长江经济带的特殊重要地位和作用所决定的,是践行以人民为中心发展思想的必然选择,也是尊重自然规律、经济规律和社会规律的必然选择,充分体现了习近平生态文明思想中"坚持生态兴则文明兴"的深邃历史观、"坚持良好生态环境是最普惠的民生福祉"的基本民生观和"坚持人与自然和谐共生"的科学自然观。

第二次重要讲话是 2018 年 4 月 26 日,习近平总书记在武汉主持召开深入推动长江经济带发展座谈会,强调"正确把握生态环境保护和经济发展的关系,探索协同推进生态优先和绿色发展新路子""生态环境保护和经济发展不是矛盾对立的关系,而是辩证统一的关系"②,这是习近平生态文明思想的辩证法,是绿水青山就是金山银山的实践论。他还指出,"我强调长江经济带建设要共抓大

① 《习近平在推动长江经济带发展座谈会上强调 走生态优先绿色发展之路 让中华民族母亲河永葆生机活力》,新华社,2016年1月7日。

② 习近平:《在深入推动长江经济带发展座谈会上的讲话》,《求是》2019年第17期。

保护、不搞大开发，不是说不要大的发展，而是首先立个规矩，把长江生态修复放在首位，保护好中华民族的母亲河，不能搞破坏性开发"①，充分体现了习近平生态文明思想中"坚持用最严格制度最严密法治保护生态环境"的严密法治观，这也是习近平总书记亲自确定《中华人民共和国长江保护法》这一重大立法任务的重要原因。

第三次重要讲话是 2020 年 11 月 14 日，习近平总书记在南京主持召开全面推动长江经济带发展座谈会，指出"要从生态系统整体性和流域系统性出发，追根溯源、系统治疗，防止头痛医头、脚痛医脚""要把修复长江生态环境摆在压倒性位置，构建综合治理新体系，统筹考虑水环境、水生态、水资源、水安全、水文化和岸线等多方面的有机联系"②。长江经济带生态文明建设是一个整体，必须全面把握、统筹谋划。"全面推动"充分体现了习近平生态文明思想中"坚持山水林田湖草是生命共同体"的整体系统观。此次讲话中，习近平总书记又赋予了长江经济带生态优先绿色发展主战场、畅通国内国际双循环主动脉、引领经济高质量发展主力军的新战略使命，指出长江经济带"应该在践行新发展理念、构建新发展格局、推动高质量发展中发挥重要作用"③。

习近平总书记的三次重要讲话既一脉相承，又循序渐进，彰显了总书记在推进长江经济带绿色发展战略上久久为功，一张蓝图绘到底的治国理政方略，为推动长江经济带的生态文明建设提供了思想指引和根本遵循。

---

① 《习近平："共抓大保护、不搞大开发"不是不要大的发展，而是要立下生态优先的规矩，倒逼产业转型升级，实现高质量发展》，新华社"新华视点"微博，2018年4月25日。
②③ 《习近平在全面推动长江经济带发展座谈会上强调 贯彻落实党的十九届五中全会精神 推动长江经济带高质量发展》，新华社，2020年11月16日。

3. 党中央、国务院对长江经济带发展定位及时作出调整，将"生态文明建设的先行示范带"提到首位

2014 年 9 月 25 日，国务院公布《国务院关于依托黄金水道推动长江经济带发展的指导意见》，明确提出"将长江经济带建设成为具有全球影响力的内河经济带、东中西互动合作的协调发展带、沿海沿江沿边全面推进的对内对外开放带和生态文明建设的先行示范带"，标志着把长江经济带建设成为我国生态文明建设的先行示范带正式上升为国家战略[①]。随后，国家对长江经济带发展定位的次序作出调整。《中华人民共和国国民经济和社会发展第十三个五年规划纲要》第三十九章专门论述推进长江经济带发展，提出"坚持生态优先、绿色发展的战略定位，把修复长江生态环境放在首要位置，推动长江上中下游协同发展、东中西部互动合作，将长江经济带建设成为我国生态文明建设的先行示范带、创新驱动带、协调发展带"。2016 年 3 月 25 日，中共中央政治局审议通过《长江经济带发展规划纲要》，描绘了长江经济带发展的宏伟蓝图，是推动长江经济带发展重大国家战略的纲领性文件。该规划纲要提出长江经济带的四大战略定位是：生态文明建设的先行示范带、引领全国转型发展的创新驱动带、具有全球影响力的内河经济带、东中西互动合作的协调发展带[②]。

"生态文明建设的先行示范带"被提到首位，清晰地表明党中央、国务院对于长江经济带的发展定位逐步形成了更深刻、更系统的认识，对于推动长江经济带发展的指导思想、基本原则尤其是"坚持生

---

① 《国务院关于依托黄金水道推动长江经济带发展的指导意见》（国发〔2014〕39号），中国政府网，http://www.gov.cn/zhengce/content/2014-09/25/content_9092.htm。

② 《推动长江经济带发展领导小组办公室负责人就长江经济带发展有关问题答记者问》，新华社，2016年9月11日。

态优先、绿色发展""共抓大保护，不搞大开发"的理念有了更明确的要求。这既是发展理念的一次巨大创新，也是发展模式的一次重大进步。从提倡以经济发展为导向的大规模开发建设转而强调以生态为先导的适度开发建设，主要原因在于长江流域的人口集聚程度较高，城市开发程度较高，难以承受更高强度的开发建设。此外，把生态、文化和生活质量作为评估长江三大城市群的主要标准，凸显了中央城市工作会议提出的"人民城市为人民"的新型城镇化建设目标，通过引导长江经济带的空间规划、产业布局、城市基础设施建设、公共文化服务配套等，对实现整个长江流域生态发展、解决"人民日益增长的美好生活需要和不平衡不充分的发展之间的矛盾"均具有重大现实意义。

（二）沿江省市和有关部门认真践行习近平生态文明思想，以系统思维扎实推动长江经济带生态文明建设

在党中央直接领导下，长江经济带 11 个省（直辖市）和有关部门深入践行习近平生态文明思想，坚持以习近平总书记关于推动长江经济带发展的重要讲话和指示批示精神为思想指引和根本遵循，切实贯彻落实推动长江经济带发展领导小组各项工作部署，有力推动长江经济带生态文明建设深入实施（见表 2-6）。坚持问题导向、强化系统思维，按照"生态优先、因势利导、疏整结合、建养并重"的原则，以钉钉子精神扎实推进生态环境整治，推进长江经济带生态文明建设，力度之大、规模之广、影响之深，前所未有，促进经济社会发展全面绿色转型，支撑长江经济带高质量发展。

表2-6　长江大保护主要相关政策措施

时间	名称	主要内容
2017年7月	《长江经济带生态环境保护规划》	原环境保护部、国家发展改革委、水利部联合印发，明确了长江经济带生态优先、绿色发展的总体战略
2017年8月	《关于加强长江经济带工业绿色发展的指导意见》	工业和信息化部、国家发展改革委、科技部、财政部、原环境保护部五部委发布，提出优化长江经济带工业布局，推动沿江城市建成区内现有钢铁、有色金属、造纸、印染、电镀、化学原料药制造、化工等污染较重的企业有序搬迁改造或依法关闭。到2020年，完成47个危险化学品搬迁改造重点项目
2017年8月	《关于推进长江经济带绿色航运发展的指导意见》	交通运输部发布，要求以长江生态环境承载力为约束，以资源节约集约利用为导向，以绿色航道、绿色港口、绿色船舶、绿色运输组织方式为抓手，努力推动形成绿色发展方式，促进航运绿色循环低碳发展，更好发挥长江黄金水道综合效益，为长江经济带经济社会发展提供更加有力的支撑
2017年12月	《关于全面加强长江流域生态文明建设与绿色发展司法保障的意见》	最高人民法院发布，强调坚持最严格的水污染损害赔偿和生态补偿、修复标准，将生态环境损害及修复情况作为刑事处罚的重要量刑情节
2018年2月	《关于建立健全长江经济带生态补偿与保护长效机制的指导意见》	财政部发布，积极发挥财政在国家治理中的基础和重要支柱作用，按照党中央、国务院关于长江经济带生态环境保护的决策部署，推动长江流域生态保护和治理，建立健全长江经济带生态补偿与保护长效机制
2018年3月	《重点流域水生生物多样性保护方案》	生态环境部、农业农村部、水利部制定，强调"共抓大保护，不搞大开发"，优化水生生物多样性保护体系，加快水生生物资源环境修复，维护重点流域水生生态系统的完整性和自然性，改善水生生物生存环境，保护水生生物多样性，促进人与自然和谐发展
2018年10月	《关于加强长江水生生物保护工作的意见》	国务院办公厅印发，基本涵盖了有关长江水生生物保护工作的全过程和各环节，从国家政策顶层设计的高度确立了相关制度框架和措施体系，是当前和今后一段时间指导长江生物资源保护和水域生态修复工作的纲领性文件

续表

时间	名称	主要内容
2018年11月	《关于加快推进长江经济带农业面源污染治理的指导意见》	国家发展改革委、生态环境部、农业农村部、住房和城乡建设部、水利部联合印发，强调加快推进长江经济带农业农村面源污染治理，持续改善长江水质，修复长江生态环境，推动农业农村绿色发展和长江经济带高质量发展
2018年12月	《关于开展长江经济带小水电清理整改工作的意见》	水利部、国家发展改革委、生态环境部、国家能源局联合发布，部署推进长江经济带小水电生态环境突出问题清理整改工作
2018年12月	《长江保护修复攻坚战行动计划》	生态环境部、国家发展改革委联合印发，到2020年底，长江流域水质优良（达到或优于Ⅲ类）的国控断面比例达到85%以上，会同长江经济带11省市和国务院有关部门，按照"生态优先，统筹兼顾；空间管控，严守红线；突出重点，带动全局；齐抓共管，形成合力"的基本原则，统筹推进各项生态环境保护工作，打好长江保护修复攻坚战
2019年4月	《关于开展长江经济带废弃露天矿山生态修复工作的通知》	自然资源部办公厅印发，要求按照"共抓大保护，不搞大开发"的部署要求，决定开展长江经济带废弃露天矿山生态修复工作
2018—2020年	《长江保护修复攻坚战的系列行动》	长江流域劣Ⅴ类国控断面整治专项行动、"绿盾""清废"专项行动、长江经济带饮用水水源地专项行动、城市黑臭水体整治专项行动，以及组织工业园区污水处理设施整治专项行动等
2020年1月	《长江十年禁渔计划》	长江"十年禁渔"计划开始实施，以加强长江流域生态环境保护和修复，促进资源合理高效利用，保障生态安全
2021年3月	《中华人民共和国长江保护法》	中国第一部流域法正式施行，加强长江流域生态环境保护和修复，促进资源合理高效利用，保障生态安全
2021年11月	《中共中央 国务院关于深入打好污染防治攻坚战的意见》	中共中央、国务院印发，要求持续打好长江保护修复攻坚战，明确要突出重点、力求突破，针对重点难点问题深入攻坚
2022年1月	《长江水生生物保护管理规定》	农业农村部制定发布，旨在加强长江流域水生生物保护和管理，维护生物多样性，保障流域生态安全
2022年1月	《"十四五"推动长江经济带发展城乡建设行动方案》	住房和城乡建设部印发，明确以城乡建设绿色低碳转型发展为核心，推动长江经济带高质量发展，谱写生态优先绿色发展新篇章

资料来源：笔者整理。

一是不断完善顶层设计和规划体系。加强顶层设计，成立推动长江经济带发展领导小组，统一指导和统筹协调长江经济带发展战略实施。习近平总书记主持召开了三次长江经济带发展座谈会并发表重要讲话，韩正副总理主持召开了两次推动长江经济带发展领导小组会议，推动长江经济带发展领导小组办公室也召开了七次全体会议。在强化顶层设计的同时，注重规划引领，除将其纳入国家五年规划外，还构建起"1+N"规划体系，包括制定《长江经济带发展规划纲要》，出台生态环境保护、工业绿色发展、综合交通运输体系、司法保障等专项规划和实施意见。2021年底，国家发展改革委出台了《"十四五"长江经济带发展实施方案》，并以综合交通运输体系规划和环境污染治理"4+1"工程、湿地保护、塑料污染治理、重要支流系统保护修复等系列专项实施方案为支撑，从规划体系层面全方位支持长江经济带"十四五"生态文明建设。

二是狠抓生态环境突出问题整改。自2018年起，连续四年拍摄长江经济带生态环境警示片，披露生态环境突出问题，并在推动长江经济带发展领导小组会议上专题播放，旨在以警示促重视、促落实、促整改。将长江流域生态环境保护情况纳入中央生态环境保护督察重点范畴，目前已完成两轮督察反馈①。针对造成污染的重点领域和主要方面，着眼于治本，分门别类实施针对城镇污水垃圾、化工污染、农业面源污染、船舶和尾矿库污染等的"4+1"治理工程，着力补短板、强弱项，夯实污染防治基础，通过从源头上加强治理，减少污染存量、控制污染增量，有效改善生态环境质量。加强工业污染治理，实施长江经济带城镇人口密集区危险化学品生产企业搬迁改造，

---

① 《国务院关于长江流域生态环境保护工作情况的报告——2021年6月7日在第十三届全国人民代表大会常务委员会第二十九次会议上》，http://www.npc.gov.cn/npc/c30834/202106/459bf9e588354a669c9742fec4b29057.shtml。

优化产业结构和布局，加强工业园区环境管理，制定《化工园区综合评价导则》《化工园区开发建设导则》，防范生态环境风险。相继开展长江入河排污口及磷矿、磷化工企业、磷石膏库"三磷"污染排查整治，深入实施"清废行动"（打击固体废物环境违法行为专项行动），加快推进尾矿库综合治理，加大土壤污染风险管控力度。加快推进农村人居环境整治项目，持续改善农村人居环境，大力推动化肥农药减量增效，加强农业面源污染防治，遏制农业面源污染。全面启动长江干流、九条主要支流及太湖入河排污口底数摸排，同步开展入河排污口水质水量监测，探索建立一整套排污口排查整治工作规范体系和长效机制，推进水陆统一监管。加快补齐长江沿线城市生活污水收集处理设施短板，大力推进生活垃圾处理处置，尽快建设生活垃圾分类处理系统，并结合城市黑臭水体整治专项行动，大力开展长江经济带县级以上集中式饮用水水源地环境问题清理整治，完善相关基础设施，保障饮用水水源水质安全。加强航运污染治理，完善港口码头环境基础设施，建立健全长江经济带船舶和港口污染防治长效机制和风险管控机制，持续推进长江经济带港口船舶使用新能源、清洁能源。实施"绿盾"（自然保护区监督检查）专项行动，开展涉及自然保护区核心区或缓冲区、严重破坏生态环境的水电站清退行动，加大力度清理整治河湖"四乱"（乱占、乱采、乱堆、乱建）问题，包括非法采砂、干流违法违规岸线利用等。

三是开展综合治理和系统保护修复。加强山水林田湖草系统治理，推进生态系统综合保护与修复，持续开展造林、森林抚育、石漠化治理、废弃露天矿山生态修复治理、防护林体系建设，中央财政安排奖补资金支持实施9个山水林田湖草生态保护修复工程试点，开展国家重点生态功能区县域生态环境质量监测评估。实施对长江生态系统的历史性保护，扎实推进长江"十年禁渔"，实施长江两岸造林绿化、河湖湿地保护修复、生物多样性保护等重点生态系统治理工程，稳步推进自然保护地体系建设和野生动植物保护，创新国家公园新体制，扎实推进陆生野生动物疫源疫病监测防控工作。在长江航道发展全周期贯彻生态环保理念，采用生态环保工程结构，实施生态环境监测、增殖放流等措施，创新性开展生态涵养区、生态湿地等生境修复建设。将"绿水青山就是金山银山"发展理念融入城市建设，推动绿色城市、生态城市、人文城市等新型城市建设，如重庆市谋划"两江四岸"为主轴的城市治理提升和广阳岛长江生态创新实验区等重大工程，努力提升城市景观和生态形象。

四是持续加强法律法规和制度保障。我国第一部流域法律《中华人民共和国长江保护法》颁布，并于2021年3月1日起施行，首次单独设立绿色发展专章，真正把绿色发展理念转化为法律，各地积极宣传贯彻《中华人民共和国长江保护法》，推进相关地方配套立法，探索开展流域保护协同立法，为长江生态环境保护提供了重要法治保障。最高人民法院等部门先后发布《关于为长江经济带发展提供司法服务和保障的意见》（法发〔2016〕8号）、《关于全面加强长江流域生态文明建设与绿色发展司法保障的意见》（法发〔2017〕30号）、《关于为长江三角洲区域一体化发展提供司法服务和保障的意见》（法发〔2020〕22号）、《依法惩治长江流域非法捕捞等违法犯罪的意见》（公通字〔2020〕17号）等政策文件，强化对流域生态环境司法保护工作进行全面部署。建立实施长江经济带发展负面清单管理制度，明确产业发展、区域开发、岸线利用等方面管控要求。实施生态环境分区和准入清单管控制度，长江流域19省（自治区、直辖市）编制印发"三线一单"（生态保护红线、环境质量底线、资源利用上线和生态环境准入清单），基本建成信息共享系统。国家发展改革委等五部委联合出台《关于完善长江经济带污水处理收费机制有关政策的指导意见》（发改价格〔2020〕561号），有效促进沿江城市污水处理设施建设运行。财政部印发实施《关于建立健全长江经济带生态补偿与保护长效机制的指导意见》（财预〔2018〕19号），健全完善生态补偿制度，积极构建生态保护者和受益者良性互动关系。

二、长江经济带生态文明建设取得历史性成就

（一）取得历史性变化和成就

自习近平总书记2016年1月在重庆主持召开推动长江经济带发展座谈会并发表重要讲话六年多来，长江经济带生态环境保护发生了转折性变化，生态文明建设取得历史性成就。

一是长江流域生态环境发生了显著变化。生态环境部2021年官方数据显示，长江经济带2018年、2019年、2020年三年生态环境警示片揭示的484个问题，大多数已完成和基本完成整改，"4+1"水污染治理工程大力实施，重点支流保护修复深入推进，山水林田湖草协同治理持续强化，解决了一批生态环境治理难题。水质明显好转，据《2021年中国生态环境状况公报》和中国人大网，2021年长江流域水质优良（Ⅰ～Ⅲ类）断面比例达到97.1%，比全国平均水平高出12.2个百分点。其中，2021年水质优良（Ⅰ～Ⅲ类）断面比例比2015年提高14.9个百分点，干流首次全线达到Ⅱ类水质；劣Ⅴ类断面比例较2015年降低6.1个百分点，长江保护修复攻坚战明确的劣Ⅴ类国控断面全部完成消劣（见图2-8）。长江流域19省（自治区、直辖市）均完成"十三五"水环境质量约束性指标。城镇生活污水垃圾处理能力

显著提升，据国家发展改革委官方数据，2020年长江流域地级及以上城市污水收集管网长度比2015年增加20.7%，城市和县城生活垃圾日处理能力比2015年提高60.7%。一大批高污染高耗能企业被关停取缔，沿江化工企业"关改搬转"超过8000家，沿江1千米范围内落后化工产能已全部淘汰。"十年禁渔"效果初步显现，水生生物资源逐步恢复。据生态环境部部长黄润秋2021年介绍，"十三五"期间，长江流域累计完成造林2.2亿亩、森林抚育1.2亿亩、石漠化治理1560万亩，新增水土流失治理7.85万平方千米。完成长江干流和主要支流两岸10千米范围内废弃露天矿山生态修复治理1.3万公顷。长江"十年禁渔"全面实施，禁捕后生物多样性退化趋势得到初步遏制，长江江豚等旗舰物种的出现频率增加。在2017年率先全面禁捕的赤水河，特有鱼类种类数由禁捕前的32种上升至37种，资源量达到禁捕前的1.95倍，生物多样性水平逐渐提升。

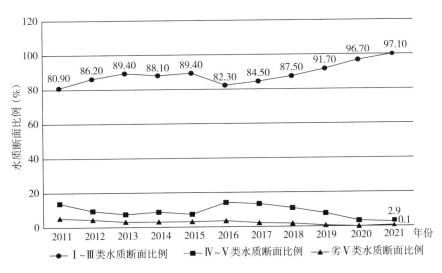

图2-8　2011—2021年长江流域水质监测情况

资料来源：2011—2021年《中国生态环境（环境）状况公报》。

二是人民群众和各地干部思想意识发生了根本变化。为确保沿江地区切实贯彻落实党中央的决策部署，除了将长江流域生态环境保护情况纳入中央生态环境保护督察重点范畴外，中央还将长江经济生态保护和修复纳入打好污染防治攻坚战三年行动计划之中，定期组织巡查，并针对固体废物、饮用水安全等问题开展专项督查。在中央生态环境保护督察和专项督查中，长江流域一批环境污染和生态破坏案件得到通报和查处，有效地督促各级领导干部履职尽责。政府环保行政执法监察和全社会广泛参与生态环境保护，督促各行各业普遍遵守生态环境法律法规。这些举措巩固和提升了长江经济带共抓大保护的意识，使得沿江省市和有关部门深刻认识到保护与发展的辩证统一关系，倒逼长江流域内地方各级政府和企业提升生态环境保护认识水平，并自觉把修复长江生态环境摆在压倒性位置上，推动生态优先绿色发展理念深入人心并逐步转化为实践，开始注重优化产业布局，开展技术升级换代，科学处置各类污染物，确保一江清水向东流。

三是绿色发展试点示范走在全国前列。2018年以来，推动长江经济带发展领导小组办公室在沿江11个省（直辖市）开展绿色发展的试点示范。上海崇明、江西九江、湖北武汉、湖南岳阳、重庆广阳岛等地积极探索自身生态优先绿色发展新路子；浙江丽水、江西抚州等地深入推进生态产品价值实现机制试点。通过推进流域生态补偿、规划旅游发展等举措，赤水河、乌江流域、三峡地区等重点区域流域绿色经济体系加快构建。目前，绿色发展试点示范已形成不少有效经验做法。推动长江经济带发展领导小组办公室2021年官方消息显示，上海崇明严控建设用地规模、人口数量、建筑高度，以规划管控守住生态空间，实现"鸟进人退"，占全球物种数量1%以上的水鸟物种数由7种上升至12种。江西九江通过实施化工园区"五化改造"（化工园区环境景观化、企业环保化、生产安全化、产业循环化、管理智能化改造）破解化工围江难题，实现化工产业含"绿"量和安全系数双提高。江西抚州积极探索"绿水青山就是金山银山"转化新路径，在统筹推进生态资源产权确权登记基础上，创新生态产品金融功能属性，通过林权、水权、养殖权、农地经营权等抵押贷款，创新形成了"林农快贷""古屋贷""畜禽智能洁养贷"等金融产品和服务，推动生态资源向金融资产转化。湖北武汉依托武汉大学、华中科技大学等高校和众多高新技术企业人才集聚优势，以科教资源优势助推创新发展，建立科技成果转化线上平台，实现新能源、新材料等绿色科技成果及时转化和应用，高新技术产业增加值占 GDP 比重达到 25.7%，科技进步贡献率超过 60%。浙江丽水强化生态产品价值实现体制机制创新，通过在各县（市、区）综合考核指标体系加入生态价值核算、建立与生态产品价值相挂钩的财政奖补机制，持续拓宽"绿水青山就是金山银山"转化通道①。

四是长江大保护体制机制不断健全。在党中央、国务院的坚强领导下，在推动长江经济带发展领导小组的协调指导下，"中央统筹、省负总责、市县抓落实"的管理体制和工作机制确立并持续完善，中央生态环境保护督察"发现问题—解决问题—再发现问题—再解决问题"工作体系不断健全。《中华人民共和国长江保护法》的出台使得长江大保护有法可依，生态环境行政执法、刑事司法和公益诉讼的衔接机制以及长江经济带司法协作机制加快建立健全，全国各地陆续设立了 1203 个环境资源审判庭等专门审判机构；发布生态环境损害鉴定评估技术指南，推进生态环境损害赔偿，各地办理相关案件 40 余

---

① 刘保林：《国家发展改革委举行新闻发布会 介绍推动长江经济带发展五周年取得的成效》，《中国产经》2021年第1期第63～74页。

件，生态环境损害赔偿资金超过 1.4 亿元[①]。强化顶层设计，基本建立"十四五"长江经济带发展"1+N"规划政策体系，负面清单管控执行有力，省际协商合作进一步深化。完善了生态环境污染排放监管和相关标准，构建以排污许可制为核心的固定污染源监管制度体系，在长江流域核发排污许可证 11 万余张，基本实现固定污染源排污许可全覆盖。长江经济带污水处理收费机制不断完善，湖北、上海全国碳排放权注册登记系统和交易系统加快建设，生态补偿机制逐步健全，累计安排长江经济带生态保护修复奖励资金 180 亿元[②]。

（二）积累了丰富经验

一是必须牢把正确方向，狠抓生态文明建设工作落实。长江经济带生态文明建设实践充分证明，沿江省市和各部门必须牢牢坚持党的全面领导，坚定不移贯彻落实习近平总书记关于长江经济带发展的重要讲话和指示批示精神，深入践行习近平生态文明思想，保持历史耐心和战略定力，咬定目标，密切协作，以抓铁有痕、踏石留印的严实作风和功成不必在我、功成必定有我的担当精神，把推进长江大保护作为政治任务，一个问题接着一个问题解决，一项任务接着一项任务推进，抓一件成一件，积小胜为大胜，确保长江经济带发展在正确的方向上行稳致远。只有这样，才能坚决摒弃以牺牲和破坏环境为代价的粗放发展方式，加快形成节约资源和保护环境的空间格局、产业结构、生产方式、生活方式。

二是必须坚持问题导向，倒逼长江经济带实现绿色高质量发展。

①② 《国务院关于长江流域生态环境保护工作情况的报告——2021年6月7日在第十三届全国人民代表大会常务委员会第二十九次会议上》，中国人大网，http://www.npc.gov.cn/npc/c30834/202106/459bf9e588354a669c9742fec4b29057.shtml。

沿江各地区、各部门认真贯彻落实习近平总书记重要讲话精神，从长江经济带生态文明建设面临的问题和挑战着手，立足于治本，"挖病根、找病因"，重点突破，并敢于直面矛盾问题，敢于较真碰硬，扭住不放，一抓到底，扎实推进环保督察披露问题整改，以问题整改整治促保护、促发展，并强化举一反三，持续系统开展专项整治和提升行动，进一步夯实长江生态环境保护基础，加快提升绿色创新和发展能力，倒逼长江经济带绿色高质量发展。尤其在狠抓生态环境突出问题整改方面，针对造成污染的主要方面和重点领域，分门别类实施水污染治理"4+1"工程，着力补短板、强弱项，夯实污染防治基础，从源头上加强治理，减少污染存量、控制污染增量，有效改善生态环境质量，倒逼整个长江经济带实施生态环境保护修复、优化产业结构、转换增长动力，全面塑造创新驱动发展新优势，大力推进国家战略性新兴产业集群和先进制造业集群发展，推动沿江重化工业转型升级，实现高质量发展。

三是必须树立全局意识，正确处理生态优先和绿色发展的关系。长江经济带生态文明建设实践表明，必须要从全局的角度出发，正确处理生态优先和绿色发展的关系。事实上，共抓长江大保护不仅没有影响经济发展，反而促进了高质量发展。环境保护和经济发展并不是矛盾对立的关系，而是辩证统一的关系。长江经济带的生态文明建设，不能孤立地理解"生态优先"，而应与"绿色发展"作为一个整体来理解，共抓大保护、不搞大开发，不是说不要大的发展，而是要在坚持生态保护的前提下，发展适合的产业，实现经济发展与环境保护的协调推进。生态优先、绿色发展不是单纯解决环境问题，更不是在经济发展方面不作为，而是在生态文明理念指引下对生产方式、生活方式以及社会发展方式进行系统性变革。这就要求既要树立保护优先理念，加大对环境污染、生态破坏违法犯罪行为的惩治力度，切实扭转重经济发展、轻环境保护的局面，又要合理利用环境容量，实现生态效益、经济效益和社会效益的统一①。只有在绿色和高质量发展的大格局之中，从全局角度正确处理生态环境保护和经济社会发展之间的关系，坚持在发展中保护、在保护中发展，才能实现经济社会发展与人口、资源、环境相互协调、相互促进，才能使绿水青山产生巨大的生态效益、经济效益和社会效益。

四是必须强化系统思维，持续改善长江经济带生态环境质量。长江是一个完整的生态系统，各类生态要素联系紧密，牵一发而动全身。长江流域生态环境治理的经验表明，治好"长江病"，必须树立大局观、长远观、整体观，要把整个流域作为一个完整系统，综合考虑山水林田湖草等生态要素，科学运用"中医"整体观，强化源头治理、综合治理、系统治理，不断增强各项措施的关联性和耦合性，从而达到对症下药、药到病除的效果②。同时，加强流域生态环境治理，既要整体推进，不断增强各项措施的关联性和耦合性，也要重点突破，抓主要矛盾和矛盾的主要方面，做到全局和局部相配套、治本和治标相结合、渐进和突破相衔接，只有这样，才能整体推进生态环境保护修复。

五是必须强调改革创新，加快打造长江经济带全球生态优先绿色发展主战场。长江经济带生态文明建设，必须坚持创新驱动战略，推动绿色低碳科技创新与产业发展深度融合，通过培育发展新动能，破除旧动能，彻底摒弃以牺牲和破坏环境为代价的粗放发展方式，彻底摒弃以投资和要素投入为主导的老路，加快形成区域协同的绿色技术

① 最高人民法院：《长江流域生态环境司法保护状况》白皮书，2020年。
② 刘保林：《国家发展改革委举行新闻发布会 介绍推动长江经济带发展五周年取得的成效》，《中国产经》2021年第1期第63～74页。

创新体系，实现新技术、新产业、新业态、新模式加速培育涌现，推动长江经济带实现质量变革、效率变革、动力变革，并逐步形成节约资源和保护环境的空间格局和产业结构。同时，还必须坚持注重改革创新和先行先试，从破解制约区域流域生态优先绿色发展的体制机制障碍和矛盾入手，通过持续完善生态产品价值实现机制、跨区域生态环境保护联动协作机制、生态保护补偿制度等，最大限度推进共保共治、共谋共创、共建共享，进而充分激发长江经济带生态环境保护和绿色发展内生动力。

三、加快建设长江经济带"生态文明建设先行示范带"

（一）持续扎实推进生态环境突出问题整改，深化长江全流域源头治理、综合治理、系统治理

坚持以"共抓大保护、不搞大开发"为战略导向，完整、准确、全面贯彻新发展理念，认真落实《"十四五"长江经济带发展实施方案》，以及环境污染治理"4+1"工程、湿地保护、塑料污染治理、重要支流系统保护修复等系列专项实施方案，举一反三扎实推进生态环境突出问题整改，在认真调查研究和强化科技支撑基础上，切实抓好水污染防治和水生态修复，持续提升长江生态环境质量和生态系统稳定性。推动构建以《中华人民共和国长江保护法》为统领、相关法规规章和规范性文件为支撑的法治体系，有序推进相关立改废释工作，切实加强《中华人民共和国长江保护法》等法律宣贯实施，把法律规定的责任体系落到实处。

继续加大水污染治理"4+1"工程实施力度，继续推进城市黑臭水体、工业园区、入河排污口、自然保护区等领域重点整治和专项行

动，巩固深化污染防治攻坚战成果。着力补齐基础设施建设短板，加快建制镇污水收集处理设施建设，推动沿江城市加大污水处理管网改造力度，提高沿江城镇垃圾收集和处理能力，推进长江干流和主要支流沿线规模化养殖场配套建设粪污处理设施，促进港口到城市、船舶到港口的污染物接收转运处置有效衔接。统筹考虑水环境、水生态、水资源、水安全、水文化和岸线等多个方面有机联系，坚持自然恢复为主，强化山水林田湖草等各种生态要素协同治理，大力实施山水林田湖草沙一体化保护和修复，推动建立以国家公园为主体的自然保护地体系，推进美丽河湖保护建设。毫不松懈落实好长江"十年禁渔"，确保管理措施常态化、可持续，持续推进长江流域珍贵、濒危物种保护，完善长江水生生物资源监测网络及其完整性指数评价体系。加强重要支流、重要湖泊治理，加强河湖岸线保护和湿地保护修复，深入推进入河排污口整治，强化"三磷"和锰污染治理。持续开展"绿盾"强化监督行动，依法查处各类破坏生态环境的违法违规问题，保持非法采砂整治高压态势，持续推进小水电清理整改。强化陆生野生动物疫源疫病监测防控管理，防范野生动物致害，加强外来物种风险管控。

（二）深入推进长江经济带绿色发展示范，协同构建绿色低碳循环产业体系

深入推动长江经济带绿色发展示范和生态产品价值实现机制试点，鼓励支持沿江各地通过试点示范在重点行业绿色发展、面源污染防治和生态保护修复、推动碳达峰碳中和行动等关键环节取得突破，以长江大保护的新成效推动长江经济带的绿色高质量发展。尽

快归纳总结绿色发展试点示范工作，形成可复制、可推广的经验做法清单，研究出台支持绿色发展的配套性政策，涉及统筹规划、资金支持、基础设施建设等，真正让绿色发展在长江经济带落地生根、开花结果。

加大力度推进全流域经济转型升级，加快建立健全绿色低碳循环产业体系，严格执行负面清单管理制度，坚决遏制"两高"项目盲目发展，大力推进重点行业节能降碳改造，严禁污染型产业、企业向中上游地区转移。基于长江流域各地的环境状况和资源禀赋，识别适宜其发展的优势产业，通过优势产业带动相关产业发展并形成特色产业集群，促使流域腹地产业与其他系统共生共进。高质量编制好长江国土空间规划，形成管用、可操作的"底图"，通过建立共生型生态产业体系，把空间布局、城市建设、产业发展、水资源合理利用、生态保护、环境治理、港口岸线建设、沿水景观打造等融为一体，共同推动生产、生态、生活"三生融合"，实现产业生态化与生态产业化融合。实施严格的水环境标准，倒逼企业产业结构升级和技术改造，推动长江流域各类工业园区加大循环化改造，构建循环生态的现代工业体系，加快培育壮大高端装备制造、节能环保、新能源、新材料、生物医药、新一代信息技术等战略性新兴产业。依托长江流域科技、人才、教育等方面的领先优势，推进长江经济带现有的国家重点实验室、国家工程实验室、国家工程（技术）研究中心和国家级企业技术中心建设，支持地方、企业与高校联合建设创新平台，推动全域经济从传统要素驱动向创新驱动转变，打造世界级现代产业走廊[①]。

[①]　刘穷志，王浩：《提升长江流域生态经济建设的质量和水平》，《经济日报》2020年5月12日。

（三）深化长江流域多元化、市场化生态补偿，持续构建上下游一体化协同发展机制

深入推动长江全流域开展横向生态保护补偿，建立长江流域协调机制和水生态考核机制，全面实施生态环境损害赔偿，促进区域间利益平衡，提升长江经济带整体绿色发展水平。根据长江经济带阶段性生态环境目标，构建跨省市、跨地区的生态补偿长效合作机制，探索建立健全流域排污权、水权、碳排放权、碳汇、生态标志产品等生态环境权益交易平台。加快建立生态产品价值实现机制，深入推进绿色发展试点示范，创新生态补偿融资方式，在国家财政转移支付资金和地方横向财政转移支付资金的基础上，探索建立流域生态补偿"资金池"。以政府为主导、以市场为主体，促进流域上中下游、受益地区与保护地区通过资金补偿、对口协作、产业转移、共建园区等方式建立横向补偿关系，探索生态扶贫、绿色投资、产权交易等多元化生态补偿方式。

严格落实"中央统筹、省负总责、市县抓落实"的工作机制，加快建立流域上下游一体化协同发展机制，更好推动长江流域生态环境保护和经济协调发展。制定全域绿色经济发展规划，统一制定产业准入标准，建立区域政策交流和技术创新机制，制定有利于流域生态经济发展的财政、金融、产业、贸易、区域、园区等系统性政策体系；构建全域生态经济产能合作、产业转移、产业链联动机制，协同推动地区内和地区间产业结构优化；建立社会各界平台化参与、生产要素市场化流动机制；统筹管理生态治理、防洪、河道整治与航运发展，切实提升管理效能[①]。

---

① 刘穷志，王浩：《提升长江流域生态经济建设的质量和水平》，《经济日报》2020年5月12日。

（四）加大力度保护好长江文物和文化遗产，构建形成各具特色、相互补充、统筹协调的长江文化传承示范带

长江造就了从巴山蜀水到江南水乡的千年文脉，是中华民族的代表性符号和中华文明的标志性象征，是涵养社会主义核心价值观的重要源泉。为此，要把长江文化保护好、传承好、弘扬好，延续历史文脉，坚定文化自信。把长江文物和文化遗产保护与长江经济带建设、生态环境保护、沿线名城名镇保护修复、文化旅游融合发展、打造黄金河道统一起来，高位推进长江文物和文化遗产保护传承。实施珍贵历史遗迹的抢救性保护，强化数字化保护工程建设，重视长江非物质文化遗产传承保护，保护好长江文物和文化遗产。

坚持赓续千年文脉，厚植家国情怀，传播时代价值，展示多彩文明。传承长江文化的精神内核，以增强文化自信为核心，实施长江文化的传承创新工程，系统发掘凝聚伟大民族品格和红色文化基因的内在动力，用丰厚文化资源滋养民族的精神灵魂。建设长江文化展示平台，依托长江干支流水系沿线重要城市，建设长江文化地标性展示平台，构建形成各具特色、相互补充、统筹协调的长江文化传承示范带，全景展示长江文化。积极推动建设长江文化旅游示范带，整合优势特色旅游资源，高品质建设长江文化旅游廊道，构建全域文化旅游格局。增加旅游的文化内涵、民族特色和时代价值，丰富创意性文化旅游产品，提升旅游服务品质，打造具有世界影响力的旅游目的地，把长江文化弘扬好。

第七章

筑牢国家生态安全屏障

生态安全是国家安全体系的重要基石，事关中华民族永续发展。生态安全屏障是保障国家及区域生态安全和生态服务供给并支撑可持续发展的重要复合生态系统。近年来，我国生态安全屏障体系建设已取得重要进展和明显成效，重点生态功能区生态服务功能稳步提升，为国家生态安全屏障的存续、改造和建设发挥了重要基础性支撑作用。但与此同时，在质量功能、体制机制、监管能力等方面仍存在一些短板。展望未来，需要进一步深入贯彻习近平生态文明思想，落实习近平总书记对国家生态安全屏障的重大部署和中央相关政策，围绕国家生态安全大局全力优化生态安全屏障体系，持续筑牢国家生态安全屏障。

一、合力构筑国家生态安全屏障

（一）习近平总书记亲自推动，构筑国家生态安全屏障

习近平总书记高度重视并亲自推动重要生态安全屏障的保护及治理，维护国家生态安全。在主持十八届中共中央政治局第四十一次集体学习时，他强调"要重点实施青藏高原、黄土高原、云贵高原、秦

巴山脉、祁连山脉、大小兴安岭和长白山、南岭山地地区、京津冀水源涵养区、内蒙古高原、河西走廊、塔里木河流域、滇桂黔喀斯特地区等关系国家生态安全区域的生态修复工程，筑牢国家生态安全屏障"，并具体要求"加大环境治理力度，改革环境治理基础制度，全面提升自然生态系统稳定性和生态服务功能""从实际出发，全面落实主体功能区规划要求，使保障国家生态安全的主体功能全面得到加强""要开展大规模国土绿化行动，推进天然林保护、防护林体系建设、京津风沙源治理、退耕还林还草、湿地保护恢复等重大生态工程，加强城市绿化，加快水土流失和荒漠化石漠化综合治理"等①。在党的十九大报告中，习近平总书记对国家生态安全屏障体系建设提出了新的要求，"实施重要生态系统保护和修复重大工程，优化生态安全屏障体系，构建生态廊道和生物多样性保护网络，提升生态系统质量和稳定性"②。同时，考虑到生态安全屏障工程的长期性和艰巨性，他在内蒙古赤峰市喀喇沁旗马鞍山林场考察时强调，"建设祖国北方和首都生态安全屏障是战略性的任务，是我们要世世代代做下去的事情"③。

在深入地方调研考察过程中，习近平总书记时刻叮嘱地方要筑牢国家生态安全屏障，让绿水青山造福人民泽被子孙。习近平总书记在参加十三届全国人大四次会议青海代表团审议时讲话强调，"青海对国家生态安全、民族永续发展负有重大责任，必须承担好维护生态安全、保护三江源、保护'中华水塔'的重大使命，对国家、对民

① 《习近平在中共中央政治局第四十一次集体学习时强调 推动形成绿色发展方式和生活方式 为人民群众创造良好生产生活环境》，新华社，2017年5月27日。
② 习近平：《决胜全面建成小康社会 夺取新时代中国特色社会主义伟大胜利——在中国共产党第十九次全国代表大会上的报告》，新华社，2017年10月27日。
③ 《习近平：建设生态安全屏障要世世代代去做》，新华社"新华视点"微博，2019年7月16日。

族、对子孙后代负责"①。多次参加内蒙古代表团审议时，习近平总书记强调"要保护好内蒙古生态环境，筑牢祖国北方生态安全屏障"②，"坚定不移走以生态优先、绿色发展为导向的高质量发展新路子，切实履行维护国家生态安全、能源安全、粮食安全、产业安全的重大政治责任"③。在宁夏，习近平总书记指出"宁夏是西北地区重要的生态安全屏障，要大力加强绿色屏障建设"④。在山西，习近平总书记指出"你们这里是华北水塔，京津冀的水源涵养地，是三北防护林的重要组成部分，是拱卫京津冀和黄河生态安全的重要屏障"⑤。在陕西，习近平总书记强调"秦岭和合南北、泽被天下，是我国重要的生态安全屏障，是天然空调，是黄河、长江流域的重要水源涵养地，是我国的'中央水塔'，是南北分界线，是生物基因库，也是中华民族的祖脉、中华文化的重要象征"⑥。

　　针对生态安全屏障构筑、保护及治理中的一些突出问题，习近平总书记甚至还亲自推动督促整改。例如，针对祁连山的生态破坏问题，习近平总书记多次作出批示，要求抓紧整改。2017 年，中共中央办公厅、国务院办公厅针对甘肃祁连山国家级自然保护区生态环境问题发出通报。此后，甘肃省成立专项领导小组先后制定出台多项方

---

① 《习近平在参加青海代表团审议时强调 坚定不移走高质量发展之路 坚定不移增进民生福祉》，新华社，2021 年 3 月 7 日。

② 《习近平在参加内蒙古代表团审议时强调 完整准确全面贯彻新发展理念 铸牢中华民族共同体意识》，新华社，2021 年 3 月 5 日。

③ 《习近平在参加内蒙古代表团审议时强调 不断巩固中华民族共同体思想基础 共同建设伟大祖国共同创造美好生活》，新华社，2022 年 3 月 5 日。

④ 《习近平在宁夏考察时强调 解放思想真抓实干奋力前进 确保与全国同步建成全面小康社会》，新华社，2016 年 7 月 20 日。

⑤ 《习近平总书记山西考察纪实：蹚出新路子 书写新篇章》，《人民日报》2020 年 5 月 14 日第 1 版。

⑥ 《"陕西要有勇立潮头、争当时代弄潮儿的志向和气魄"——习近平总书记陕西考察纪实》，《人民日报》2020 年 4 月 25 日第 1 版。

案，对保护区生态环境问题进行坚决整改。又如，多年来，习近平总书记一直关心秦岭生态保护问题，多次就查处秦岭北麓西安境内违建别墅问题、加强秦岭生态保护作出重要指示批示。2020年4月，正在陕西考察的习近平总书记来到秦岭牛背梁国家级自然保护区，了解秦岭生态保护工作情况，强调"秦岭违建是一个大教训。从今往后，在陕西当干部，首先要了解这个教训，切勿重蹈覆辙，切实做守护秦岭生态的卫士"①。

（二）各部门各地方多措并举，扎实推动落实相关工作

初步构筑"两屏三带"生态安全屏障骨架。2010年，国务院印发《全国主体功能区规划》，明确要构建我国以"两屏三带"为主体的生态安全战略格局。目前"两屏三带"生态安全屏障骨架已初步构筑，"两屏"指"青藏高原生态屏障""黄土高原—川滇生态屏障"，"三带"指"东北森林带""北方防沙带""南方丘陵山地带"，对维护国家生态安全、支撑生态文明建设发挥了基础性关键性作用。

加快建立以国家公园为主体的自然保护地体系。自然保护地体系是生态安全屏障体系的核心载体与主力。经多年努力，全国已建立数量众多、类型丰富、功能多样的各级各类自然保护地，三江源国家公园、东北虎豹国家公园、大熊猫国家公园、祁连山国家公园等国家公园试点和实施规划得以积极推进，并于2021年正式设立了第一批共5个国家公园，涵盖近30%的陆域国家重点保护野生动植物种类。自然保护地体系建设的稳步推进，在维护国家生态安全、提升生态系统功能、保护生物多样性等方面发挥了重要作用。

---

① 《习近平：要做守护秦岭生态的卫士》，新华社"新华视点"微博，2020年4月22日。

大力推进重要生态系统保护和修复治理工作。党的十八大以来，在习近平生态文明思想的指导下，国家不断加大生态保护修复力度。以恢复退化生态系统、增强生态系统稳定性和提升生态系统质量为目标，持续开展多项生态保护修复工程[①]。一方面，重点防护林体系建设、湿地与河湖保护修复、海洋生态修复等多项重点、重大生态保护与修复工程持续推进。2020 年出台的《全国重要生态系统保护和修复重大工程总体规划（2021—2035 年）》，成为党的十九大后我国生态保护和修复领域首个综合性规划，基本囊括了山、水、林、田、湖、草以及海洋等全部自然生态要素。另一方面，统筹山水林田湖草沙冰等要素的系统保护和修复治理工作稳步推进。"十三五"期间，我国共开展了 25 个山水林田湖草生态保护修复工程试点，涉及全国 24 个省份，累计完成生态保护和修复面积约 200 万公顷；2021 年又启动"十四五"第一批共 10 个山水林田湖草沙一体化保护和修复工程项目。

强化生态状况监测与风险防控预警。完善生态监测网络，加快建设国家生态保护红线监管平台，提高生态监测的智慧化、精准化、网络化水平。加强重点区域流域海域、生态保护红线、自然保护地、县域重点生态功能区等生态状况监测评估，形成生态状况变化与保护修复成效定期监测评估机制。把生态风险防控纳入常态化监管范畴，重点加强生态破坏、生物安全和气候变化等引发的生态风险防范与预警，提升生态风险防控预警能力[②]。

提升生态保护监管基础保障能力。强化法规标准支撑，研究制

---

① 中华人民共和国国务院新闻办公室：《中国应对气候变化的政策与行动》，《人民日报》，2021 年 10 月 28 日第 14 版。

② 崔书红：《加强生态保护监管，建设生机勃勃的美丽家园》，生态环境部宣传教育司，2021 年 11 月 22 日。

定自然生态监管综合性法律法规，完善生态保护红线、自然保护地、生物多样性保护等重点监管领域的法规制度和标准体系。例如，2020 年颁布了《中华人民共和国生物安全法》《中华人民共和国长江保护法》等法律法规，修订了《中华人民共和国野生动物保护法》《中华人民共和国动物防疫法》等法律法规，全国人大常委会通过了《关于全面禁止非法野生动物交易、革除滥食野生动物陋习、切实保障人民群众生命健康安全的决定》，为保护生物多样性、提升生态系统质量和稳定性提供了坚强的法制保障[①]。加强专业人才队伍建设和资金保障，强化科技支撑，提高生态保护监管科技创新水平，保证生态保护监管的客观性、准确性和科学性。围绕生态保护监管工作的短板、弱项，综合提升生态保护监管协同能力和基础保障能力。

二、生态安全屏障建设的成效和经验

（一）主要成效

党的十八大以来，在以习近平同志为核心的党中央的坚强领导下，随着生态文明体制改革的不断深化，不同空间尺度的生态安全屏障建设尤其是重要生态系统保护和修复工程持续推进，我国生态安全屏障体系建设取得初步成效。

自然生态系统恶化趋势已基本得到遏制，主要类型自然生态系统稳定性逐步增强，重点生态功能区生态服务功能稳步提升，为国家生态安全屏障的存续、改造和建设发挥了重要基础性支撑作用。

森林资源总量持续快速增长。森林资源总量快速增长，"十三五"

---

① 罗兰：《生态优先 和谐发展》，《人民日报》（海外版）2021年7月1日第9版。

时期，全国森林覆盖率达 23.04%，森林蓄积量超过 175 亿立方米[①]。森林质量不断提升，生态功能持续改善，森林植被的总碳储量达到 89.8 亿吨，年涵养水源 6289.5 亿立方米，年固定土壤 87.48 亿吨。我国森林面积和森林蓄积连续 30 年保持"双增长"，成为全球森林资源增长最多的国家[②]。

草原生态系统质量有所改善。2020 年全国完成种草改良面积 4245 万亩，全国草原综合植被盖度上升至 56.1%，比 2011 年提高了 5.1 个百分点[③]。全国重点天然草原平均牲畜超载率下降至 10.1%，比 2011 年下降 17.9 个百分点。全国鲜草产量达到 11.13 亿吨，草原生态状况持续向好，生产能力稳步提升[④]。

水土流失及荒漠化防治效果显著。全国荒漠化和沙化面积、石漠化面积持续减少，区域水土资源条件得到明显改善。2021 年，全国水土流失面积 267.42 万平方千米，占国土面积（未含香港、澳门特别行政区和台湾地区）的 27.96%，较 2020 年减少了 1.85 万平方千米，减幅 0.69%。25 个国家重点生态功能区水土流失面积较 2020 年减少了 0.48 万平方千米，减幅 0.45%。40 个国家级水土流失重点防治区水土流失面积较 2020 年减少了 0.67%，其中，国家级水土流失重点治理区减幅达 1.19%，是全国平均减幅的 1.72 倍[⑤]。全国水土流失状况继续呈现面积和强度"双下降"、水蚀和风蚀"双减少"态势。

① 中华人民共和国国务院新闻办公室：《"十三五"时期山水林田湖草一体化保护修复取得显著成绩》，2020 年 12 月 17 日。

② 国家林业和草原局：《我国森林面积和蓄积实现 30 年持续增长》，2019 年 12 月 9 日。

③ 顾仲阳，尤家桢：《全国草原综合植被盖度达到 56.1%》，《人民日报》（海外版）2021 年 7 月 19 日第 3 版。

④ 毛晓雅：《全国草原保护修复推进工作会在西宁举行》，《农民日报》2021 年 8 月 5 日第 4 版。

⑤ 水利部：《2021 年全国水土流失动态监测显示我国水土流失状况持续向好 生态文明建设成效斐然》，2022 年 6 月 29 日。

河湖、湿地保护恢复初见成效。初步形成了湿地自然保护区、湿地公园等多种形式的保护体系，改善了河湖、湿地生态状况。截至 2021 年，我国国际重要湿地 64 处，建立了 602 处湿地自然保护区、1600 余处湿地公园和为数众多的湿地保护小区，湿地保护率达 52.65%①。大江大河干流水质稳步改善，2021 年，长江、黄河、珠江、松花江、淮河、海河、辽河七大流域和浙闽片河流、西北诸河、西南诸河主要江河监测的 3117 个国考断面中，Ⅰ～Ⅲ类水质断面占 87.0%，比 2020 年上升 2.1 个百分点；劣 Ⅴ 类占 0.9%，比 2020 年下降 0.8 个百分点。长江流域、西北诸河、西南诸河、浙闽片河流和珠江流域水质为优，黄河流域、辽河流域和淮河流域水质良好，海河流域和松花江流域为轻度污染②。

海洋生态保护和修复取得积极成效。"十三五"时期是我国海洋生态环境治理力度最大、改善程度最高的五年。全国海洋生态环境总体改善，2020 年全国近岸海域优良水质比例达到了 77.4%，如期完成"70% 左右"的"十三五"水质改善目标。累计整治修复岸线 1200 千米、滨海湿地 2.3 万公顷③。红树林、珊瑚礁、海草床、盐沼等典型生境退化趋势初步遏制，近岸海域生态状况总体呈现趋稳向好态势。以渤海综合治理攻坚战成效为例，2020 年渤海近岸海域优良水质（Ⅰ类、Ⅱ类水质）比例达到 82.3%，高出 73% 的攻坚战目标要求 9.3 个百分点④。渤海入海排污口排查、入海河流断面消劣、滨海湿地和岸线整治修复等核心目标任务全部高质量完成。

---

① 国家林业和草原局：《国家林业和草原局2022年第一季度发布会》，2022年1月10日。
② 生态环境部：《2021中国生态环境状况公报》，2022年5月27日。
③ 中华人民共和国国务院新闻办公室：《"十三五"时期山水林田湖草一体化保护修复取得显著成绩》，2020年12月17日。
④ 生态环境部：《生态环境部召开8月例行新闻发布会》，2021年8月26日。

生物多样性保护步伐加快。"十三五"期间，全国自然保护地数量增加 700 多个，面积增加 2500 多万公顷，总数量已高达 1.18 万个，约占陆域国土面积的 18%[①]。初步建立了包括国家公园体制试点区、自然保护区、风景名胜区、地质公园、森林公园、湿地公园、沙漠公园、海洋特别保护区等各级各类自然保护地体系，有效保护了我国 85% 的野生动物种群、65% 的高等植物群落，在保护生物多样性方面发挥了重要作用[②]。大熊猫、朱鹮、东北虎、东北豹、藏羚羊、苏铁等濒危野生动植物种群数量呈稳中有升的态势。

（二）基本经验

坚持党的集中统一领导，加强生态文明建设顶层设计。党的十八大以来，以习近平同志为核心的党中央高度重视生态文明建设，将保障国家生态安全作为生态文明建设的核心任务之一。着眼大局和长远，加强生态文明建设的顶层设计，中共中央、国务院相继制定了数十项涉及生态文明建设的改革方案，把保护生态环境、促进绿色发展上升到国家安全的高度。以《生态文明体制改革总体方案》为统领，建立起生态文明制度的四梁八柱，为保障生态安全提供了根本指导。要始终坚持以习近平同志为核心的党中央的统一领导，持续深入贯彻习近平生态文明思想，继续完善顶层设计，统筹各方面力量协同推进生态文明建设，守住自然生态安全边界、维护国家生态安全。各级党委、政府及各有关方面要把生态文明建设作为一项重要任务，扎实工作、合力攻坚，坚持不懈、务求实效，切实把党中央关于生态文

---

① 中华人民共和国国务院新闻办公室：《"十三五"时期山水林田湖草一体化保护修复取得显著成绩》，2020年12月17日。

② 中华人民共和国国务院新闻办公室：《国新办举行2021年生态文明贵阳国际论坛新闻发布会》，2021年7月7日。

明建设的决策部署落到实处，为建设美丽中国、维护全球生态安全作出更大贡献。

统筹发展和安全两件大事，提高风险防范和应对能力。习近平总书记指出，"要统筹发展和安全两件大事，提高风险防范和应对能力"①。生态问题是制约我国经济和社会发展过程的重大问题，生态保护历史欠账太多，在发展过程中，新老生态问题交织，刚性生态压力大。把经济社会发展与生态安全保护有效统筹起来，要明确生态安全是发展的前提，要注意识别事关国家生态安全的重要区域，优先加强生态保护，注重系统治理和源头治理，防范和化解各种生态安全风险，构建多层级风险防范体系。经济社会发展是安全的保障，是解决问题的关键，发挥经济社会对生态保护的带动作用和市场影响力，提升应对生态安全问题的能力和条件。同时，塞罕坝不是一天变成绿洲的，必须充分认识到生态安全建设任务的长期性、艰巨性和复杂性，生态安全屏障要世世代代去做，一张蓝图绘到底，一茬接着一茬干。

坚持树立正确政绩观，准确把握保护和发展关系。习近平总书记指出，"要坚持正确政绩观，准确把握保护和发展关系"②。妥善处理保护和发展的关系，打破发展与保护对立起来的思维束缚。将生态保护作为经济高质量发展的前提和基础，坚持经济建设与环境保护并重共赢，切实增强推动绿色发展的自觉性和坚定性，在发展中努力实现生态效益与经济效益共赢，在保护中发展，在发展中保护。树立正确的政绩观，奏响生态安全"三部曲"，承担起生态安全的责任，筑牢生

①②　《习近平在深入推动黄河流域生态保护和高质量发展座谈会上强调 咬定目标脚踏实地埋头苦干久久为功 为黄河永远造福中华民族而不懈奋斗》，新华社，2021年10月22日。

态安全屏障，不断满足人民对优美生态环境的需要。

坚持山水林田湖草沙是生命共同体理念，注意统筹兼顾和系统治理。习近平总书记强调，"要提高战略思维能力，把系统观念贯穿到生态保护和高质量发展全过程"①。坚持山水林田湖草沙一体化保护和系统治理，从生态系统整体性和流域系统性出发，统筹兼顾，突出重点难点，统筹考虑自然生态各要素、山上山下、地上地下、陆地海洋以及流域上下游，进行整体保护、系统修复、综合治理，增强生态系统循环能力，着眼于提升国家生态安全屏障体系质量，聚焦国家重点生态功能区、生态保护红线、自然保护地等重点区域，突出问题导向、目标导向，强化山水林田湖草沙等各种生态要素的协同保护与治理，推进形成生态保护和修复新格局，维护生态平衡。

坚持跨区域、跨流域、跨部门协同，强化筑牢生态屏障的合作互动机制。当前，牢筑国家生态安全屏障、夯实生态文明建设基础已基本成为全党全社会的普遍共识。而生态治理工作尤其是跟国家生态安全屏障体系建设紧密相关的重要生态系统的保护、修复与治理工作，往往涉及多个区域、多个部门，需要系统治理和分类施策，统一谋划、制定分工、明确责任、共同实施，形成跨区域、跨流域、跨部门等多方协同机制。因此，从一定程度上来说，建设高效、顺畅的多部门协调机制已成为生态安全屏障体系建设的重要"实施"基础。目前，我们已经奠定了较好的基础，但仍然需要不断优化。在不断改革与实践探索中，充分发挥中央与地方的积极性，建立健全统一、协调、高效的生态空间管理体制与协作联动机制、风险预警防控体系，

① 《习近平在深入推动黄河流域生态保护和高质量发展座谈会上强调 咬定目标脚踏实地埋头苦干久久为功 为黄河永远造福中华民族而不懈奋斗》，新华社，2021年10月22日。

协同推进国家生态安全屏障体系建设。

三、持续筑牢国家生态安全屏障

（一）优化生态安全屏障骨架，筑牢国家生态安全战略格局

在国土空间规划体系中统筹考虑设置生态安全屏障体系专项规划。在全域国土空间规划中统筹划定、优化并严守生态保护红线，优化调整自然保护地，严控生态空间占用。以维护国家生态安全为目标，以习近平生态文明思想为引领，构建以国家生态安全屏障为骨架，以自然保护地为主力的功能齐备、布局合理的国家生态安全战略格局。基于国家生态安全风险的考虑，优化现有"两屏三带"生态安全屏障骨架，可考虑将其进一步扩展为"六屏五带"的国家生态安全屏障主体架构。"六屏"即青藏高原、北疆、天山、黄土高原、燕山—太行山、川滇六大天然生态屏，"五带"即东北森林、秦巴—武陵山、长江中下游、南方丘陵、东部沿海五大生态带。

（二）加快推进以国家公园为主体的自然保护地体系建设进程，强化生态空间差别化管控

整合优化现有各类自然保护地，加快构建以国家公园为主体、自然保护区为基础、各类自然公园为补充的自然保护地体系，着力解决自然保护地重叠设置、多头管理、边界不清、权责不明等问题。优化各类自然保护地的空间布局，使自然保护地分别占全国陆域20%以上、管辖海域10%以上。持续推进各级各类自然保护地的标准化、规范化建设，科学划建国家公园，有效保护国家重要生态安全屏障的

原真性和完整性。优化自然保护区和自然公园的功能定位、建设布局及规模。

加强对各级各类自然保护地的空间管控。严格保护冰川，禁止任何开发建设行为；严禁在水源涵养区、水源保护区等生态敏感区域进行一般性矿产资源勘探和开发；推进天然林保护和围栏封育，严格保护具有水源涵养功能的植被，限制或禁止放牧、无序采矿、毁林开荒、开垦草地、侵占湿地等行为。

（三）统筹重要生态空间保护修复治理，提升生态系统服务功能

坚持自然恢复为主、人工修复为辅的方针，统筹推进山水林田湖草沙冰一体化保护和修复治理，分区分类、科学规范推进重点生态工程建设。因地制宜科学打造以森林、草地和湿地为核心的生态廊道，充分发挥其行洪蓄洪、削减洪峰、保持水土、净化水质、保护生物多样性等功能，着力解决生态空间破碎化、保护区域孤岛化、生态连通性降低等突出问题。通过生境必要性重建、生态系统结构优化，在重点区域强化生态安全屏障及大尺度生态廊道的保护修复，全面提升重要生态系统的质量、稳定性、复原力和生态服务功能，促进生态系统良性循环和永续利用，为筑牢生态安全屏障奠定坚实基础。

（四）加强统筹协调，健全生态安全屏障体系建设体制机制

理顺跨区域、跨流域管理与行政区域管理事权，建立统一、协调、高效的生态空间管理体制，统筹推进不同空间尺度生态安全屏障的系统保护与建设。构建跨区域、跨流域生态保护修复相关部门参加

的协作联动机制和风险预警防控体系，推进跨区域、跨流域统一监测、信息共享、联合执法、应急联动。

探索创新生态保护修复与区域绿色发展协同推进模式，不断建立健全生态产品价值实现机制，提升优质生态产品供给及价值实现能力，为持续推进生态安全屏障体系建设提供内生动力。探索建立多元化生态补偿长效机制，全面落实《国务院办公厅关于鼓励和支持社会资本参与生态保护修复的意见》，尤其要鼓励和支持社会资本参与生态保护修复项目的投资、设计、修复、管护等全过程。以自主投资、PPP、公益参与等方式，充分发挥财政资金引导和杠杆作用，撬动更多金融资本、社会资金参与生态安全屏障体系建设。

（五）补齐生态监管短板，提升生态安全屏障监管能力

结合《关于加强生态保护监管工作的意见》相关要求，强化生态安全屏障体系监管。充分利用运用卫星遥感、无人机遥感、走航监测和地面监测等技术手段，加快建立健全覆盖重要生态系统和重点区域、陆海统筹、空天地一体、上下协同的生态质量立体监测网络及相应的评估与预警体系，并依托国土空间信息平台等，建立互联互通的生态安全屏障监管信息化平台。建立健全相关政策法规与标准体系，加快推进生态环境保护综合行政执法改革与统一执法能力建设。完善日常监测、评估、预警、执法、督查等监督管理制度，加强对重点区域、重点流域以及湿地、草原、荒漠等重要生态系统的大范围调查、监测、评估，实时准确掌握重要生态系统质量变化，对可能出现的生态空间占用、生态功能降低等问题进行定期预警，逐步形成生态风险预警机制，确保生态安全。

（六）构建以"生态＋"为支柱的绿色产业体系，为持续筑牢生态安全屏障提供内生动力

习近平总书记在参加十三届全国人大五次会议内蒙古代表团审议时强调，"坚定不移走以生态优先、绿色发展为导向的高质量发展新路子，切实履行维护国家生态安全、能源安全、粮食安全、产业安全的重大政治责任"[①]。要充分发挥市场主导作用，采用多元化的投融资机制、科学的商业化经营机制、有效的生态补偿机制等，推进绿色产业建设，不断壮大生态经济，提升生态系统质量和稳定性，确保生态安全屏障更加牢固。调动全社会参与建设生态文明和维护生态安全的积极性，加强生态资源基地建设和产业转型升级，完善生态产品相关公共服务设施，提高生态体验产品档次和服务水平，提供更多优质生态产品以满足人民日益增长的优美生态环境需要。

---

① 《习近平在参加内蒙古代表团审议时强调 不断巩固中华民族共同体思想基础 共同建设伟大祖国 共同创造美好生活》，新华社，2022年3月5日。

第八章

努力实现碳达峰碳中和

实现碳达峰碳中和是以习近平同志为核心的党中央统筹国内国际两个大局作出的重大战略决策，是着力解决资源环境约束突出问题、实现中华民族永续发展的必然选择，是构建人类命运共同体的庄严承诺。我国目前仍是世界上最大的发展中国家，实现碳达峰碳中和目标紧、任务重，且在路径选择上没有现成经验可循。必须深入贯彻习近平生态文明思想，完整、准确、全面贯彻新发展理念，把碳达峰碳中和纳入经济社会发展全局，以经济社会发展全面绿色转型为引领，以能源绿色低碳发展为关键，坚定不移走生态优先、绿色低碳的高质量发展道路，确保如期实现碳达峰碳中和。

一、碳达峰碳中和是广泛而深刻的经济社会系统性变革

（一）积极参与全球气候治理，展现我国负责任大国担当

习近平主席长期高度重视应对气候变化工作，在国际舞台多次发表重要讲话，持续展现并强化我负责任大国形象。2014 年 11 月 12 日，习近平主席和时任美国总统贝拉克·奥巴马在北京一起发表

了历史性的《中美气候变化联合声明》，提出两国在应对全球气候变化这一人类面临的最大威胁上具有重要作用。双方需要为了共同利益建设性地一起努力，坚定推进落实国内气候政策、加强双边协调与合作。该声明为联合国巴黎气候大会最终达成《巴黎协定》发挥了重要作用，为全球应对气候变化工作顺利进入"后京都时代"打下了基础。

中美两国元首在 2015 年 9 月 25 日再次发表关于气候变化的联合声明。习近平主席提出，"中国正在大力推进生态文明建设，推动绿色低碳、气候适应型和可持续发展，加快制度创新，强化政策行动。中国到 2030 年单位国内生产总值二氧化碳排放将比 2005 年下降60% ~ 65%，森林蓄积量比 2005 年增加 45 亿立方米左右"[①]。这些量化指标有效指引了中国"十三五"时期以来的应对气候变化工作。

2020 年以来，面对百年未有之大变局，习近平主席多次就低碳发展议题在国际社会发表重要讲话，全面阐述中国低碳发展战略，有力提升了中国在全球气候治理领域的影响力和话语权。2020 年 9月 22 日习近平主席在第七十五届联合国大会一般性辩论上发言，首次提出，"中国将提高国家自主贡献力度，采取更加有力的政策和措施，二氧化碳排放力争于 2030 年前达到峰值，努力争取 2060 年前实现碳中和"[②]。目标提出后受到国际社会广泛赞扬，给我国赢得了气候外交主动权。此后一直到 2021 年底，习近平主席又连续在联合国生物多样性峰会、第三次巴黎和平论坛、金砖国家领导人第十二次会晤、二十国集团领导人利雅得峰会、气候雄心峰会、世界经济论坛"达沃斯议程"对话会、中法德领导人视频峰会、美国举办的领

---

① 《中美元首气候变化联合声明》，《人民日报》2015年9月26日第3版。
② 《习近平在第七十五届联合国大会一般性辩论上发表重要讲话》，《人民日报》2020年9月23日年第3版。

导人气候峰会等多个国际场合发表重要讲话，多视角、多层面阐明中国态度、中国目标、中国做法，讲好中国故事，充分展现了我国负责任大国担当。

（二）把碳达峰碳中和纳入生态文明建设总体布局

党的十八大将生态文明建设纳入"五位一体"中国特色社会主义总体布局，要求"把生态文明建设放在突出地位，融入经济建设、政治建设、文化建设、社会建设各方面和全过程"。党的十九大明确我国生态文明建设要推进绿色发展、着力解决突出环境问题、加大生态系统保护力度、改革生态环境监管体制。2020年，习近平主席在联合国大会上明确我国把碳达峰碳中和作为应对气候变化的战略目标以后，此后多次就如何开展工作发表重要讲话，推动碳达峰碳中和纳入生态文明建设体系之中。

2021年2月19日，习近平总书记在中央全面深化改革委员会第十八次会议上发表重要讲话，指出"要围绕推动全面绿色转型深化改革，深入推进生态文明体制改革，健全自然资源资产产权制度和法律法规，完善资源价格形成机制，建立健全绿色低碳循环发展的经济体系，统筹制定2030年前碳排放达峰行动方案"①。2021年3月15日，在中央财经委第九次会议上发表重要讲话，强调"要把碳达峰、碳中和纳入生态文明建设整体布局，拿出抓铁有痕的劲头，如期实现2030年前碳达峰、2060年前碳中和的目标"②。2021年4月30日，习近平总书记在十九届中央政治局第二十九次集体学习时发表讲话，指

---

① 《习近平主持召开中央全面深化改革委员会第十八次会议强调 完整准确全面贯彻新发展理念 发挥改革在构建新发展格局中关键作用》，《人民日报》2021年2月20日第1版。

② 《习近平主持召开中央财经委员会第九次会议强调 推动平台经济规范健康持续发展 把碳达峰碳中和纳入生态文明建设整体布局》，《人民日报》2021年3月16日第1版。

出，"'十四五'时期，我国生态文明建设进入了以降碳为重点战略方向、推动减污降碳协同增效、促进经济社会发展全面绿色转型、实现生态环境质量改善由量变到质变的关键时期""要全面实行排污许可制，推进排污权、用能权、用水权、碳排放权市场化交易，建立健全风险管控机制。要增强全民节约意识、环保意识、生态意识，倡导简约适度、绿色低碳的生活方式，把建设美丽中国转化为全体人民自觉行动"①。

（三）明确实现碳达峰碳中和是推进高质量发展的内在要求

2021年12月8日至10日召开的中央经济工作会议上，习近平总书记讲话指出，"要正确认识和把握碳达峰碳中和。实现碳达峰碳中和是推动高质量发展的内在要求，要坚定不移推进，但不可能毕其功于一役。要坚持全国统筹、节约优先、双轮驱动、内外畅通、防范风险的原则"②。习近平总书记的讲话层层深入地指出了碳达峰碳中和工作与推进高质量发展工作的内在一致性。碳达峰碳中和工作的核心是加快形成节约资源和保护环境的产业结构、生产方式、生活方式、空间格局，这与经济社会高质量发展的目标高度一致。但这也意味着实现碳达峰碳中和不会轻而易举，需要付出艰苦努力。必须更好发挥我国制度优势、资源条件、技术潜力、市场活力。只有用好这些条件，高度重视碳达峰碳中和工作存在的主客观挑战，顺应经济社会发展客观规律，才能行稳致远。

高质量发展是生态优先绿色发展。绿色是高质量发展的底色。

---

① 《习近平在中共中央政治局第二十九次集体学习时强调 保持生态文明建设战略定力 努力建设人与自然和谐共生的现代化》，《人民日报》2021年5月2日第1版。

② 《中央经济工作会议在北京举行》，《人民日报》2021年12月11日第1版。

绿水青山就是金山银山，山水林田湖草沙是一个生命共同体，要一体化保护和系统治理。推进重要生态系统保护和修复重大工程，构建生态安全屏障体系。实行最严格生态环境保护制度。实现高质量发展，要在碳达峰碳中和框架下，逐步和有序实现我国生产生活方式全面绿色低碳转型，这是一场广泛而深刻的经济社会系统性变革。

二、构建碳达峰碳中和顶层设计和政策体系

实现碳达峰碳中和目标，既势不可挡，也要事在人为。2021 年，中共中央、国务院出台实施《关于完整准确全面贯彻新发展理念做好碳达峰碳中和工作的意见》（中发 2021〔36〕号文）（以下简称《意见》）后，我国加紧完善顶层设计、推动各个领域制定详细行动方案，建立完善政策体系。

（一）逐步建立顶层设计

《意见》之后，国务院印发《2030 年前碳达峰行动方案》，提出加快构建碳达峰碳中和"1+N"政策体系。明确加快建立健全绿色低碳循环发展经济体系，大力推动产业绿色转型和能源结构调整，以甘肃、青海、内蒙古、宁夏、新疆等地的沙漠、戈壁、荒漠地区为重点，加快推进大型风电、光伏基地项目规划建设。加大对风电、光伏等可再生能源和煤炭清洁高效利用重点领域的金融支持力度。可再生能源发电装机规模突破 10 亿千瓦。积极建设性参与联合国气候变化格拉斯哥大会各项议题谈判磋商。全国碳排放权交易市场启动上线交

易，第一个履约周期纳入发电行业重点排放单位 2162 家，碳减排支持工具落地生效[①]。能源消费强度和总量双控制度进一步完善，明确重点领域能效标杆水平和基准水平，严格能效约束，坚决遏制"两高"低水平项目盲目发展。

（二）不断完善以能源"双控"为主的政策体系

2020 年 12 月 18 日的中央经济工作会议上提出，要加快调整优化产业结构、能源结构，推动煤炭消费尽早达峰，大力发展新能源，加快建设全国用能权、碳排放权交易市场，完善能源消费双控制度。经过 1 年的摸索，2021 年 12 月 28 日，国务院印发《"十四五"节能减排综合工作方案》，对"十四五"时期完善实施能源消费强度和总量"双控"、主要污染物排放总量控制制度等提出了明确要求。一方面，明确提出以能源产出率为重要依据，以能耗强度降低目标为重点，实行基本目标和激励目标双目标管理制度。对能耗强度降低达到国家下达的激励目标的地区，其能源消费总量在当期能耗"双控"考核中免予考核。另一方面，明确各地区"十四五"时期新增可再生能源电力消费量不纳入地方能源消费总量考核，原料用能不纳入全国及地方能耗"双控"考核。这两方面的制度完善有效提高了现行能源"双控"制度的科学性和灵活性。

2021 年中央经济工作会指出，"创造条件尽早实现能耗'双控'向碳排放总量和强度'双控'转变，加快形成减污降碳的激励约束机制，防止简单层层分解"。这为我国面向碳达峰碳中和的长期要求，进一步建设完善减污降碳政策体系指明了方向。

---

① 胡京春：《进一步完善全国碳市场建设》，《人民政协报》2022 年 3 月 16 日第 4 版。

（三）建立全国碳排放权交易市场

2011 年 10 月，国家发展改革委印发《关于开展碳排放权交易试点工作的通知》，并批准北京、天津、上海、重庆、广东、湖北和深圳 7 个区域进行试点，逐步建立中国国内碳交易市场。2013 年 6 月 19 日起，深圳碳交易所作为首家试点市场运行，标志着中国碳交易市场的建设迈出关键性一步。随后，上海、北京、广州、天津陆续成立碳交易所，2014 年，湖北、重庆碳交易所成立，自此参与试点的七大交易平台全部运行。2021 年 3 月，生态环境部公布《碳排放权交易管理暂行条例（草案修改稿）》并向社会公开征求意见，这是中国碳交易市场立法迈出的重要一步。2021 年 7 月 16 日，全国统一碳排放权交易市场正式上线，第一个履约周期为 2021 年全年，覆盖 2162 家发电企业共约 45 亿吨二氧化碳排放量，成为全球规模最大的碳交易市场。截至 2021 年 12 月 31 日，全国统一碳排放权交易市场共成交 1.79 亿吨二氧化碳排放量，收盘价为 54.22 元 / 吨，累计成交额 76.61 亿元，全国碳排放权交易市场运行健康有序[①]。

自启动上线交易以来，全国碳交易市场总体上交易活跃，运行平稳。虽然全国碳交易市场首次交易仅纳入电力行业，但根据全国碳交易市场的总体设计，"十四五"期间，将按照循序渐进、弹性推进的过程，在遵循处理好减排降碳与供应链平稳基础之上，逐步纳入石油、化工、建材、钢铁、有色、造纸和民航等其他高耗能行业，且随着企业参与度不断提高，市场活跃度也将进一步提升。建立全国碳交易市场，是推进实现碳达峰碳中和的重要路径。通过市场机制对绿色产权进行有效的交易定价，促进碳减排监督管理，使重点排放单位、

---

① 李元丽：《第一个履约周期结束　全国碳排放权交易市场再出发》，《人民政协报》2022 年 1 月 11 日第 6 版。

机构或个人通过全国碳交易系统对碳排放配额进行自由有偿交易，使碳排放的隐性成本显现化、外部成本内部化。首批碳交易市场覆盖企业的排放量超过 45 亿吨二氧化碳当量，意味着中国碳交易市场成为全球覆盖温室气体排放量规模最大的碳市场，既彰显了中国积极主动参与全球气候治理的负责任大国担当，也有助于中国参与气候融资和低碳投资。

（四）积极参与和引领全球气候治理

1992 年中国成为最早签署《联合国气候变化框架公约》的缔约方之一，2002 年中国政府核准了《京都议定书》，2016 年中国率先签署了《巴黎协定》。中国积极参与了《京都议定书》履约机制——清洁发展机制（CDM），发布了《中国应对气候变化的政策与行动（2011）》白皮书，印发了《"十二五"控制温室气体排放工作方案》，提出了"探索建立碳排放交易市场"等具体措施。

面对全球气候变化的严峻形势，中国正以更加主动的姿态参与到全球气候治理中。2021 年 10 月，我国如期提交了《巴黎协定》下自主贡献目标更新目标，表明了我国积极推动《巴黎协定》实施和积极履行《巴黎协定》承诺目标。中国在助力发展中国家低碳发展方面也作出了持续贡献。《中国应对气候变化的政策与行动》白皮书指出，截至 2020 年底，中国已与 35 个发展中国家签署 39 份应对气候变化南南合作谅解备忘录；积极开展应对气候变化南南合作能力建设项目，累计举办 200 余期气候变化和生态环保主题研修项目，为有关国家培训 5000 余名人员。联合国前秘书长潘基文也曾评价"中国为联合国事业作出的最重要贡献之一当数展现出应对气候变化的强烈决心"。

三、推动碳达峰碳中和行稳致远

2021年3月15日，中央财经委员会第九次会议上，习近平总书记发表重要讲话，指出"要坚定不移贯彻新发展理念，坚持系统观念，处理好发展和减排、整体和局部、短期和中长期的关系，以经济社会发展全面绿色转型为引领，以能源绿色低碳发展为关键，加快形成节约资源和保护环境的产业结构、生产方式、生活方式、空间格局，坚定不移走生态优先、绿色低碳的高质量发展道路"[①]。这次讲话深刻指出，我国碳达峰碳中和工作不仅是减碳和节能的工作，还需要与经济社会发展的方方面面统筹部署。这是我国实现碳达峰碳中和目标的务实选择。

（一）重点处理好四方面关系，稳步推进碳达峰碳中和工作

一是处理好发展和减排的关系。习近平总书记强调，"减排不是减生产力，也不是不排放，而是要走生态优先、绿色低碳发展道路，在经济发展中促进绿色转型、在绿色转型中实现更大发展。要坚持统筹谋划，在降碳的同时确保能源安全、产业链供应链安全、粮食安全，确保群众正常生活"[②]。

中国2030年前实现碳达峰，不能采取发达国家走过的"先发展、再减排"路径，而是必须先立后破，在实现绿色低碳高质量发展基础上，主动实现碳达峰。我国工业化已进入中后期，城镇化也从注重速度向注重质量转变，支持经济增长潜力的传统动能惯性

---

① 《习近平主持召开中央财经委员会第九次会议强调 推动平台经济规范健康持续发展 把碳达峰碳中和纳入生态文明建设整体布局》，《人民日报》2021年3月16日第1版。

② 《习近平在中共中央政治局第三十六次集体学习时强调 深入分析推进碳达峰碳中和工作面临的形势任务 扎扎实实把党中央决策部署落到实处》，《人民日报》2022年1月26日第3版。

犹存，但已然乏力；数字化和低碳化的新动能起势喜人，但成为经济增长主要动能尚需时日。2010年我国劳动年龄人口增长由正转负①。人口红利消失，使得依靠低成本劳动力投入和高储蓄率创造的 GDP 潜在增长能力开始减弱。当前全球已经达成共识，数字科技和绿色低碳转型将是未来世界可持续发展的主方向。欧盟的《欧洲绿色新政》、美国的《清洁能源革命与环境正义计划》都明确提出了围绕循环经济、新材料、新能源汽车、节能低碳建筑、可再生能源等领域的技术创新、产业培育及相关基础设施建设加大投入。顺应国际科技发展大趋势，在绿色低碳领域加大投入、壮大新动能，既是实现"双碳"目标的必由之路，也是实现中华民族伟大复兴的必然选择，二者逻辑一致、同向同行。围绕壮大绿色低碳发展新动能，要持续深入转变发展方式，优化调整需求结构和产业结构，发展以新能源为主体的新型电力系统，构建清洁低碳、安全高效的现代能源体系，加快技术创新与机制完善促进碳汇增加和碳封存技术早日商业化。

二是处理好整体和局部的关系。习近平总书记强调，"既要增强全国一盘棋意识，加强政策措施的衔接协调，确保形成合力；又要充分考虑区域资源分布和产业分工的客观现实，研究确定各地产业结构调整方向和'双碳'行动方案，不搞齐步走、'一刀切'"②。

《2030年前碳达峰行动方案》指出，要科学合理确定有序达峰目标。坚持"全国一盘棋"，充分考虑各地区差异，科学合理分配碳排放指标。碳排放基本稳定的地区要巩固减排成果，在率先实现碳达峰的基础上进一步降低碳排放。产业结构较轻、能源结构较优的

---

① 《2010年第六次全国人口普查主要数据公报》，国家统计局，2011年。
② 《习近平在中共中央政治局第三十六次集体学习时强调 深入分析推进碳达峰碳中和工作面临的形势任务 扎扎实实把党中央决策部署落到实处》，《人民日报》2022年1月26日第3版。

地区坚持绿色低碳发展，坚决不走依靠"两高"项目拉动经济增长的老路，力争率先实现碳达峰。产业结构偏重、能源结构偏煤的地区和资源型地区要把节能降碳摆在突出位置，大力优化调整产业结构和能源结构，逐步实现碳排放与经济增长脱钩，力争与全国同步实现碳达峰。上下联动制定地方碳达峰方案，各级政府要按照国家总体部署，结合本地区资源环境禀赋、产业布局、发展阶段等，科学制定本地区碳达峰行动方案，提出符合实际、切实可行的碳达峰时间表、路线图、施工图，避免"一刀切"限电限产或"运动式"减碳。

三是处理好长远目标和短期目标的关系。碳达峰碳中和是长期战略，需要与能源安全保障、保供稳价等短期目标协调应对。习近平总书记强调，"既要立足当下，一步一个脚印解决具体问题，积小胜为大胜；又要放眼长远，克服急功近利、急于求成的思想，把握好降碳的节奏和力度，实事求是、循序渐进、持续发力"①。为此，"十四五"规划提出要坚持推进能源革命，建设清洁低碳、安全高效的能源体系，提高能源供给保障能力。打赢碳达峰碳中和这场硬仗，主阵地在能源，主攻方向在于加快绿色低碳发展（见表2-7）。

表2-7 "十四五"时期推动能源绿色低碳发展的重点方向

领域	重点方向
传统化石能源领域	1. 发展和推广煤炭无害化、数字化和智能化开采技术，提高煤炭生产效率，降低煤炭生产端碳排放 2. 加强煤炭清洁燃烧和高效发电技术攻关，推动燃煤发电机组灵活高效运行 3. 加大井下油水分离、页岩油地下原位开采、无水压裂与增能压裂等油气绿色生产技术及新型炼油加工技术攻关，确保油气基础供应

① 《习近平在中共中央政治局第三十六次集体学习时强调 深入分析推进碳达峰碳中和工作面临的形势任务 扎扎实实把党中央决策部署落到实处》，《人民日报》2022年1月26日第3版。

续表

领域	重点方向
新能源领域	1. 研发可控核聚变能源开发和应用关键技术，积极推进热核聚变实验堆建设，力争早日实现"人造太阳"技术应用 2. 大力发展低成本风能、太阳能发电技术，建立基于大数据、云计算、人工智能等的新能源电力智能调控技术，支撑我国沙漠、戈壁、荒漠地区大型风能、太阳能发电基地高效开发和安全运行 3. 大力发展安全高效低成本氢能技术，攻关完善制氢、储氢、输氢、用氢技术，统筹推进氢能"制储输用"全链条发展 4. 大力发展高效率、长寿命、低成本的先进储能技术，加强全固态电池、钙钛矿电池、锂空气电池等电池技术攻关，保障新型电力系统安全稳定运行

资料来源：《中华人民共和国国民经济和社会发展第十四个五年规划和2035年远景目标纲要》。

四是处理好政府和市场的关系。实现"双碳"目标需全面加强制度和政策体系建设。习近平总书记强调，"要坚持两手发力，推动有为政府和有效市场更好结合，建立健全'双碳'工作激励约束机制"[1]。2005年以来，我国已初步构建了一套以能耗强度降幅、能源总量控制、碳强度降幅指标为指引，以控制温室气体排放工作方案为抓手，以目标逐层向下分解的目标责任体系为依托的碳减排制度体系。一方面，行政命令为主的减排制度可有效推动重点领域碳减排工作，但在具体实施过程中也出现了"一刀切"等简单粗暴治理的现象。另一方面，国际上广泛采用的碳市场等市场化减排政策体系尚未有效发挥作用，与电力市场、用能权交易、绿电交易、绿证等政策仍存在交叉重叠。此外，可测量、报告与核查（MRV）的基础性碳排放核算制度、法律体系仍不健全。下一步，要下大气力加强碳减排工作的制度建设，协调行政和市场手段，确保低碳发展扎实稳步推进。

---

[1] 《习近平在中共中央政治局第三十六次集体学习时强调 深入分析推进碳达峰碳中和工作面临的形势任务 扎扎实实把党中央决策部署落到实处》，《人民日报》2022年1月26日第3版。

（二）坚持经济社会发展全面绿色转型为路径，稳步推进碳达峰碳中和

中国在未来 40 年内实现碳达峰碳中和，既要发展也要减排，难度高、任务重，做好统筹是关键。要在推进社会主义现代化建设新征程中，协同推进实现"双碳"目标与污染防治和生态保护。坚持经济社会发展全面绿色转型，立足国情、全球谋划、创新为本、先立后破，稳步推进碳达峰碳中和。

立足国情，始终把发展放在第一位。经济总量上，确保到 2035 年人均 GDP 比 2020 年翻一番（不变价），之后力争到 2060 年人均 GDP 比 2035 年再翻一番（不变价）。经济结构上既要大力发展第三产业，也要巩固我国农业生产基础和制造业优势，把经济安全的主动权牢牢把握在自己手中。能源领域着力统筹低碳转型与安全保障，既要客观认识短中期内，以煤为主的化石能源作为能源安全保障的基础和主力地位不可动摇，也要认识到中长期非化石能源逐步替代化石能源的大趋势不可阻挡。

全球谋划，着重把安全放在突出位置。在能源资源领域要提升国内保障能力，构建国际多元化供给格局，确保转型和发展中的能源安全，支撑传统工业保持全球竞争力和产业升级，以强大经济实力为应对全球百年未有之大变局提供支撑。可再生能源、电动汽车、氢能，以及碳捕集、封存与利用技术等新兴技术以及相关制造业、服务业面向全球市场和全球布局，着力增强全球竞争优势，在全球转向绿色低碳发展"新赛道"中把握先机。以国内经济社会发展全面绿色转型实绩，参与和引领构建全球生态文明治理新格局。

创新为本，坚持把科技作为第一动力。以科技创新为牵引，推动经济结构调整和优化，向现代经济转型。特别是要以数字化和绿色化

双转型为抓手，大力发展可再生能源、氢能和新能源汽车等战略性新兴产业和绿色设计、碳金融、低碳服务等新兴领域，坚持推动传统产业朝数字化和绿色低碳循环方向转型，努力推进城镇化从数量扩张转向质量提升转型。

先立后破，确保经济社会平稳转型。2022 年 3 月 5 日，习近平总书记在参加十三届全国人大五次会议内蒙古代表团审议时强调，"绿色转型是一个过程，不是一蹴而就的事情。要先立后破，而不能够未立先破"①。推动经济社会发展全面转型面临着艰巨挑战，需要全面科学认识转型中存在的各种客观规律，"拖不得"也"急不得"。我国长期以来形成了以化石能源为基础的庞大工业生产体系、能源供应保障体系，积累了数十万亿的固定资产和人力资本，这些物理系统的转型升级必须要稳步前进，迭代升级。转型升级过程中的客观规律也难以一次全面认清，只能摸着石头过河。

（三）坚持多措并举，确保实现碳达峰碳中和目标

一是加快构建清洁低碳、安全高效的能源体系。2020 年 12 月 12 日，习近平主席在气候雄心峰会上宣布，"到 2030 年，中国单位国内生产总值二氧化碳排放将比 2005 年下降 65% 以上，非化石能源占一次能源消费比重将达到 25% 左右，森林蓄积量将比 2005 年增加 60 亿立方米，风电、太阳能发电总装机容量将达到 12 亿千瓦以上"②。2022 年 1 月 24 日，中央政治局第三十六次集体学习上，习近平总书记明确指出，"立足我国能源资源禀赋，坚持先立后破、通盘谋划，

① 《"要先立后破，而不能够未立先破"——从全国两会看正确认识和把握"双碳"目标》，《新华每日电讯》2022 年 3 月 8 日。
② 习近平：《继往开来，开启全球应对气候变化新征程——在气候雄心峰会上的讲话》，新华社，2020 年 12 月 12 日。

传统能源逐步退出必须建立在新能源安全可靠的替代基础上"①。根据会议精神，我国将加大力度规划建设大型风光电基地，同时统筹电力系统建设，把周边清洁高效先进节能的煤电作为支撑电源，以稳定安全可靠的特高压输变电线路为送出载体。未来建设新能源供给消纳体系将作为电力系统的建设方向，以此破解潜在的风电、光伏消纳障碍。同时，兼顾短期和长期，既要坚决控制化石能源消费，尤其是严格合理控制煤炭消费增长，又要有序减量替代，特别是大力推动煤电节能降碳改造、灵活性改造、供热改造"三改联动"。此外，面对复杂多变的国际局势，未来必须高度重视统筹安全与减排，要夯实国内能源生产基础，保障煤炭供应安全，保持原油、天然气产能稳定增长，加强煤气油储备能力建设，推进先进储能技术规模化应用。

二是加快产业优化升级。碳中和目标的达成依赖于各个绿色低碳产业的路径选择，特别是碳排放量大且脱碳难度高的电力、工业、交通、建筑四大产业。电力方面，推进传统化石能源绿色低碳化，发展对环境、气候影响较小的绿色低碳替代能源，主要有两大类：一类是清洁能源产业，如核电、天然气等；一类是可再生能源产业，如风能、太阳能、生物质能等。工业方面，重视绿色制造，鼓励循环经济，通过调整产业结构，促使工业结构朝着节能降碳的方向发展。交通方面，必须转变发展方式，积极发展新能源汽车和电气轨道交通。建筑方面，重视推广太阳能建筑和节能建筑，积极推进建筑低碳化进程。

三是加快绿色低碳科技革命。重点解决绿色低碳科技创新机制、国家资金的引导以及民间资本的投入和创新人才。成立以行业协会、行业综合研发机构或龙头企业引领的绿色低碳技术发展联盟，形成风

---

① 《习近平在中共中央政治局第三十六次集体学习时强调 深入分析推进碳达峰碳中和工作面临的形势任务 扎扎实实把党中央决策部署落到实处》，《人民日报》2022年1月26日第3版。

险共担的绿色低碳技术联合开发体系，促进行业内部在低碳技术引进、知识产权共享的协同与合作。建立国家绿色低碳科技创新专项基金，支持"绿色低碳技术国家队"建设、绿色低碳技术信息网络系统建设，通过国家资金的引导推动民间资本的投入，引进专家和培养人才并举，专业人才要和核心技术一起引进，为后期的自主创新创造条件。

四是完善绿色低碳政策体系。围绕碳源、碳汇两大领域，应用行政约束和经济激励两种手段优化策略，科学构建符合高质量发展和新发展格局要求的政策体系。一方面，针对优势产业技术应充分利用市场化工具，降低企业低碳化转型成本，需要加强绿色低碳技术保护和扶持，通过完善知识产权保护，对于新技术给予税收抵免，进行政府采购以及技术授权等，提高企业碳中和发展收益。另一方面，针对科技短板技术，需政府发挥主导作用，加大各级财政支持，鼓励和引导企业、金融机构、社会组织以适当形式投入，形成持续稳定的投入机制。

五是积极参与和引领全球气候治理。要秉持人类命运共同体理念，以更加积极姿态参与全球气候谈判议程和国际规则制定，推动构建公平合理、合作共赢的全球气候治理体系。发挥我国在全球气候治理中的外交优势，巩固道义制高点，维护和拓展广大发展中国家战略依托和内部团结，维护发展中国家的合理诉求和公平实现可持续发展权益。积极推进应对气候变化南南合作与务实行动，寻求各方利益与全球共同利益的契合点。

第三篇

典型案例

导　言

　　创新的实践呼唤伟大的理论，伟大的理论又将指导推进新的创新实践。我们党历来高度重视生态文明实践的创新和发展，在习近平生态文明思想的理论指导下，全国上下积极推进生态文明建设，开展了一系列卓有成效的实践工作。为学习贯彻习近平生态文明思想，充分发挥试点示范和典型案例的引领作用，本篇收集整理了25个地方践行习近平生态文明思想的典型案例，分为八章，介绍案例背景、主要做法和成效、经验启示，生动展现习近平生态文明思想指导实践工作的伟大成就。

　　第一章为践行生态兴则文明兴。选取塞罕坝精神、西海固精神、甘肃省八步沙林场生态治沙三个案例，展现习近平生态文明思想的深邃历史观。

　　第二章为践行人与自然和谐共生。选取南水北调工程、青海三江源国家公园、云南大象北迁三个案例，展现习近平生态文明思想的科学自然观。

　　第三章为践行绿水青山就是金山银山。选取福建省长汀县水土流失综合治理、浙江省安吉县绿色产业、重庆市武隆区旅游经济三个案例，展现习近平生态文明思想的绿色发展观。

　　第四章为践行良好生态环境是最普惠的民生福祉。选取浙江省实施"千万工程"、北方地区清洁取暖、湖南省宁乡市农村人居环境综合治理三个案例，展现习近平生态文明思想的基本民生观。

第五章为践行山水林田湖草沙是生命共同体。选取长江上游（重庆段）一体化提升生态屏障质量、"北疆水塔"系统治理提升水安全保障功能、乌梁素海流域系统治理维护"北方绿色长城"生态安全屏障三个案例，展现习近平生态文明思想的整体系统观。

第六章为践行用最严格的制度保护生态环境。选取福建省生态环境审判"三加一"机制、贵州省赤水河流域跨省生态补偿机制、海南省环境资源巡回审判机制三个案例，展现习近平生态文明思想的严密法治观。

第七章为践行全社会共同建设生态文明。选取北京冬奥会碳中和、浙江省丽水市"生态信用"制度、广东省深圳市生态文明公众评审制度、海南省海洋垃圾多元共治体系四个案例，展现习近平生态文明思想的全民行动观。

第八章为践行共谋全球生态文明建设。选取共建绿色"一带一路"、西南边境合作、中蒙联合治沙健全区域生态环保合作机制三个案例，展现习近平生态文明思想的全球共赢观。

第一章

践行生态兴则文明兴

一、塞罕坝精神：牢记使命、艰苦创业、绿色发展

（一）塞罕坝的沧桑巨变，是"生态兴则文明兴"的真实写照

塞罕坝地处河北省承德市围场县北部、内蒙古自治区浑善达克沙地南缘。历史上的塞罕坝有"美丽高岭"之盛誉，其林草丰茂、水美景美、飞禽走兽奇多，属清朝皇家猎苑"木兰围场"之重要组成部分。清末同治二年，清政府国势衰落、国库亏空、内忧外患，开始开围放垦。受砍伐或放牧过度、山火灾害频发等主客观因素影响，塞罕坝水土流失严重，森林惨遭破坏。到 20 世纪中叶，原始森林荡然无存，留下的是几十万亩的荒山秃岭，少雨、沙化、大风、高寒等极端恶劣环境开始频现。塞罕坝在百年间由"美丽高岭"退变为茫茫荒原。

新中国成立后，我国开始高度重视并持续加大国土绿化工作。1962 年，原国家林业部决定设立塞罕坝林场，以改善当地自然环境、构筑首都北部生态安全屏障。然而，受制于交通闭塞，粮食、房屋奇缺，冬天大雪封山等情况，当时的林场几乎处于半隔绝、半封闭状

态；加之没有学校、医院、娱乐设施，从全国各地奔赴而来的塞罕坝建设者们，除简单行李衣物外，其他基本一无所有。就是在这样茫茫的塞北荒原上，一代又一代的塞罕坝人，通过半个多世纪艰苦卓绝的努力和奋斗，成功创造了一个变荒原为林海、让沙漠成绿洲的绿色奇迹，是人类改造自然、建设生态文明的伟大创举，谱写了不朽的绿色篇章。

早在2003年，习近平同志就深刻洞察人类文明演进规律，在《求是》杂志上发表署名文章，首次提出"生态兴则文明兴，生态衰则文明衰"的重大科学论断①。从三百年前的皇家猎苑，到半世纪前的荒原沙地，再到目前的绿色林海，塞罕坝的历史沧桑，正是这一科学论断的生动写照。塞罕坝精神事迹感人至深，是推进生态文明建设的一个生动范例。

（二）塞罕坝精神创造了荒原变林海的人间奇迹

按照原国家林业部部署，20世纪60年代初正式成立的塞罕坝林场，被赋予了建成规模用材林基地、改变当地自然面貌和保持水土、研究积累高寒地区造林育林和大型国营机械化林场经营管理经验等重要职责。面对当时物质和技术都极度匮乏的艰苦条件，一代又一代的塞罕坝林场人，以矢志不渝、愚公移山的精神，持续开展植树造林，成功营造了百万亩人工林海，最多时一年造林8万亩。

党的十八大以来，我国生态文明建设上升至中国特色社会主义"五位一体"总体布局和"四个全面"战略布局高度。塞罕坝由此迎来了前所未有的历史机遇，开始步入改革奋进、快速发展的新阶段。

---

① 习近平：《生态兴则文明兴——推进生态建设打造"绿色浙江"》，《求是》2003年第13期。

2015 年中共中央、国务院印发《京津冀协同发展规划纲要》，确立了塞罕坝所处的承德市的生态定位为"京津冀西北部生态涵养功能区"，塞罕坝人毫不犹豫地扛起了阻沙源、涵水源的政治责任。同年，中共中央、国务院印发《国有林场改革方案》，明确了国有林场"保护培育森林资源、维护国家生态安全"的核心功能定位。通过落实改革举措，塞罕坝林场可以潜心专注于森林管护和经营工作，通过持续改善林分质量和生态效益，进一步筑牢守卫京津的生态安全屏障。近年来，林场还将岩石裸露、土壤贫瘠的石质阳坡作为绿化重点，大力实施攻坚造林工程，塞罕坝增林扩绿再上新台阶。

经过数十年艰苦卓绝的植树造林，塞罕坝建场营造时的树苗，如今已变成百万亩浩瀚林海，造福着当地，泽被京津，恩及后世，实现了显著的生态、经济和社会效益。

一是生态效益巨大。塞罕坝具有阻风固沙、涵养水源、净化水质、调节局部气候、改善生物多样性、维护京津冀生态安全的重要功能。森林覆盖率大幅提升，较建场前增长了近 8 倍，有效破除了浑善达克沙地南侵之威胁；年可为滦河和辽河涵养水源、净化水质近 1.4 亿立方米，大大夯实了京津冀可持续发展之基础。据中国林业科学研究院评估结果，塞罕坝森林生态系统年可提供生态服务价值超 120 亿元，泽及京津诸多区域，有"华北的绿宝石"之称。受此影响，塞罕坝及周边区域的小气候也较建场初期有一定改善，比如年降水量增加了 60 毫米、大风天数减少了 30 天、无霜期增加了 16 天。此外，塞罕坝生物多样性持续改善，栖息陆生野生脊椎动物达 261 种、大型真菌达 179 种、植物达 625 种、昆虫达 660 种、鱼类达 32 种，成为花的世界和野生动物的天堂。

二是经济效益可观。塞罕坝林场林地面积由建场前的 24 万亩增加到 115 万亩，林木总蓄积由建场前的 33 万立方米增加到 1036 万立方米。中国林业科学研究院核算评估结果显示，目前林场森林资产总价值在 200 亿元以上，投入产出效益显著。与此同时，塞罕坝林场相关产业积极发展。生态旅游产业方面，新冠肺炎疫情前全球游客年到访人次达 50 万，门票收入 4000 多万元，带动周边地区乡村游、农家乐等产业发展，年可实现社会总收入 6 亿多元。绿化苗木产业方面，建成绿化苗木基地 8 万余亩，培育落叶松、油松、樟子松、云杉等优质绿化苗木近 2000 万株，销往北京、天津、河北、内蒙古、辽宁、甘肃等全国十余个省（自治区、直辖市），成为绿色"聚宝盆"。新能源产业方面，利用无法造林的空地，与风电企业联手建设风电项目，为林场发展增添活力。碳汇产业方面，造营林碳汇项目已在国家发展改革委备案，总减排量达 475 万吨二氧化碳当量，全部上市交易收入预计超亿元。

三是社会效益显著。林场建设带动周边农家乐、乡村游、土特产品加工等产业快速发展，带来大量就业机会，为周边乡村脱贫致富、民众生活水平和幸福度提升提供了有力支撑。2010 年，塞罕坝林场获原国家林业局"国有林场建设标兵"称号；2014 年，荣获中宣部"时代楷模"称号；2017 年，在第三届联合国环境大会上荣获 2017 年"地球卫士奖"；2021 年，塞罕坝林场集体在全国脱贫攻坚总结表彰大会获得"全国脱贫攻坚楷模"荣誉称号。此外，塞罕坝林场的成功已经在全国树立起一面旗帜、一座丰碑。塞罕坝在人才培养、科技推广与示范、生态与思想教育等方面发挥了重要作用，有效地传播了生态文化，弘扬了生态文明。塞罕坝林场是习近平总书记"绿水青山就是金山银山"这一科学论断的成功印证，是走生态优先绿色发展之路的生动实践，为加强生态文明建设提供了宝贵经验。

（三）始终坚守和弘扬牢记使命、艰苦创业、绿色发展的塞罕坝精神

1. 牢记使命，扎根基层、艰苦创业

塞罕坝林场建设史是一部可歌可泣的艰苦奋斗史。塞罕坝建设者克服了高寒、高海拔、大风、沙化、少雨等恶劣的自然环境，通过50多年的艰苦奋斗，创造了一个变荒原为林海、让沙漠成绿洲的绿色奇迹，成功营造起了全国面积最大的集中连片的人工林海，谱写了不朽的绿色篇章。习近平总书记在2017年8月对河北塞罕坝林场建设者感人事迹作出重要指示，"55年来，河北塞罕坝林场的建设者们听从党的召唤，在'黄沙遮天日，飞鸟无栖树'的荒漠沙地上艰苦奋斗、甘于奉献，创造了荒原变林海的人间奇迹，用实际行动诠释了绿水青山就是金山银山的理念，铸就了牢记使命、艰苦创业、绿色发展的塞罕坝精神。他们的事迹感人至深，是推进生态文明建设的一个生动范例"①。

2. 落实生态文明理念，弘扬塞罕坝精神

塞罕坝实现的"绿色蜕变"，是"绿水青山就是金山银山"理念的鲜活体现，是中国生态环境改善和高质量发展的经典案例之一。习近平总书记在2021年8月23日考察塞罕坝林场时强调，"塞罕坝林场建设史是一部可歌可泣的艰苦奋斗史。你们用实际行动铸就了牢记使命、艰苦创业、绿色发展的塞罕坝精神，这对全国生态文明建设具有重要示范意义。抓生态文明建设，既要靠物质，也要靠精神。要传承好塞罕坝精神，深刻理解和落实生态文明理念，再接再厉、二次创

① 《习近平对河北塞罕坝林场建设者感人事迹作出重要指示强调 持之以恒推进生态文明建设 努力形成人与自然和谐发展新格局》，《人民日报》2017年8月29日第1版。

业，在实现第二个百年奋斗目标新征程上再建功立业"①。塞罕坝精神
已超越了地域和行业的界限，成为全国人民建设生态文明的精神动力
和财富。既是推动塞罕坝林场持续发展壮大的根本所在，也是引领全
国生态文明建设的强大动力，值得在全国学习宣传推广。

3. 坚持绿色发展，驰而不息、久久为功

生态文明建设事关中华民族永续发展和"两个一百年"奋斗目标
的实现，保护生态环境就是保护生产力，改善生态环境就是发展生产
力。半个多世纪以来，塞罕坝林场把荒漠变林海的绿色奇迹正是"绿
色富国、绿色惠民"的真实写照。习近平总书记强调，"全党全社会
要坚持绿色发展理念，弘扬塞罕坝精神，持之以恒推进生态文明建
设，一代接着一代干，驰而不息，久久为功，努力形成人与自然和谐
发展新格局，把我们伟大的祖国建设得更加美丽，为子孙后代留下天
更蓝、山更绿、水更清的优美环境"②。近年来，塞罕坝林场结合自身
优势挖潜，大力培育苗木产业、发展生态旅游业，利用无法造林的空
地进行风能发电，造林和营林碳汇项目完成备案，绿色发展底气足、
势头猛。其取得的巨大成就，生动诠释了发展与保护的内在统一，坚
持绿色发展的塞罕坝精神对全国生态文明建设具有重要示范意义。

二、西海固的沧桑巨变：从"苦瘠甲天下"到塞上江南

（一）西海固地区借助生态建设翻越贫困大山

西海固，即 1953 年成立的西海固回族自治区，下辖西吉、海原、

① 《习近平在河北承德考察时强调 贯彻新发展理念弘扬塞罕坝精神 努力完成全年经济社会发展主要目标任务》，《人民日报》2021年8月26日第1版。

② 刘毅：《弘扬塞罕坝精神 推进生态文明建设》，《人民日报》2021年11月16日第6版。

固原三县，当时属于甘肃省管辖，此后行政区划几经变迁，变成了宁夏回族自治区南部山区的代称。西海固并不是一个标准的行政区划，现在的固原市所辖范围大致就是当年的西海固。

历史上，固原地区林草茂盛，然而随着明清时期人口不断增多，毁林毁草开荒，森林和草原面积不断减少、水土流失加剧，该地成为"苦瘠甲天下"之地。由于气候恶劣、水源奇缺，加之土壤流失、风沙侵袭、自然灾害严重，农作物生长困难，大部分地区仅靠耐旱的马铃薯维持生计。"天上不飞鸟，地上不长草，风吹沙石跑"曾经是这里的真实写照。1949 年，该地森林覆盖率仅有 1.4%。1972 年，联合国粮食开发署将西海固列入"最不适宜人类生存的地方"之一。从20 世纪 90 年代开始，在福建的对口帮扶下，宁夏开始对生态环境进行改造。先利用银川平原、河套平原的产粮优势，解决西海固地区的缺粮困境，然后再通过植树造林，逐步改变西海固地区的生态环境。2000 年，宁夏开始实行退耕还林，六盘山全面禁止砍伐。2003 年，宁夏又开始推行封山禁牧，成为全国首个实行全境封山禁牧的省区。生态兴则文明兴，多年来西海固地区在党的坚强领导下，持续实施生态移民、深入开展生态建设和环境整治、大力发展绿色产业，如今的西海固早已不是当年的模样，曾经的贫瘠荒山渐渐变得山青水净，人民的生活也正在一天天变得富裕，塞上处处是江南的愿望正在实现。

（二）将飞沙走石的"干沙滩"建设成寸土寸金的"金沙滩"

1. 大力推进生态移民和生态建设，生态环境得到显著改善

持续实施移民工程，自然得以休养生息。20 世纪 80 年代起，宁夏先后实施吊庄移民、生态移民等工程，将西海固 100 多万贫困群众搬迁到近水、沿路、靠城的区域。特别是党的十八大以来，西海固还

将 35 万生态移民的迁出区土地全部收归国有，让迁出区 800 多万亩生态用地和未利用地得以休养生息。

扎实推进污染治理，提升生态环境质量。通过加强流域治理，五河水质全部符合考核目标。持续推进"四尘同治"，整治"散乱污"企业，实施燃煤锅炉改造、工业堆场治理等项目，大气环境质量状况得到显著改善。根据《2021 年宁夏生态环境状况公报》，固原市 2021 年空气优良天数比例达到 91.2%，环境空气质量综合指数排名第一。

大力恢复生态系统，植被覆盖率显著提升。通过植树造林、封山禁牧、退耕还林、恢复植被、改坡造地、修建梯田、建设淤地坝等一系列"治山改水"工程，有效解决了坡耕地水土流失问题，实现了"水不下山，泥不出沟"。林草植被大面积恢复，生态建设取得历史性成就。西海固地区的彭阳县森林覆盖率从建县之初的 3%，提升到了目前的 31.5%；六盘山地区森林覆盖率从 20 世纪 60 年代的 22%，提高到了如今的 69%；固原市森林覆盖率也达到 30.1%。植被和森林覆盖率的提升加之气候变化，让西海固地区降雨量有了较大提升，正在向暖湿气候转变。

2. 充分依托生态优势，生态产业蓬勃发展

注重开发生态旅游业。随着生态好转，绿水青山成为当地开发旅游资源的基础，加上当地丰富的历史文化元素，如丝绸之路、非物质文化遗产、红色元素等，西海固地区生态旅游优势凸显。2000 年，国家设立了首个国家级"旅游扶贫试验区"——六盘山旅游扶贫试验区，将其作为脱贫攻坚的重要抓手。2017 年以来，西海固地区开始实施"一棵树、一株苗、一枝花、一棵草"林草工程。通过开发六盘山森林旅游资源、长征精神、丝绸之路文化等资源，形成红色旅游、山水生态游、民俗游、乡村文化游等旅游亮点，采摘园、农家乐、休闲农庄不断涌现，2021年全市年接待游客突破700万人次，实现旅游收入28.67亿元。

大力发展生态林业。西海固地区多年生态建设延伸出的旅游、蜂产业、林下养殖等绿色产业已为当地带来生态红利，仅固原市林业产值就达到6.6亿元。盐池县是"滩羊之乡"，260多万亩柠条不仅可牢牢固住肆虐的风沙，柠条平茬后还可加工成饲料。

3. 扎实推进基础设施建设，人居环境持续改善

实施一批利长远的重大水利基础设施项目。宁夏中南部城乡饮水安全工程、黄河水调蓄工程建成通水，泾河水、黄河水在固原"相会"，百万城乡居民安全饮水得到保障。随着降雨量逐年增加，西海固地区绿树环绕的青山蓄积住了丰沛的降水，五条河流每年向黄河反哺水量3亿多立方米。

扎实推进农村危窑危房"应改尽改"。保障农村安全住房全覆盖，极大改善了困难群众住房条件。2020年底实现农村危房全清零，5个贫困县区全部摘帽，624个贫困村全部出列，26.7万农村贫困人口全部脱贫，消除了市域绝对贫困和整体贫困，彻底撕掉了西海固"苦瘠甲天下"的历史标签。

大力推进交通基础设施建设。建成了宁夏首条旅游公路，长达52千米，沿途分布着多个乡村旅游点和景区，有力促进了生态旅游发展。实施路面硬化工程，连通四条省际高速路网，实现了县县通高速、村村通硬化路的目标。市县之间1小时可达，全市路网结构进一步优化，通道深度进一步提高，条条公路在六盘大地上编织出立体交通网络，成为全市经济社会发展的助推器。

（三）坚定理想信念，致力绿色发展

1. 坚持绿水青山就是金山银山，走生态优先绿色发展之路

生态环境问题既是重大经济问题，也是重大社会问题和政治问题。解决好生态环境的问题，就是在维护好人民群众最基本的生存权和发展权。要探索以生态优先、绿色发展为导向的高质量发展新路子。西海固地区按照"生态优先、绿色发展"定位要求，坚持以脱贫攻坚为统领，坚决守好"三条生命线"，先后实施了荒山造林、小流域治理、退耕还林还草、三北防护林建设、天然林保护、移民迁出区生态修复、400毫米降水线造林绿化、绿色廊道建设等工程，做到"源头严防、过程严管、后果严惩"，推动固原实现由"黄"到"绿"的历史性转变，在南部山区构筑起防风固沙、保持水土、涵养水源、富民惠民的"绿色长城"，切实做到了在保护中发展、在发展中保护，走出了一条生态优先、绿色发展、脱贫致富的新路子。

2. 坚持山水林田湖草沙统筹推进，切实改善生态环境

西海固之困，困于山、困于水、困于路，根源在生态，必须要在全面改善生态环境上求突破。基于对历史教训的深刻认识、对"突围"路径的科学判断，西海固地区坚持"植绿"与"管护"统筹推进，"治理"与"修复"统筹发力，"治水"与"兴水"统筹衔接，以流域为单元、以山脉为骨架，山、水、田、林、路统一规划，梁、峁、沟、坡综合治理，种、育、护、管齐头并进，通过实施改坡造地，修建梯田、淤地坝，封育造林等一系列"治山改水"工程，形成了"山顶封山育林、山坡荒山造林、山脚退耕还林、山村生态移民"的流域治理模式，实现了水不下山、泥不出沟、沙不入河。

3. 坚持以人民为中心，打造经济发展、人民幸福的美丽宜居环境

良好生态环境是最普惠的民生福祉。发展经济是为了民生，保护生态环境同样是为了民生。西海固地区坚持生态惠民、生态利民、生态为民，结合打赢脱贫攻坚战和实施乡村振兴战略，把生态建设融入产业结构调整中、融入美丽城乡建设中，推进产业生态化和生态产业化，发展现代纺织、特色农业、文化旅游、生态经济等重点产业，构建"1411"城镇发展格局，实施"百村示范、千村整治"工程，开展旅游环线绿化美化，推进城乡环境综合整治，探索推广乡村文明实践积分卡"兴盛模式"和幸福农家"123"工程，生态环境显著好转，生态文化日渐浓厚，生态经济日益繁荣。

4. 坚持苦干实干作风，锻造持之以恒、艰苦奋斗的精神品格

抓好生态文明建设，必须初心不改、使命如磐，一任接着一任干。西海固地区把改善生态环境作为脱贫致富的根本出路，把生态建设纳入党政"一把手"工程，实行"党政同责、一岗双责"，形成了党委统一领导、党政齐抓共管、部门联动推进、社会积极参与的工作格局。在多年的改山治水实践中，孕育形成了"领导苦抓、干部苦帮、群众苦干"的"三苦"作风，锻造了干部群众"久久为功、持之以恒、艰苦奋斗"的精神底色。正是靠着干部群众的这股精神，在沟壑纵横的黄土地上树起了一座撼天动地的绿色丰碑，演绎了一曲气壮山河的绿色乐章，练就了一支越是艰苦越向前的生态文明建设"铁军"。

三、八步沙林场生态治沙：让"沙窝窝"变"金窝窝"

（一）案例背景

　　八步沙林场地处河西走廊东端、腾格里沙漠南缘的甘肃省武威市古浪县。八步沙原名跋步沙，意为人畜都很难跋涉到的地方。20 世纪 80 年代，这里曾是当地最大的风沙口，沙丘当时以每年 7.5 米的速度向南推移，周围 10 多个村庄、2 万多亩良田、3 万多群众受到严重影响。1981 年，村民郭朝明、贺发林、石满、罗元奎、程海、张润元不甘心世代生活的家园被黄沙威逼，义无反顾挺进八步沙，带头以联户承包的方式发起和组建了八步沙集体林场。到 2019 年，从一道沟到十二道沟，以"六老汉"为代表的八步沙林场三代职工治沙造林 21.7 万亩，管护封沙育林育草面积 37.6 万亩，栽植各类沙生植物 3040 多万株[①]。

　　如今的八步沙林场，长满了沙生植物，将古浪县与腾格里沙漠隔开，形成 7.5 万亩防风沙的"缓冲带"，保护了周边 10 万亩农田、过境的公路、铁路，以及西气东输、西油东送、西电东送等国家能源建设大动脉因此更加安全畅通。2019 年 8 月 21 日，习近平总书记沿着砂石路一路颠簸来到距离古浪县城 30 千米的八步沙林场考察调研。走进林场，看到漫地黄沙中显现出片片绿地，习近平总书记十分高兴："中国造出了世界上面积最大的人工林，为全球生态保护作出巨大贡献。特别是党的十八大后，绿色发展的观念更加深入人心"[②]。八步沙林场实现了从"不毛之地"向"绿水青山"和"金山银

[①] 《用愚公精神创造生命奇迹——甘肃古浪六老汉播绿八步沙的故事》，《光明日报》2019 年 3 月 29 日第 1 版。

[②] 《困难面前不低头 敢把沙漠变绿洲》，人民网，2022 年 6 月 6 日。

山"的转化，2019 年 9 月荣获全国绿化模范单位称号，2019 年 11 月被生态环境部命名为第三批"绿水青山就是金山银山"实践创新基地 ①。

（二）主要做法和成效

1. 三代职工发扬愚公精神，接续治沙

1981 年"六老汉"组建八步沙集体林场，正式开始植树造林治理荒漠，八步沙林场三代职工持之以恒，截至 2019 年造林面积达 21.7 万亩，管护封沙育林育草 37.6 万亩，古浪县森林覆盖率提升到 12.41%，大幅度增加了森林生态服务功能价值；治理了 7.5 万亩荒漠，沙区植被覆盖率由治理前的 20% 提升到 60% 以上；建成了一条南北长 10 千米、东西宽 8 千米的绿色长廊，防风固沙效果明显，保护了近 10 万亩农田。八步沙三代职工发扬当代愚公精神，将风沙为患之地转变成树草相间的绿洲，为筑牢西部生态安全屏障作出了重要贡献 ②。

2. 加强队伍建设，开展生态移民，巩固治沙成效

古浪县持续发扬八步沙"六老汉"精神，引导、鼓励和号召群众参与，防沙治沙工程规模不断增大，治沙面积持续增加，建设进度不断加快。当地群众高度参与，形成了稳定和强大的治沙力量。治沙团队在农田、村庄、林场等区域持续开展绿化工作，基本上控制了长约 132 公里的风沙线，生态环境持续好转。在提升生态质量的基础上，夯实生存和发展的基础，古浪县把沙漠治理和生态移民、脱贫攻坚

---

①② 甘肃生态环境，《甘肃省古浪县八步沙林场生态治沙促人沙和谐》，生态环境部西北督察局网站，2021 年 7 月 28 日，https://xbdc.mee.gov.cn/xbfc/gssgzdt/202107/t20210728_851679.shtml。

结合起来，妥善开展生态移民。2012 年以来，古浪县大规模实施生态移民易地扶贫搬迁工程，先后建成绿洲生态移民小城镇和 12 个移民安置点，搬迁安置群众共 1.53 万户、6.24 万人，让治沙成果惠及千家万户①。

3. 引进资本，创新经营模式，发展绿色产业

八步沙林场通过市场机制，多方引入社会资本用于造林治沙和发展生态产业，实施了"小渊基金""蚂蚁森林""中国绿色碳汇基金会碳汇林"等公益项目，在改善生态的基础上，重点发展以枸杞为主的经济林基地和梭梭林接种肉苁蓉基地。截至 2021 年完成投资 1300 万元，栽植以枸杞为主的经济林 7500 亩、梭梭林接种肉苁蓉 5000 亩②。在经营方式上，打造"公司＋基地＋农户"模式，以 2009 年成立的古浪县八步沙绿化有限责任公司为平台，鼓励当地群众参与，建立了"按地入股、效益分红、规模化经营、产业化发展"的林业产业经营机制，走出了一条"以农促林、以副养林、以林治沙、多业并举"的新路子，形成了"群众主动治沙—沙产业开发—收益用于治沙"的循环模式。八步沙林场引进多元社会组织参与生态建设和经济建设，使沙漠变废为宝，提高了林场生态产品的市场竞争力，实现了沙漠区域的可持续发展。

（三）经验启示

1. 生态治理和精准脱贫双赢是目标

古浪县八步沙林场坚持将防沙治沙作为生态文明建设的重要内

---

①② 甘肃生态环境，《甘肃省古浪县八步沙林场生态治沙促人沙和谐》，生态环境部西北督察局网站，2021年7月28日，https://xbdc.mee.gov.cn/xbfc/gssgzdt/202107/t20210728_851679.shtml。

容，坚持规划先行、因地制宜、综合施策、科学治理，创新机制、政策供给、生态治理新模式，多元投入，探索走出了一条"以农促林、以副养林、农林并举、科学发展"的生态修复治理模式，使治理后的荒漠发挥出经济效益，达到生态治理和精准脱贫双赢的目标。八步沙林场生态治沙促发展的模式适用于区域内生态环境本底差、生态环境十分脆弱的沙漠地区，通过采用适宜当地环境的治沙防沙技术开展生态修复，不断筑牢生态根基，积累"金山银山"的转化资本。

2. 不畏艰难持之以恒的当代新愚公精神是动力

习近平总书记在八步沙林场考察调研时指出，"新时代需要更多像'六老汉'这样的当代愚公、时代楷模""要继续发扬'六老汉'的当代愚公精神，弘扬他们困难面前不低头、敢把沙漠变绿洲的进取精神，再接再厉，再立新功，久久为功，让绿色的长城坚不可摧"①。在三代"愚公"的不懈努力下，八步沙林场已发展成为古浪县唯一一家由农民联户组建的生态公益性林场，也成为甘肃省农民联户承包治沙造林的典型，为甘肃乃至全国承包经营治理沙漠树立了样板。八步沙林场"六老汉"三代人，一代接着一代干，在追求人与自然和谐发展的实践中，用汗水和心血谱写了一曲让沙漠披绿生金的时代壮歌，以实际行动践行了习近平生态文明思想。

3. "沙窝窝"变"金窝窝"科学发展是支撑

多年的治理使八步沙林场生态环境发生了翻天覆地的变化。八步沙林场还利用独特的自然地理条件，在治理好的沙化土地上复耕了耕地种梭梭、接种肉苁蓉，在林区建设了土鸡养殖基地。从防沙治沙、植树造林到培育沙产业、发展生态经济，八步沙林场治沙人因地

---

① 《跟着总书记看中国|八步沙的绿色约定》，人民网–人民视频，2022年9月29日。

制宜、不断探索，坚持运用科学方法治沙造林，创出了一条"以农促林、以副养林、农林并举、科学发展"的生存发展之路。在不毛之地的腾格里沙漠建起了绿色防沙带和绿色产业带，走出了一条"沙窝窝"变"金窝窝"的生态环境保护和搬迁移民脱贫致富"双赢"的新路子，实现了沙漠变绿洲、绿洲变金山的转变。

第二章

践行人与自然和谐共生

一、南水北调：人水和谐共赢

（一）南水北调惊天地，清水走廊撼山河

南水北调工程通过东、中、西三条调水线路与长江、黄河、淮河和海河四大江河联系，构成以"四横三纵"为主体的总体布局，以利于实现中国水资源南北调配、东西互济的合理配置格局。南水北调工程举世瞩目，号称世界上工程规模最大、供水规模最大、距离最长、受益人口最多、移民强度最大的生态工程。

东线工程主要供水范围位于华北平原东部，总面积约 18.3 万平方千米。从长江下游扬州江都抽引长江水，利用京杭大运河及与其平行的河道逐级提水北送，并连接起调蓄作用的洪泽湖、骆马湖、南四湖、东平湖。出东平湖后分两路输水：一路向北输水到天津，另一路向东到烟台、威海。一期工程调水主干线全长 1466.5 千米，规划分三期实施。

中线工程全自流供水华北平原，起点位于汉江中上游丹江口水库，供水区跨长江、淮河、黄河、海河四大水系，总面积约 15.5 万平

方千米，受水区域为河南、河北、北京、天津四个省（直辖市）。从
加坝扩容后的丹江口水库陶岔渠首闸引水，输水干线全长1431.9千
米。规划分两期实施。

西线工程尚处于规划阶段，未开工建设。

南水北调工程规划最终调水规模448亿立方米，其中东线148亿
立方米、中线130亿立方米、西线170亿立方米，建设时间需40～50
年。整个工程将根据实际情况分期实施。其中，东线、中线一期工程
分别于2013年12月、2014年12月正式通水。在汛期，东线工程输
水河道将承担泄洪功能，所以输水期在11月至次年5月，而中线工
程一年四季均可调水。

（二）生态筑底水更绿，调水治水安民生

1. 坚持系统理念，建设管理多管齐下

坚持系统观念治水，就是要处理好开源和节流、存量和增量、时
间和空间的关系。进入新发展阶段、贯彻新发展理念、构建新发展格
局，形成全国统一大市场和畅通的国内大循环，促进南北方协调发展，
更需要水资源的有力支撑[①]。研判把握水资源长远供求趋势、区域分布、
结构特征，科学确定工程规模和总体布局，处理好发展和保护、利用
和修复的关系，决不能逾越生态安全的底线。坚持节水优先，把节水
作为受水区的根本出路，长期深入做好节水工作，根据水资源承载能
力优化城市空间布局、产业结构、人口规模。建设管理多管齐下，同
步抓紧东线治污、中线水源区保护、受水区地下水控采、输水过程中
供水安全控制、社会节水措施的落实等。在经济管理中，统筹工程投

---

① 《深入分析南水北调工程面临的新形势新任务 科学推进工程规划建设提高水资源集约节
约利用水平》，《人民日报》2021年5月15日第1版。

资和效益、应对物价指数及有关政策变化引起的水价负担及社会承受能力问题、合理调配不同水平年水资源、控制还贷风险等。

南水北调工程在多方面取得显著成效：（1）提高了水资源环境承载能力。有效缓解北方地区水资源供需紧张局面，逐步消除影响北方经济发展的"瓶颈"，促进人口环境相对均衡。（2）促进了社会、经济、生态效益的统一。截至 2021 年，南水北调东、中线一期工程累计调水约 494 亿立方米。通水 7 年来，已累计向北方调水近 500 亿立方米，受益人口达 1.4 亿人，40 多座大中型城市的经济发展格局因调水得到优化。工程实施后，每年间接增加生态和农业用水 60 亿立方米，使北方地区水生态恶化的趋势初步得到遏制，逐步恢复和改善生态环境，为北方地区人民提供生态产品。为水资源严重匮乏的北方地区人民提供水质优良的生活用水，同时创造与自然和谐的人居环境。具有重大的生态效益。（3）工程作为基础设施的重要组成部分，拉动了内需，增加了就业岗位，具有经济和社会效益。中线沿线结合工程景观、当地生态文化旅游资源，建设生态文化旅游产业带，带动了沿线经济社会发展。（4）为华北地区粮食增产提供条件。提高北方粮食产区生产能力，促进粮食供需平衡。在全球气候变暖、极端气候增多条件下，工程还将增加国家抗风险能力，为经济社会可持续发展提供保障①。

2. 治污环保"三先三后"，严格把控水质

南水北调在规划设计、工程建设以及运行管理阶段都坚持国务院提出的"三先三后"原则，即"先节水后调水，先治污后通水，先环保后用水"。南水北调的成败在于治污能不能按照规划见效，因此，

---

① 《建好南水北调工程 推进生态文明建设》，人民网–中国共产党新闻网，http://cpc.people.com.cn/n/2013/0730/c367403–22382604.html。

东线、中线在工程建设时，包括规划阶段，都提出了一些相应的治污措施。东线工程实施了《南水北调东线工程治污规划》，规划安排了产业结构的调整、工业点源的治理、城市污水的处理、流域综合治理、截污导流五大类 426 个治污项目，投资约 153 亿元。在通水前，这个规划实际完成了 174 亿元，完成率是 113%。为了强化治污，江苏、山东两省又安排了 514 个项目，总投资 200 亿元，纳入了国家重点流域水污染防治"十二五"规划，完成情况良好。管理方面，包括严格环保准入、推进退渔还湖等，地方上还做了很多工作。

中线丹江口水库的水质是Ⅰ~Ⅱ类，一直很好，但考虑到中线供水的重要性，中线的水质标准定的是Ⅱ类，为能达标，国家实施了丹江口库区及上游水污染防治和水土保持"十一五""十二五"规划。规划覆盖了水源区的 43 个县和重点的乡镇，包括垃圾污水处理设施全覆盖。政府也采取高门槛，通过工业结构调整来淘汰一些重污染企业。同时，还开展库周生态隔离带建设，在库的周围 1 千米范围内不允许种植需要施农药、化肥的作物。渠道两岸也开展了水源保护区划定工作，分别划定了一级水源保护区和二级水源保护区，在保护区内进行干线生态带建设，彻底把外来的污染源和干渠隔离开，解决污染问题。工程沿线还建成了水质监测站、自动监测站等，实时加强水质监测。通过采取这些措施，通水以来南水北调中线水质一直是满足要求的，而且越来越好。

3. 征地移民先外迁后内安，帮扶建设美丽移民村

南水北调征地移民主要以国务院原南水北调工程建设委员会印发的《南水北调工程建设征地补偿和移民安置暂行办法》作为总体指导。移民包括两部分，一部分是库区移民，一部分是干线搬迁，一共涉及北京、天津、河北、河南、湖北、江苏、山东、安徽等 8 个

省（直辖市）25 个大中城市 150 多个县（市、区）。南水北调东线工程人口迁移数量较少，移民分散，主要采取就近安置；移民重点在于中线工程丹江口库区移民，其涉及河南、湖北两省，河南省规划移民16.2 万人，湖北省规划移民 18.1 万人，两省移民人数大致相当。

搬迁安置工作实行了国务院原南水北调工程建设委员会领导、省级人民政府负责、以县为基础、项目法人参与的管理体制。河南、湖北两省把移民搬迁安置作为当时重要的政治任务，市县都相应地成立了高规格的移民安置指挥部，形成上下协同、指挥有力、运转高效的组织领导体系。搬迁过程中，两省坚持全省一盘棋，探索实施了一系列新办法，包括先行介入移民规划各个环节，引导主导移民规划编制、完善规划，先试点移民，再大规模搬迁，先外迁后内安，另外还动态据实调整价差，列了特殊预备费，还特别注重移民村的文化建设。通过这些创新举措，最终实现了丹江口库区的移民"搬得出、稳得住、能发展、可致富"。搬迁安置后，党中央和地方政府对后续帮扶也没有放松，积极落实农村移民后帮扶政策，特别是河南、湖北两省整合资金项目和资源，向库区和移民安置区倾斜，加强移民村的社会治理，引进龙头企业，带动产业发展，建设美丽移民村，开展移民生产技能培训和劳务输出。

（三）统筹管理共参与，全民守护幸福渠

1. 大型调水工程须由权威机构统一组织实施和管理

大型跨流域调水工程的设计、施工及运行管理，涉及现在与未来不同流域（调出水区、调水沿线区、调入水区）内自然环境结构的调整及资源的重新分配问题，关系到各个区域的现在与未来的发展。因此，流域整体性极强的自然属性不仅要求对流域进行综合开发和综合

规划，而且为了维护和恢复流域良性循环的生态环境，要求人类活动与流域环境之间的关系达到协调。跨流域调水工程的设计、建设与运行管理必须由政府出面统一组织实施与管理，其管理机构应具有高度的权威性，由政府赋予其相应的行政权，甚至包括立法权。在调水工程建设方面可允许社会团体和个人参与工程集资，但不允许私人公司直接建设和管理，即采取政府在跨流域调水工程建设与管理上实行国家垄断性经营，以确保水资源的持续利用和区域相关产业优化配置。

2. 调水工程规划设计、建设及运行管理坚持协调性原则

大型跨流域调水工程的水量分配和调水量、建设项目的实施方案，除技术经济问题外，涉及大量的社会和环境问题，上下游之间，左右岸之间，调出区、沿线区与调入区之间，各行政区之间利益冲突和矛盾大量发生，具体解决首先是由中央政府进行协调，按协调达成的协议办事，对于长期协调不下的问题，为了达到国家改善水资源配置的目的，最终甚至要动用法律诉讼等手段。政府设立的流域管理机构应积极介入跨流域调水工程的建设与管理，从流域管理的角度出发，还应积极介入流域内的重大水事活动。必须对相关流域进行统一协调，统筹考虑各流域已存在的和将来进行建设的各种社会、经济活动的关系。此外，跨流域调水工程一般要通过各种配套工程来发挥作用，没有高质量配套合理工程来发挥作用，没有高质量配套合理的工程体系，就难以发挥调水工程的综合效益。因此，也要重视调水及其配套工程的协调与运行管理。

3. 高度重视生态环境保护与人民福祉，实现人水和谐共赢

加强生态环境保护，坚持山水林田湖草沙一体化保护和系统治理，加强长江、黄河等大江大河的水源涵养，加大生态保护力度，加强南水北调工程沿线水资源保护，持续抓好输水沿线区和受水区的污染防治和生态环境保护工作[①]。

作为区域水资源开发的跨流域调水工程，在社会经济建设中具有不可替代的作用，其对生态环境的不利影响，日益受到国内和国际社会的广泛关注。随着环境影响评价制度的建立，许多国家政府在跨流域调水运作中，都非常强调生态环境保护的研究。南水北调工程可能会存在一些负面影响的风险，例如淹没和移民、水量区域间重新分配产生一定的负效应、被调水的河流河口咸水入侵、水体污染、引发传染疾病扩散、引发地质安全等。所以，要高度重视生态环境保护工作，客观辩证地看待工程的利与弊。

通过完善基础设施，发展绿色产业，补上教育、医疗等公共服务短板，促进移民村旧貌换新颜。移民群众搬得出、稳得住、能致富，走出一条具有水源区特色的生态优先、绿色发展之路。良好生态环境是最公平的公共产品，是最普惠的民生福祉。

生态文明建设是人类发展价值的更新，建设生态文明要求人们重新审视发展的价值、方式和目的，实现人与自然的和谐发展。因此，南水北调工程应尽量不以损害生态环境为代价。建设好南水北调工程，加快水生态文明建设，促进经济社会发展与水资源承载能力相协调，不断提升我国生态文明水平，努力建设美丽中国。

二、三江源国家公园：人与高原生态和谐共生

（一）国家公园体制首试，护卫三江源生态基底

三江源地处青藏高原腹地，是长江、黄河、澜沧江的发源地，是

---

① 《习近平在推进南水北调后续工程高质量发展座谈会上强调 深入分析南水北调工程面临的新形势新任务 科学推进工程规划建设提高水资源集约节约利用水平》，《人民日报》2021年5月15日第1版。

我国淡水资源的重要补给地，是高原生物多样性最集中的地区，是亚洲、北半球乃至全球气候变化的敏感区和重要启动区。中共中央、国务院高度重视三江源地区的生态保护工作，2015 年 12 月，中央全面深化改革领导小组第十九次会议审议通过《三江源国家公园体制试点方案》。三江源国家公园体制试点区位于青海南部，平均海拔 4712.63 米，总体格局为"一园三区"，即三江源国家公园和长江源（可可西里）、黄河源、澜沧江源三个园区。总面积 12.31 万平方千米，占三江源面积的 31.16%。其中，冰川雪山 883.4 平方千米、河湖湿地 29842.8 平方千米、草地 86832.2 平方千米、林地 495.2 平方千米。它是中央批准的第一个国家公园体制试点，肩负着为国家公园体制建立探索路子、树立样板的重任。三江源国家公园的根本任务就是在重要生态功能区，探索禁止和限制开发地区的发展之路，促进人与自然和谐共生。

（二）工程措施结合管理机制，三江源的"绿色守护神"

1. 实施重大生态保护和修复工程，优化重组各类保护地

国家在青海三江源地区开展生态保护和建设一期、二期工程，保护和修复了三江源地区的生态环境，优化重组各类保护地。坚持保护优先、恢复为主，以山水林湖草一体化管理保护为原则及目标，对三江源国家公园范围内的各类保护地进行功能重组、优化组合，实行集中统一管理，其中主要包括自然保护区、国际和国家重要湿地、重要饮用水源地保护区、水产种质资源保护区、风景名胜区、自然遗产地等。在保护区加强管理的基础上，增强各功能分区之间的整体性、联通性、协调性，从而实现整体保护、系统修复、一体化管理。同时，将三江源的管理数据化、网络化、权责清晰化。开展三江源重要生态

源地草地、林地、湿地、地表水和陆地野生动物资源的本底调查，建立三江源自然资源本底数据平台，编制自然资源资产负债表以及资源资产管理权力清单、责任清单，构建归属清晰、权责明确、监管有效的国家自然资源资产管理体制[①]。

经过多年艰苦的生态建设，科学实施一系列生态保护和建设工程，加之受全球气候变暖三江源地区降水量增加、高山冰川融水增多的共同作用，三江源地区生态系统退化趋势得到有效遏制，生态建设工程区生态环境明显好转，生态保护和建设成效凸显。国家发展改革委生态成效阶段性综合评估报告显示：三江源区主要保护对象都得到了更好的保护和修复，生态环境质量得以提升，生态功能得以巩固。具体来讲，水涵养量逐年增长，草地覆盖率、产草量分别比10年前提高了11%、30%以上。野生动物种群明显增多，藏羚羊由20世纪80年代的不足2万只恢复到7万多只。生态系统总体好转，草地退化趋势有所逆转，工程区草地整体呈现好转态势；湿地与水体生态系统有所恢复，工程区水体与湿地生态系统面积净增加308.91平方千米，增长了0.6%；草地净初级生产力和产草量保持稳定，生态系统水源涵养和流域水供给能力基本保持稳定，空气质量和地表水水质稳中向好[②]。

2. 加大生态补偿和转移支付，协调脱贫致富与生态保护

青海经济社会发展程度不高，省级财政实力不强，省级财政支出的82%来自中央转移支付，位于三江源国家公园范围内的玛多、治多、杂多、曲麻莱四县财政支出的90%以上来自转移支付。三江源地区2372.34万亩国家级公益林已纳入中央财政森林生态效益基金补偿范围。中央财政森林生态效益补偿资金依据国家级公益林的权属，

---

①② 刘峥延，李忠，张庆杰：《三江源国家公园生态产品价值的实现与启示》，《宏观经济管理》，2019年第2期第68～72页。

实行不同的补偿标准。针对当地居民的生态补偿政策，主要包括生态管护公益岗位制度、草原奖补政策、生态公益林补偿制度等。三江源国家公园生态管护公益岗位制度是为协调牧民群众脱贫致富与国家公园生态保护的关系，创新建立的一项生态管护公益岗位机制。在落实全省"1+8+10"精准扶贫政策同时，在园区内实施"一户一岗"吸纳一批、培训技能转岗吸纳一批、特许经营吸纳一批、工程建设吸纳一批、传统产业升级吸纳一批的"五个一批"扶贫模式，拓展增收渠道，获得稳定收益。统筹财政专项、行业扶贫、地方配套、金融信贷资金、社会帮扶和援青资金，形成了"六位一体"的投入保障机制，每年省级财政专项支持三江源国家公园扶贫资金增长不低于20%，使广大农牧民生产生活条件得到明显改善。生态管护公益岗位制度的实施，让每户牧民有一个稳定的就业岗位，按照人均纯收入4000元的脱贫标准，5人以下的贫困户可以实现脱贫，生态公益岗位设置对三江源区牧民脱贫解困、巩固减贫成果发挥了重要作用。

3. 整合管理机构，理顺机制体制

从青海省内现有编制中先后调整划转400多个，组建了三江源国家公园管理局（正局级），下设长江源（可可西里）、黄河源、澜沧江源3个园区管委会。其中，长江源管委会挂青海可可西里世界自然遗产地管理局牌子，并派出3个正处级机构，将原分散在林业、国土资源、环境保护、水利、农牧等多个部门的管理职责全部划归到三江源国家公园管理局和3个园区管委会。同时，整合治多、曲麻莱、玛多和杂多县政府所属国土资源、环境保护、林业、水利等部门相关职责，组建生态环境和自然资源管理局；整合县级政府所属的森林公安、国土执法、环境执法、草原监理、渔政执法等执法机构，组建园区管委会资源环境执法局；整合林业站、草原工作站、水土保持站、湿地保护站等涉及自然资源和生态保护的单位，统一设立生态保护站。从管理机构上实现功能整合，从而实现统一高效的保护管理和综合执法，从根本上解决政出多门、职能交叉、职责分割的管理体制弊端，为实现国家公园范围内自然资源资产、国土空间用途管制"两个统一行使"和重要资源资产国家所有、全民共享、世代传承奠定了体制基础。国家公园社会效应日益发挥，群众对国家公园的认同感明显提高①。

（三）从"依靠草原"到"守护家园"，三江源华丽"生态转身"

1. 改变"九龙治水"，归口管理体系

三江源国家公园体制试点建设的过程中，形成了一个部门管理、一种类型整合、一套制度治理、一体系统监测、一个理念建园、一支队伍执法、一户一岗管理的"七个一"三江源模式，为改变"九龙治水"闯出了一条路子。整合园区生态保护管理、自然资源执法职责，实施大部门制改革，形成以管理局为龙头、管委会为支撑、保护站为基点、辐射到村的新管理体制，实现生态环境国土空间管制和自然资源统一执法，"九龙治水"顽症得到有效破解。

2. 全社会参与国家公园共建

三江源国家公园建设得益于一众力量推动，有序扩大社会力量参与生态保护是国家公园体制试点建设的重要内容。在国家公园内行政村成立生态保护协会，与众多知名高校和科研机构建立科技联合攻关机制，广泛吸引知名企业和非政府组织积极融入，建立志愿者招募、培训管理等机制，加强与国际知名国家公园合作，群众主动保护、社会广泛参与、各方积极投入"全民共建共享"的氛围日益浓厚。民间

---

① 刘峥延、李忠，张庆杰：《三江源国家公园生态产品价值的实现与启示》，《宏观经济管理》，2019年第2期第68～72页。

环保组织的蓬勃发展，社会公众环保意识的提升，为生物多样性保护作出巨大贡献。在生物多样性政策制定、信息公开与公益诉讼中发挥着越来越大的作用。在"国家公园法"和《中华人民共和国野生动物保护法》的制定和修订过程中，政府相关部门专门组织公益组织和公众参与其中，为法律的制定和修订建言献策，提出诸多宝贵建议，推动法律更加完善。2020 年 4 月，三江源称多县嘉塘保护地正式上线蚂蚁森林，目前已捐赠保护超过 1 亿平方米。

3. 发扬"青藏高原精神"和"可可西里坚守精神"

坚持发扬传承"特别能吃苦、特别能战斗、特别能忍耐、特别能团结、特别能奉献"的"青藏高原精神"，以可可西里巡山队员为原型，提炼打造"可可西里坚守精神"，并获中宣部"优秀理论宣讲报告"。"可可西里坚守精神"为保护生态环境注入了新的强大精神动力，赋予新的时代意义，使之成为三江源国家公园建设者扬帆远航的精神支撑。"人民满意的公务员集体""全国工人先锋号""全国学雷锋示范点"等先进集体荣誉称号，以及"中国青年五四奖章""全国五一劳动奖章""中华生态英雄"等先进个人荣誉称号，既是对三江源国家公园相关单位与工作人员辛勤坚守与无私奉献的高度肯定，也巩固了这一精神丰碑，引导更广泛群体来参与和传承。

三、一路"象"北：人象和谐共存

（一）"北上南归"：云南大象的出走与回家之旅

一路"象"北，指云南野象群集体北迁并返回事件。2021 年 5 月末，16 头来自云南西双版纳的大象一路北迁，沿途在自然环境与城市空间中跋涉，随时坐卧休憩瘫倒"躺平"。其憨态可掬的样子在全球

"圈粉"无数，热衷"妖魔化"中国的众多外媒也纷纷追踪报道象群行踪，客观观察中国在生态与环境保护议题上作出的努力，如实介绍中国政府在保护象群和居民安全过程中的双赢举措。一场偶发的动物迁徙，变身成为"讲好中国故事"的成功案例。

"说走就走"的云南北迁亚洲象，在2021年9月10日安全顺利通过把边江大桥，从普洱市墨江哈尼族自治县进入宁洱哈尼族彝族自治县磨黑镇。至此，"断鼻家族"象群正式结束了他们长达17个月的北上旅程。北上的亚洲象群"旅行团"，在一年多时间里引发了全球范围的关注。象群的家乡云南，不仅是中国生物多样性最丰富的地方，并于2021年10月举办了《生物多样性公约》第十五次缔约方大会（COP15）。人们除了感叹象群的可爱调皮，也开始对云南的生物多样性保护工作产生好奇。正如2021年10月12日习近平主席所说，"前段时间，云南大象的北上及返回之旅，让我们看到了中国保护野生动物的成果"①。

（二）做好紧急事件应急处理，讲好理性、温情"中国故事"

1. 中央与地方政府应急处置

中国政府就解决此次云南野生象出走事件，主动寻求与亚洲专家和其他国际专家合作，共同商讨对象群和人类最好的解决措施，同时中国政府也向世界展示对大象保护的承诺，并为保证人象和谐共存找到解决方案。中国的积极态度和行动受到世界自然保护联盟物种生存委员会亚洲象专家组的好评。

为缓解"人象冲突"，政府部门采取了为大象建"食堂"、为村民修建防象围栏、开展监测预警等措施，同时引入社会力量致力于

---

① 习近平：《共同构建地球生命共同体——在〈生物多样性公约〉第十五次缔约方大会领导人峰会上的主旨讲话》，新华社，2021年10月12日。

让村民在保护中受益，让社区参与保护，推动保护监测、栖息地修复。政府与保险公司合作，全额赔付当地群众因象群迁徙造成的经济损失；每日通报象群的迁徙情况，公开当日的物资调配与人员疏散数据。云南省还成立了亚洲象群北迁安全防范工作领导小组，一系列应急处置总是及时有效：派工作组抵达现场指导当地开展监测预警、安全防范、宣传引导等工作，及时发布公告，提醒广大群众做好亚洲象肇事防范；利用无人机及时向联合指挥部和县委、县政府汇报象群最新活动线索，并通知沿边群众及早做好撤离准备；实行 24 小时不间断监测，研判迁徙路线，及时发布预警，通过实施道路管制、人员疏散、投食诱导、隔离围挡等应急措施，使象群未进入两侧人口密集区，确保了人民群众生命安全；对周边村镇民众尤其是中小学生开展亚洲象保护和防范知识普及。总之，密切跟踪监测象群的活动情况，协调人力、物力确保当地百姓与大象的安全，全力防范象群持续北迁带来的公共安全隐患。

2. 媒体与大众积极宣传

长期以来，国际主流媒体由西方为主体发声，受固有成见及主导态度的影响，对我国的报道大多充满了偏见与误读，对他国民众的态度及我国的国际形象造成了伤害。在此次事件中，我国媒体积极发声，持续跟踪象群，深入探析政府、城市、公众等国家形象塑造主体，结合大量一手独家图片与视频，积极参与议题设置，做好中国国家形象的"自塑"。如实报道政府举措，展现出负责任、有担当的大国政府形象。回溯当地政府长期以来进行的动物保护措施及保护成效，展现出美丽、丰饶的城市形象。在提供"追象"信息的同时，链接云南的经济发展、历史人文等内容，打造令人向往的"彩云之南"，提升我国形象。媒体还适时担任了科普传播者的角色：发布相关严肃性报道，引导大众不单纯以猎奇心态看待大象北迁事件；开展系列报道，向人们科普遭遇象群应如何保障生命安全、大象为何会迁徙等知识；主动设置议题，将话题导向象群北迁背后的中国生态文明建设现状。

大象迁徙事件中，中国民众展现出了文明友善的国民素质。中国人爱象护象、和谐共存、与象亲近的动人之举充满温情：家中农作物被大象啃坏、踩坏的农民担心大象吃不饱；热心民众担心象群不适应新环境，根据专家提醒给大象放食引路……各地网友也密切关注大象动态，通过"造梗""讲段子"的方式参与讨论，在网络互动中尽显中国人民开朗、热情的国民性格。"自塑"的国家形象和自设的议题也是他国媒体开展"他塑"的原始资料。外媒的报道大量引用中国媒体的信息和音像资料，中国的大象保护工作、大象迁徙造成的经济损失、生产生活受到大象迁徙影响的民众的乐观反应、国内专业学者的受访等话语被如实转述，中国温柔消解"人象冲突"、注重亚洲象种群保护成为大多数外媒报道的共识①。

（三）归途亦是起点，构建形成完善的动物保护"中国方案"

1. 地球生命共同体支持生物多样性保护

绿水青山就是金山银山。中国提出"共建地球生命共同体"的理念，大力支持生物多样性保护，把生态文明理念写入宪法，坚定不移地贯彻创新、协调、绿色、开放、共享的新发展理念，体现了中国对生物多样性保护的坚定决心。保护、利用好宝贵的生物资源，走绿色可持续发展道路，协调好人与生态环境的关系，才能长久地保护好生

---

① 陈欣怡，黄日涵：《云南大象北迁：温情生态保护故事助力国家形象构建》，《世界知识》，2021年第19期第70～71页。

态环境，增进人民福祉。中国政府重视加强生态环境保护，持续加大投入生物多样性保护领域的资金，为加强生物多样性保护提供重要保障。云南大象北上及回归之旅展现了中国生物多样性保护成果。

2. 中国特色生态保护红线制度平衡发展与保护

联合国将 2021—2030 年定为"联合国生态修复十年"，以期在世界范围内实现生态修复，助力到 21 世纪中叶全面建立更和谐的人与自然关系。2010 年《生物多样性公约》缔约方大会第十次会议在日本爱知县通过的 2011—2020 年《生物多样性战略计划》，提出了"爱知生物多样性目标"。"爱知目标"出台后，我国迅速从国家层面成立了"2010 国际生物多样性年中国国家委员会"（后更名为"中国生物多样性保护国家委员会"），还设置了相关部委之间的协调机制和领导小组。大力投入之下成效十分显著。根据生态环境部数据，截止到 2020 年底，我国初步划定的生态保护红线面积比例不低于陆域国土面积的 25%，各类自然保护地的面积占到陆域国土面积的 18%。提前实现联合国《生物多样性公约》"爱知目标"所确定的 17% 的目标要求，与多年来中国自然保护地体系的建设力度有很大关系。

在全球范围内各类基于区域的自然保护机制中，生态保护红线制度极具中国特色，是较为特殊的存在。生态保护红线制度具体指的是，在生态空间范围内具有特殊重要生态功能、必须强制性严格保护的区域。生态红线的覆盖面比世界自然保护联盟（IUCN）提出的自然保护地体系覆盖面要大。生态红线里除了包括保护地，还包括生态比较重要的区域和敏感脆弱区域这两种，对物种保护效果更好。

3. 国际传播新视角讲好"中国故事"

对于做好国际传播，我们曾经常常陷入"用力过猛"的桎梏中，找不到好的突破方向，明明白白的"说实话"被误解为"说假话""说空话"。这次云南大象北迁事件提供了一个全新的视角及成功的经验。中国媒体和网民通过挖掘共同话题，积极设置议题，以多元立体化的传播手段进行追踪报道，以小见大地向世界展现出可信、可爱、可敬的大国形象：立足客体形象，探索共同情感；参与议题设置，把握媒体形象；多元传播手段，更新叙事技巧；一场偶发的自然事件，变身为"讲好中国故事"的成功案例。中国在生物多样性保护、生态文明建设、构建地球生命共同体等方面的软实力亦得以充分展现。

第三章

践行绿水青山就是金山银山

一、福建长汀：水土流失治理经验走向世界

（一）案例背景

长汀古称"汀州"，是久负盛名的国家历史文化名城。长汀地处福建西部、武夷山脉南麓。全县总人口55万，土地面积3104.16平方千米，是典型山区县。长汀县有上百年的水土流失历史，曾是我国南方红壤区水土流失最严重的县域之一。早在新中国成立前（20世纪40年代），长汀就与陕西长安、甘肃天水被列为全国三大水土流失治理实验区。1985年，长汀全县水土流失面积146.2万亩，占全县面积的31.5%，土壤侵蚀模数达每年每平方千米5000～12000吨，植被覆盖率仅5%～40%。新中国成立后，在历任福建省委省政府的重视和指导下，长汀开始了水土流失治理的艰难探索。特别是经过近20年的奋斗，长汀水土流失治理取得突出成效。2021年《长汀县水土流失综合治理与生态修复实践》成功入选联合国《生物多样性公约》第十五次缔约方大会生态修复典型案例，"长汀经验"走向世界。

（二）主要做法和成效

1. 常抓不懈，久久为功

长汀有上百年的水土流失历史，治理也不会是一朝一夕就能完成。新中国成立后到 1982 年，长汀就开始探索水土流失治理，但由于经济条件差、治理手段单一等因素，效果不甚明显。1983 年，时任福建省委书记项南视察长汀，省委、省政府把长汀列为全省治理水土流失的试点，并得到了国家有关部委多方支持，终于展开了大规模水土流失治理的实践探索。习近平同志在福建工作期间，曾先后 5 次赴长汀调研，持续推动水土流失治理。

2000 年，时任福建省省长的习近平同志前瞻性地率先提出了建设生态省战略构想，并成立福建生态省建设领导小组。同年，福建把"长汀严重水土流失区为重点的水土流失综合治理"列为全省 15 件为民办实事项目之一，每年由省级有关部门扶持 1000 万元资金。长汀大规模治山治水的大幕就此拉开。此后连续 10 年，长汀水土流失治理都列入省为民办实事项目。习近平同志到中央工作后，曾两次作出重要指示，强调持续加强长汀水土流失治理，"进则全胜，不进则退"①。至 2009 年，长汀县水土流失治理取得明显成效，累计治理面积达 107 万亩。

站在第一个八年攻坚成效的基础上，2010 年福建省委和省政府作出决定，继续实行扶持政策，再干一个八年，水土不治、山河不绿，决不收兵。2017 年底，福建省委、省政府再次作出决定，将长汀水土流失治理列入省委、省政府为民办实事扶持政策延续下去。正是历任主政领导常抓不懈，才使长汀实现了从往日的"火焰山"到今日的

---

① 向贤彪：《"进则全胜，不进则退"（人民论坛）》，《人民日报》2022 年 5 月 23 日第 4 版。

"花果山"的转变。

2. 因地制宜，科学治理

长汀县坚持从实际出发，因地制宜、因山施策，创造性地把工程措施与生物措施相结合、人工治理与生态修复相结合，开辟出一条水土流失防治之路。

一是多措并举，加快山地植被恢复。按照草灌乔混交治理的思路，采取以工程促生物，以生物环保工程及人工客土施肥和先种草灌再种乔木的多树种草灌乔混交模式，为生态修复创造条件，加快了植被恢复。成功实施了"等高草灌带种植"、陡坡地"小穴播草"等行之有效的新技术。在立地条件较差的中、轻度水土流失山地，通过抚育施肥改造，促进"老头松"生长，促长其他伴生树草，达到植被恢复目的。对高山远山人为活动较少和已治理林地进行补植施肥，让大面积植被进行自我修复，严格执行"十个禁止"封山育林县长令。对已治理水土流失区中树种结构单一、生物多样性缺乏、抵御自然灾害能力较弱的林地，进行树种结构调整和补植修复，实施阔叶化造林，构建以水源涵养为主的复合生态系统。

二是探索茶果园生态治理模式。在低矮山丘陵地，鼓励群众进行开发性治理，以油茶、果、牧、畜为主体，以草为基础、沼气为纽带，形成植物、动物与土壤三者链接的良性物质循环和能源结构，以沼液做果树肥料，达到零排放、无污染，既治理水土流失又增加经济收入。对顺坡种植及梯田平台不达标的茶果园进行改造，做到前有埂、后有沟，并在田埂种草覆盖，田面套种豆科植物，达到泥沙不下山、雨水不冲埂的效果。

三是对山体比较稳定的崩岗采用"上截、下堵、中绿化"的办法进行综合整治。顶部开截水沟引走坡面径流，底部设土石谷坊拦挡泥沙，中部种植林草覆盖地表；积极探索崩岗开发治理模式，通过"削、降、治、稳"等措施，崩岗区变成层层梯田，栽满了杨梅树，套种了大豆、金银花等季节性作物，生态效益、经济效益、社会效益同步实现。

3. 发展导向，育富于绿

一是用好恢复后的优美生态环境，打造生态产业。积极引导农民发展大田经济、林下经济、花卉经济等生态农业，长汀县成立农民专业合作社 793 家、家庭农场 2698 家，林下经济经营面积达 178 万亩，参与林农户数 2.15 万户，年产值 28.2 亿元，被评为国家林下经济示范基地。

二是培育生态清洁小流域系统。实施村旁、宅旁、水旁、路旁等"四地绿化"，因地制宜选取具有生态、景观、亲水功能的沟渠和河道进行综合治理，结合进户、河道周边网路建设生态休闲观光道路，构建"绿水相间、绿带成网、绿环村庄"的水美乡村。创建生态清洁型小流域 45 条、国家级生态乡镇 15 个、省级生态乡镇 17 个、省级生态村 63 个、市级生态村 195 个。

经过长汀人不懈努力，水土流失面积已经下降到 2020 年底的 31.52 万亩，水土流失率降低到 6.78%，低于欧美、日本等发达国家水平。2020 年，森林覆盖率提高到 80.31%，水土流失区植被覆盖率提高到 77%～91%，土壤侵蚀模数下降到每平方千米 980 吨，鸟类从 100 种恢复到 306 种，生物多样性得到快速恢复。同时，绿色产业有效促进了经济发展。2020 年通过生态观光、森林旅游、绿色休闲等共接待游客 100 万人次，实现年产值 11.66 亿元，农民人均可支配收入达 18149 元，年均增长 10.7%。2017—2020 年连续 4 年荣获"福建省县域经济发展十佳县"称号。

（三）经验启示

长汀人民总结形成了"党政主导、群众主体、社会参与、多策并举、以人为本、持之以恒"的水土流失治理"长汀经验"，被誉为"福建生态省建设的一面旗帜"和"我国南方地区水土流失治理的一个典范"。

历届政府能够坚持"以人民为中心"是这项艰巨治理工作能够取得成功的关键。长汀县能够最终解决这上百年的水土流失问题，是中国共产党人始终没有忘记"以人民为中心"的责任担当。20 世纪 80 年代，长汀把封山禁伐与给老百姓燃煤补贴两个政策并用，终于逐渐改变了老百姓上山砍树做燃料的传统习惯；90 年代，长汀林权改革先行先试，50 年的荒山使用权归村民所有，一举让农民成了治山的主体，长汀各村村民治山的热情被极大激发，治山的智慧被极大释放。21 世纪前 10 年，长汀县积极探索劣质林分土壤改良、林分结构改善、经济林培育等综合措施，从根本上解决长汀水土流失问题，并形成了独具特色的林业经济。纵观长汀水土流失治理的近 40 年过程，形成了"治理不能影响人民生活，治理需要带给人民收入，治理成就人民幸福"的清晰脉络。只要不忘"为人民服务"的初心使命和执政理念，党和国家不管在发展过程中遇到多少艰难险阻，都能取得最后的胜利。

坚持实践"绿水青山就是金山银山"的发展理念是长汀能够不断巩固治理成效的法宝。2010 年前后，长汀县水土流失治理已经取得决定性胜利，但并未停止前进的脚步。在已有成果的基础上，长汀人有意识地强化对绿色发展模式的探索，种经济林，搞林下经济，发展林业旅游，呵护生命共同体。2012 年以来，长汀引导农民发展大田经济、林下经济、花卉经济等生态农业，全县建成设施农业 2200 亩，成立农民专业合作社 627 家、家庭农场 1232 家，林下经济经营面积达 160.51 万亩，参与林农户数达 2.12 万户，年产值 23.46 亿元。2020 年长汀生态旅游接待游客人数达 100 余万人次，旅游收入 10 亿元以上 ①。这些亮眼的数据，最终绘就了长汀"绿水青山就是金山银山"的新时代画卷。

二、浙江安吉：绿水青山就是金山银山

（一）案例背景

安吉县位于浙江省西北部，境内"七山一水两分田"，是典型的山区县。2001 年，安吉县确定了"生态立县"发展战略。2003 年，时任浙江省委书记的习近平同志在安吉调研时充分肯定了安吉"生态立县"的发展之路。2005 年，习近平同志第二次到安吉考察时首次提出了"绿水青山就是金山银山"理念。2020 年，习近平总书记重访安吉时充分肯定了安吉县走生态优先、绿色发展之路的成果。在"绿水青山就是金山银山"理念的指导下，安吉县从一个省级贫困县和环境负面典型，发展成为全国首个生态县、全国绿色发展百强县和全国首个联合国人居奖获得县，地区生产总值从 2005 年的 88.9 亿元增长到 2021 年的 566.3 亿元，财政总收入突破 110 亿元，为全国乡村和县域践行"绿水青山就是金山银山"提供了"安吉模式"。

（二）主要做法和成效

1. 围绕美丽乡村建设制定发展战略和考核体系

一是以美丽乡村建设践行"绿水青山就是金山银山"。安吉县通

---

① 福建日报：《水土流失治理"长汀经验"走向世界》，福建省水利厅网站，2021年10月14日，http://slt.fujian.gov.cn/wzsy/mtjj/202110/t20211015_5742554.htm。

过美丽乡村文明建设，推进农村人居环境整治，将生态文明建设、美丽乡村建设、城镇化建设高度融合，努力实现了村庄美、产业兴的发展目标。截至 2022 年 5 月，全县已实现 187 个行政村美丽乡村创建全覆盖。二是构建以"绿色 GDP"为主导的考核体系。安吉县实施严格的生态保护责任制度，把自然资源资产保护与利用、生态环境改善等纳入各级领导干部的实绩考评体系和离任审计范围，生态文明建设权重占乡镇党政工作实绩考核 40% 以上。安吉县根据功能定位，将乡镇分工业经济、休闲经济和综合等三类，设置个性化指标进行考核，构建基于生态系统生产总值（GEP）考核的生态保护补偿机制，并每年安排 5 亿元左右的生态保护基金，切实让绿水青山的保护者受益、使用者付费、破坏者赔偿。

2. 围绕绿色产业实现生态产品价值化

一是推进生态农业品牌化。积极发展生态农业，以发展绿色低碳农业为目标，以"肥药两制"改革、农业面源污染治理为抓手，加快推进农业绿色发展，成功培育了以"安吉白茶""安吉冬笋"等为代表的农产品品牌。二是推进生态工业新型化。构建以安吉经济开发区为龙头、以天子湖现代工业园和梅溪临港经济区为两翼的工业"金三角"总体布局。先后整治高污染企业超过全县企业总数的 20%，并通过"腾笼换鸟、凤凰涅槃"等举措，形成了以绿色家居、生命健康、电子信息、高端装备、新材料为主导的产业体系。三是推进生态旅游产业化。由安吉县政府对乡村旅游经营模式进行统筹和规划，开展"全域旅游示范乡镇、乡村旅游示范村、特色民宿村落"三级联创，以"公司 + 旅行社 + 农户"三方共同参与的合作模式积极推动当地旅游产业发展，努力打造"中国第一竹乡""中国美丽乡村"等品牌效应。安吉县依托各村的自然优势、民俗特色，注重每个村差异化特点，强调"一村一品、一村一韵、一村一景"。在各村旅游业发展过程中，因地制宜地探索出多种旅游模式，如横山坞村的工业物业模式、鲁家村的田园综合体模式、尚书干村的文化旅游模式、高家堂村的生态旅游模式等。

3. 围绕生态文化宣传推动生态文明建设

一是挖掘本地生态人文资源。安吉县积极做好辖区内文物资源的管理、保护与开发工作，结合本地特色的古越文化、邮驿文化、昌硕书画文化、孝文化、竹文化、茶文化，赋予本地生态更多的文化内涵。二是设立专门的生态活动日。安吉县在全国率先设立县级生态活动日、生态文明建设集中推进日、生态主题党员活动日等三个生态"节日"，利用这些特殊的"节日"时点开展不同主题的生态文明实践活动，打通生态建设"知"与"行"的"最后一公里"，将生态文明建设融入群众生活。三是营造浓郁的生态文化氛围。安吉县组建"两山论"宣讲团，并开展宣讲团"进基层""进校园"等系列主题宣讲活动；建立安吉青少年两山教育展示馆，打造区域教育实践研学基地；深化与各类媒体的合作，利用广播、电视、网络等形式开展多样化的生态宣传活动，引导生态文明建设成为安吉全县党员干部群众的共同价值追求。

（三）经验启示

1. 坚持规划引领

将"绿水青山"变成"金山银山"是一项系统工程。安吉县以规划为引领，按照一张蓝图绘到底，通过"目标—规划—建设—长效管理"的系统工作方式，坚持在发展中保护、在保护中发展，逐步实现了县强、民富、景美、人和的浑然一体、和谐统一。20年来，安吉县坚持以"生态立县"为目标，相继出台《安吉县新农村示范区建设规划纲要》《安吉县"中国美丽乡村"建设总体规划》《新时代浙江（安吉）县域践行"两山"理念综合改革创新试验区总体方案》等总体规划统筹区域发展各个方面，设计《中国美丽乡村建设规范》《中国美丽乡村标准示范村建设实施方案》形成"中国美丽乡村"建设标准化体系，制定《安吉县中国美丽乡村长效管理办法》《安吉县新时代美丽乡村人居环境长效管理考核办法》，不断优化考核方式和奖励办法。这启示我们在践行"两山论"时，应加强顶层设计，统筹经济、政治、文化、社会、环境等各个方面，明确发展目标、建设规划、管理机制，并形成相应的制度规范，实现"绿水青山"与"金山银山"的共赢。

2. 坚持共建共治共享

安吉县在践行"绿水青山就是金山银山"的过程中，始终秉承着发展为了人民、发展依靠人民、发展成果由人们共享的以人民为中心的发展观。在生态经济建设方面，建立资源和资产入股、拿租金、挣薪金、分股金的"两入股三收益"农民利益联结机制，让更多的村民都能切实从生态保护中实现收益；在民主法治方面，探索出了以"支部带村、发展强村、民主管村、依法治村、道德润村、生态美村、平安护村、清廉正村"为主要特点的新时代乡村治理"余村经验"，并发布全国首个民主法治村建设地方标准；在生态文化发展方面，创设各类生态"节日"，加强公众宣传教育；在生态环境保护方面，建立全民参与的环境督查机制，切实维护群众知情权、表达权、监督权，引导全民共同维护美好环境。这启示我们群众参与是基础，应坚持问需于民、问计于民，使人民群众成为打通"两山"转化路径的直接参与者、坚定支持者、最大受益者，真正发挥群众的主体作用，努力提升百姓获得感、荣誉感、自豪感。

三、重庆武隆：依托生态旅游实现脱贫致富

（一）案例背景

武隆区位于重庆市东南边缘，全区土地面积 2901 平方千米，人口 41 万。东连彭水，西接南川、涪陵，北抵丰都，南邻贵州道真，距重庆主城区 139 千米，自古有"渝黔门屏"之称。2021 年，武隆区 GDP 为 262.1 亿元、增长 7.8%，城乡居民人均可支配收入分别为 44194 元、17175 元，分别增长 9.1%、11%。

2004 年，时任浙江省委书记的习近平同志率领浙江省党政代表团到重庆市武隆县考察。2020 年全国"两会"期间，习近平总书记看望参加全国政协十三届三次会议的委员，再次听取了武隆区的情况介绍，以"以前是穷乡僻壤，现在是人间仙境"对武隆发展取得的成效表示肯定。

历史上的武隆曾为国家级贫困县。武隆地处武陵山片区腹地，"七山一水两分田"，全区 80% 的乡镇、75% 的行政村都处在大山区、高山区和石山区，规模化发展工业和农业十分受限。"在落后中发展，在发展中落后"，1999 年，武隆农村居民人均纯收入仅为 1550 元，贫困发生率高达 25%；2002 年，武隆被列为国家级贫困县。2017 年成功实现国家级贫困县脱贫摘帽。

资源禀赋良好。武隆集大娄山脉之雄、武陵风光之秀、乌江画廊之幽，最低海拔 160 米，最高海拔 2033 米，全区森林覆盖率达 65%，空气质量优良常年保持在 350 天以上，是全国少有、全市目前唯一同时获评国家"绿水青山就是金山银山实践创新基地"和"国家生态文明建设示范市县"的"双创"区县。武隆水资源丰富，年降水量 1300 毫米左右，有 192 条大小河流，拥有上万亿立方米页岩气（天然气）储藏资源，水电、风电等清洁能源装机 200 万千瓦以上，页岩气商采

预计年产能 20 亿立方米，是重庆重要的清洁能源基地。650 余处可开发自然景观串珠式密布全境，被誉为"世界喀斯特生态博物馆"。

旅游业发展势头良好。1994 年，县政府大力实施"旅游兴县""打造旅游品牌"发展战略。2007 年 6 月，以重庆武隆、云南石林、贵州荔波为代表的"中国南方喀斯特"，成功列入《世界遗产名录》。2011 年，武隆喀斯特旅游区（天生三桥、仙女山、芙蓉洞）成功创建为国家 5A 级旅游景区。还拥有"国家全域旅游示范区""国家级旅游度假区"等金字招牌，2015 年荣获联合国颁发的"可持续发展城市范例奖"，2018 年被生态环境部评为全国第二批"绿水青山就是金山银山创新实践基地"。

（二）主要做法和成效

1. 增加绿色资源

截至 2021 年底，武隆区累计完成各类营造林任务 82.6 万亩，其中实施岩溶地区石漠化综合治理 7.7 万余亩。全区森林覆盖率达 65.6%，居全市第三位。由于生态良好，武隆成为国家生态文明先行示范区和首批 38 个"中国森林氧吧"之一。与此同时，武隆区积极推动"河长制"，提升全域水生态环境质量：加大对三峡水库消落区湿地保护与修复力度，13 千米消落区完成植被恢复面积 300 亩；芙蓉江常年基本保质在 I 类，乌江出境水质基本保质在 II 类[①]。

2. 维护绿色本底

武隆区聘请护林员近 1100 人，持续强化 336 万亩林地的管护。建立区、乡镇（街道）二级"双总河长"架构和区、乡镇（街道）、

---

① 数据来源：《武隆：做好"绿"文章 为发展构筑亮丽"底色"》，《重庆日报》2021 年 12 月 25 日。

村（社区）三级河长体系，设立各级河长 339 名。加强乌江、芙蓉江两大水域和仙女山、白马山、弹子山、桐梓山四大山脉重点生态功能区域保护，杜绝掠夺性资源开发和超容量旅游接待行为。据统计，近年来武隆区生态公益林区野生动物种类、数量明显增多，其中湿地水鸟种类超过 30 个。

3. 加快绿色转换

全面推行"生态 +""+ 生态"发展新模式，初步形成以清洁能源、装备制造、新型材料、农副产品深加工、新能源汽车及汽摩零部件等产业为支撑的生态工业体系；在坚持守护好世界自然遗产地这块"绿色瑰宝"前提下，武隆区全境打造"大景区""大公园"，以高山蔬菜、高山茶叶等特色农业为依托，入选国家农业绿色发展先行区，近年来近百种农产品获得绿色食品认证和农产品地理标志。2021 年，武隆接待游客 3600 万人次，实现旅游综合收入 180 亿元。25 年间，武隆接待游客量增长 300 倍，旅游综合收入增长 8500 倍。

（三）经验启示

1. 着力提升旅游品牌美誉度

武隆区委、区政府把旅游产业作为主导产业和富民产业，因地制宜构建"一心一带四区一网"生态旅游发展格局，着力把生态资源优势转化为世界品牌的核心竞争力，先后获得"全国森林旅游示范县""中国森林氧吧""中国绿色旅游示范基地""国家地质公园""中国户外运动基地""国家森林旅游示范区"和"全国生态文明示范工程试点县"等荣誉，成为同时拥有世界自然遗产、国家 5A 级景区、国家级旅游度假区的地区之一。武隆区与瑞士国家旅游局建立了长期合作关系，仙女山景区与瑞士少女峰景区结为"姊妹景区"，积极拓展国际市场，被联合国开发计划署授予"可持续发展范例奖"。

2. 发展文旅融合新产业新业态

一是与城镇建设相融合，促进生态观光游向休闲度假游转变。打造乡村旅游示范村（点），区财政每年设立 2000 万乡村旅游发展引导基金，推出了乡村避暑游、采摘农趣游、小镇探秘游等 7 条乡村旅游精品线路。培育乡村旅游特色产业，打造高山蔬菜、草食牲畜、特色林果、乡村旅游、有机茶叶等"十亿级"产业链，现代特色效益农业产业体系初步建成。

二是与文化产业融合，丰富生态旅游的发展内涵。"印象武隆"被评为"重庆市最具观赏价值的旅游重点项目"和"重庆市非物质文化遗产传承基地"。成功举办国际山地户外运动公开赛，武隆也被国家体育总局命名为"中国山地户外运动基地"。挖掘山地农耕文化特色，保护民间艺术、少数民族文化艺术和民族风情，建设农耕博物馆、展览馆，举办乡村旅游农事体验活动和农事节庆活动，建立民族民俗文化普查、抢救和振兴工作机制，寻找文化传承人。加大亚洲市场、欧洲市场和美洲市场的境外营销。

三是与商贸服务融合，加快延伸生态旅游的产业链条。协调商贸服务与旅游、农业、文化、体育的互动关系，发展旅游主导的现代商贸服务业，突出发展各类以高山生态旅游购物、生态美食餐饮为核心的游憩商贸服务设施，建立旅游商品研发、生产和交易新基地和新机制。

3. 依靠生态旅游带动脱贫致富

把旅游产业作为主导产业和富民产业，走出了一条生态美、产业兴、百姓富的可持续发展之路。

一是积极探索将特色生态资源转化为脱贫攻坚发展优势，走出贫困山区旅游扶贫新路子。全区累计吸引社会投资超过 300 亿元，用于发展旅游产业，约 10 万人从事涉旅工作实现增收致富[①]。2017 年 11 月，在旅游业带动下，武隆正式退出国家扶贫开发工作重点县行列[②]。

二是将全境作为"大景区""大公园"进行打造，以主要贫困区域为重心，统筹规划全区多处可开发的旅游资源，构建全域旅游格局[③]。

三是每年设立旅游产业发展资金，用于政策扶持和专项奖励，引导农民发展小餐饮、小旅店等涉旅"十小企业"，鼓励各类市场主体开办旅行社、酒店、旅游服务公司等。

---

① 《武隆区持续发展乡村旅游助推脱贫攻坚 取得显著成效》，今日重庆网，2020年12月24日，https://www.jrcq.cn/Release/txtlist_i6379v.html。
② 《武隆近3万贫困人口依托旅游业脱贫》，《山西农经》2020年第17期第152页。
③ 武隆区人民政府2017年政府工作报告。

第四章

践行良好生态环境是最普惠的民生福祉

一、浙江"千万工程"：造就万千美丽乡村

（一）案例背景

21世纪初，浙江经过20多年改革开放的高速发展，一跃成为经济发展大省。虽然浙江经济社会整体取得长足发展，社会发展和人均收入走在全国前列，但是城市与农村发展不平衡不协调突出。农村建设与社会发展存在明显短板，农村整体布局缺乏科学的规划指导，农村人居环境"脏乱差"现象较为普遍，乡村基础设施体系落后。

2003年，时任浙江省委书记的习近平同志经过广泛深入的调查研究，在深刻了解省情农情之后，亲自部署、亲自推动，在6月5日世界环境日当天启动实施浙江"千村示范、万村整治"工程（以下简称"千万工程"）：对1万个行政村进行环境整治，把其中1000个左右的中心村建成全面小康示范村。

（二）主要做法和成效

浙江省以实施"千万工程"、建设美丽乡村为载体，先后经历了

示范引领（2003—2007 年）、整体推进（2008—2010 年）、深化提升（2011—2015 年）、转型升级（2016 年至今）4 个阶段，不断推动万千美丽乡村建设取得新进步。2018 年 9 月，"千万工程"获得联合国最高环保荣誉"地球卫士奖"，这是习近平生态文明思想在浙江落地生根结出的重要硕果。"千万工程"被当地农民誉为"继实行家庭联产承包责任制后，党和政府为农民办的最受欢迎、最为受益的一件实事"。2018 年底，浙江已实现全省建制村生活垃圾集中处理、规划保留村生活污水治理全覆盖，到 2021 年底，建制村卫生厕所覆盖率，规划保留村畜禽粪污综合利用、无害化处理率等接近 100%。19 年来，浙江久久为功，"千万工程"真正转化为引领推动农村人居环境治理的具体实践，农村生产生活、农村人居环境面貌、农村基础设施条件与公共服务等发生翻天覆地的变化，造就了万千美丽乡村。

1. 建立健全工作机制，多方协同整治

浙江制定"千万工程"方案：成立由 12 个部门组成的"千村示范、万村整治"工作协调小组，一方面合力推进，另一方面从城市管到农村，一竿子插到底。建立党政主导、多方协同的"千万工程"责任机制，以及省负总责、市县抓落实的工作机制。各地区各部门按照分工方案，加强协同配合，积极主动做好农村人居环境整治重点工作。落实好地方各级党委和政府主体责任，强化"五级书记"特别是县、乡、村党组织书记抓落实责任。

2. 建立规划引导机制，分类施策整治

发挥规划引领作用，指导、推动和支持各地抓紧编制好村庄布局和建设规划，做到一张蓝图绘到底。合理规划村庄类别，明确不同的规划建设标准和要求，实行分类指导，不搞"一刀切"，鼓励地方探索创造。因村制宜编制村庄建设规划，形成了以县域美丽乡村建设规划为龙头，村庄布局规划、中心村建设规划等衔接配套的规划体系。分类别、分年度推进重点农村人居环境整治村庄清洁行动。

3. 建立长效运行保障机制，促进持续整治

浙江通过政府主导、整合盘活资源、集聚各类要素的途径来保障投入，完善长效运行保障机制。坚持量力而行、尽力而为，建立健全政府、农村集体和农民、社会力量多元投入机制。坚持建管结合，健全农村人居环境管护长效机制。激发市场活力，大力发展乡村旅游、养生养老、运动健康、电子商务、文化创意等美丽业态，农民群众的获得感明显增强，也更加积极支持和参与"千万工程"。

（三）经验启示

19年来，浙江省委、省政府坚持不懈推进"千万工程"，建设美丽乡村，探索出了许多创新性的改革方法，形成了一套系统的"浙江经验"。浙江"千万工程"起步早、方向准、举措实、成效好，对全国各地实施乡村振兴战略、推进农村人居环境整治具有重要示范带动作用。

1. 以习近平生态文明思想为引领，持续深化整治

深入学习领会习近平生态文明思想和习近平总书记关于改善农村人居环境的重要指示批示精神。认真贯彻落实中央农村人居环境整治要求，注重舆论宣传和经验交流，提升各地区各部门的责任感紧迫感、农民群众参与的积极性主动性。抓住农村垃圾污水处理、厕所革命、村容村貌整治提升等重点，持续深入推进农村人居环境整治行动，全面提升农村人居环境质量。

2. 党政"一把手"亲自抓，建立工作机制

党委和政府坚持农村人居环境整治"一把手"责任制，成立由各级主要负责同志挂帅的领导小组，定期召开全省高规格现场推进会，省委、省政府主要领导同志到会部署。全省上下形成了党政"一把手"亲自抓、分管领导直接抓、一级抓一级、层层抓落实的工作推进机制。省委、省政府把农村人居环境整治纳入为群众办实事内容，纳入党政干部绩效考核和末位约谈制度，强化监督考核和奖惩激励。注重发挥各级农办统筹协调作用，发展改革、财政、国土、环保、住建等部门配合，明确责任分工，集中力量办大事。在农村人居环境整治工作推进中，始终注重强化乡村党员干部的执行力、战斗力和号召力，充分发挥基层党组织战斗堡垒作用。

3. 坚持结合实际，系统推进整治

坚持结合"千万工程"实际，分类分步系统推进整治。一是始终坚持因地制宜，分类指导。注重规划先行，因地制宜编制建设规划，制定阶段目标、工作任务和针对性解决方案，实现改善农村人居环境与地方经济发展水平相适应、协调发展。二是始终坚持有序改善民生福祉，先易后难。从解决群众反映最强烈的环境脏乱差做起，到提升农村生产生活便利性、农村形象、农村生活品质，先易后难逐步延伸；从创建示范村、建设整治村，再全域推进农村人居环境改善，实现了从"千万工程"到美丽乡村再到美丽乡村升级版的跃迁。三是始终坚持系统治理，久久为功。坚持一张蓝图绘到底，推进"千万工程"注重建管并重，将加强公共基础设施建设和建立长效管护机制同步抓实抓好；坚持硬件与软件建设同步进行，建设与管护同步考虑，利用村规民约、家规家训实现乡村文明提升与环境整治互促互进。四是始终坚持真金白银投入，强化要素保障。2003 年以来浙江省各级财政累计投入村庄整治和美丽乡村建设的资金近 2000 亿元；建立政府投入引导、农村集体和农民投入相结合、社会力量积极支持的多元化投入机制；积极整合农村水利、农村危房改造、农村环境综合整治等

各类资金，下放项目审批、立项权，调动基层政府积极性主动性。

4. 强化政府引导作用，调动多方力量

调动政府、农民和市场三方面积极性，建立"政府主导、农民主体、部门配合、社会资助、企业参与、市场运作"的建设机制。政府发挥引导作用，注重发动群众、依靠群众，完善农民参与引导机制，通过政府购买服务等方式，吸引市场主体、社会各界力量参与。

二、清洁取暖双替代：保蓝天、保温暖、保民生

（一）背景和意义

我国北方地区清洁取暖比例低，特别是部分地区冬季大量使用散烧煤，大气污染物排放量大，迫切需要推进清洁取暖，这关系北方地区广大群众温暖过冬，关系雾霾天能不能减少，是能源生产和消费革命、农村生活方式革命的重要内容。

为提高北方地区取暖清洁化水平，减少大气污染物排放，中央财经领导小组第十四次会议提出推进北方地区冬季清洁取暖的要求，国家能源局制定《北方地区冬季清洁取暖规划（2017—2021年）》。覆盖北京、天津、河北、山西、内蒙古、辽宁、吉林、黑龙江、山东、陕西、甘肃、宁夏、新疆、青海14个省（自治区、直辖市）以及河南省部分北方地区，涵盖了京津冀大气污染传输通道的"2+26"个重点城市（含雄安新区）的北方清洁取暖工作规模推进。

北方地区冬季清洁取暖是习近平总书记重点关注的一项民生工程，是党中央、国务院的一项重大决策部署，是保障百姓温暖过冬、减少环境污染、打赢蓝天保卫战的重要举措。清洁取暖工作的推进为大气污染治理和清洁能源转型作出了重要贡献。

（二）经验和做法

1. 坚持"系统思维方法"

国家和地方政府高度重视清洁取暖工作，建立了良好的组织机制、工作机制，制定了推动清洁取暖的一系列政策，包括价格政策、财政政策、金融政策等，出台了相关行业标准，大大促进了清洁取暖技术和产业的发展。

主要表现为：一是加强统筹，建立高效工作机制；二是谋定而后动，分类精准施策；三是从长计议，"补初装不补运行"，降低后续财政压力；四是坚持调研评估，发现政策实施中的新问题，让工作推进更加可持续。尤其是"以供定改"方针的确定，及时纠正了工作推进中的"一刀切"现象，政策制定和具体落实更加人性化。

2. 因地制宜选择最佳热源

优选技术路线和最佳热源是兼顾效率与成本的关键。按照供暖方式不同，清洁取暖技术路线可以分为集中式和分散式。集中供暖方式主要包括燃煤热电联产（超低排放）、燃煤锅炉（超低排放）、天然气锅炉、电供暖（蓄热电锅炉、热泵集中供暖等）、地热供暖（中深层地热、地岩热等）、生物质锅炉、工业余热等；分散供暖方式主要包括分户式天然气供暖、分户式热泵供暖、分户式生物质供暖等。其他还有天然气热电联产、"太阳能＋"以及不同技术路线的组合方式等。

各地经典案例包括：河北石家庄积极用好废热余热资源；山东海阳核能清洁取暖独辟蹊径；青海立足天然气资源优势真正做到了"宜气则气"；河北张家口利用可再生余电采暖，多地农村地区探索实践生物质清洁取暖。

3. 在降低运行成本方面下功夫

各地方不断涌现降成本方面的创新实践。通过部分城市的试点和示范，积累了良好经验，比如河南省鹤壁市推进农房节能改造，热源侧和用户侧齐头并进，因地制宜确立"补初装不补运行"的补贴机制，兼顾了用户支出可承担和财政支出可持续两方面，让清洁取暖的成本分担更可持续。

降成本的做法还包括：一是提升建筑能效使清洁取暖事半功倍；二是关注设备能效可兼顾成本和使用寿命；三是创新热终端利用方式进一步降低运行成本。

4. 重视形成长效机制和农村实践

城乡清洁取暖的长效机制包括：一是发挥好企业作用，推行市场化运营；二是更好发挥政府调控作用，制定并用好价格机制；三是重视技术作用，依靠智慧手段保障设备安全运行。此外，形成了完整的清洁取暖政策框架体系。

农村散煤治理与清洁取暖的经验弥足珍贵。一是综合考虑农村可持续发展、农业绿色生产和农民生活状况，各部门应充分协作，制定农村清洁用能的目标、重点战略、路线图和"建设施工图"。二是建立完善农村清洁供暖散煤替代的部际联席会议制度，形成一个统一领导、统一规划、顶层设计的局面，以解决重叠和不统一的管理问题。三是向试点地区学习，组建协同委员会管理清洁供暖，协调能源配置、环境要求、基础设施投资和财政支持。

（三）进展和成效

1. 全国进展明显快于规划前

截止到 2020—2021 年取暖季结束，规划区内总体清洁取暖率接近 70%；清洁取暖以清洁燃煤（集中供暖）和天然气为主；重点区域农村地区完成散煤治理超过 2500 万户；中央财政累计安排试点奖补资金 493 亿元；非重点地区和南方地区同步取得进展，清洁取暖在城市建成区基本实现，农村清洁取暖取得长足进展。

清洁取暖规划实施以来至 2021 年 4 月，前三批 43 个试点城市共完成清洁取暖改造面积 39.1 亿平方米（3526 万户），其中城区改造 9.58 亿平方米（869 万户）、城乡接合部及农村地区改造 29.51 亿平方米（2657 万户）。

2. 改善人民生活和环境质量

清洁取暖的主要红利可归纳为：一是空气质量大幅改善；二是人民幸福感、获得感明显提升；三是带动清洁供热产业可持续发展；四是各方对清洁取暖的认可程度普遍提升。

清洁取暖工作推进以来，北方地区秋冬季的雾霾天数下降，空气质量达标天数逐年增加，特别是京津冀地区的空气质量改善更加明显。北方农村地区得益于"煤改气""煤改电"等清洁取暖工作，切实改善了居住环境，提高了生活品质，促进了美丽乡村和生态文明建设，人民群众的获得感、幸福感、安全感显著提升，如部分地区农户反映，通过清洁取暖实现了"气做饭、电取暖"，大大提高了生活品质。

3. 基层实践创新不断涌现

鹤壁市针对当地 7 类农房建筑设计出对应的节能改造方案，并编制了《鹤壁市既有农房能效提升技术导则（试行）》。按照"企业为主、政府推动、居民可承受、运行可持续"的原则，提出了"补初装不补运行"的财政补贴机制，并与"四一模式"相结合，有效推进了农村地区居民生活的"无煤化"，多次受到住房和城乡建设部、生态环境部等国家部委的认可，成为多地市考察学习的优秀案例。

鹤壁市通过围护结构节能改造，实现建筑能效提升41%。通过实施低温空气源热泵热风机或生物质取暖两种模式，确保居民清洁取暖年运行成本控制在1000元左右。此外，该市还建立了生物质全产业运行服务链，并已推广安装1.26万户智能化生物质颗粒取暖炉，测试显示其平均出水温度为44℃～56℃，供暖季平均消耗颗粒燃料2吨，年运行费用约1000元。对典型农户内热风机运行效果的测试显示，供热期间室内温度保持在17℃以上，日均电耗为0.37kW.h/m²，户均取暖费用为800～1200元，用户可以完全承受。

（四）启示

生态文明、绿色发展、"双碳"目标赋予了清洁取暖新任务。城镇清洁取暖需要与低碳相结合，农村清洁取暖需要与乡村振兴相结合。尤其是农村清洁取暖，依然任重道远，清洁取暖的技术路线选择既要考虑因地制宜，又要注重成本和经济。目前来看，非重点地区，尤其是农村地区依然要在先立后破的原则下持续推进清洁取暖工作，以人民为中心做好下一步工作。

清洁取暖事关民生福祉，事关生态环境，是能源消费转型和绿色发展的重要任务，需要把握系统思维，以人民为中心，久久为功。做好清洁取暖尤其是农村清洁取暖工作，要因地制宜，急不得也拖不得，根本上还是要实现乡村振兴和农民增收。

三、湖南宁乡农村人居环境整治：助力乡村振兴

（一）案例背景

宁乡市是省会长沙市近郊县级市，总面积2906平方千米，总人

口145万，辖4个街道、25个乡镇、215个村、63个社区。近年来，宁乡市深入贯彻落实"中央一号文件"精神和中央、省、市决策部署，全力实施乡村振兴战略。2019年以来，宁乡市"三农"工作、高质量发展迈出新步伐，获批国家农产品质量安全追溯体系创建县，宁乡农业科技园获评首批国家农村产业融合发展示范园，宁乡现代农业产业园获评第二批国家现代农业产业园，大成桥镇获评全国乡村治理示范村镇，夏铎铺镇获评国家卫生乡镇。

近年来，宁乡市以农村"五治"为主要抓手，以美丽乡村建设为契机，大力推进农村人居环境治理，取得了比较显著的成绩。2019年11月6日至8日，中央督察组对宁乡市贯彻落实"中央一号文件"情况进行督察，对宁乡市农村人居环境整治工作给予高度肯定。2019年度，宁乡获评全国农村人居环境整治成效明显激励县（市、区）、省乡村振兴示范县、省农村人居环境整治成效明显县（市、区），并获评2020年度湖南省农村人居环境整治三年行动先进县（市、区）。乡村振兴第一仗——农村人居环境整治取得阶段性胜利。

（二）主要做法和成效

1. 坚持统筹推动，实施人居环境整治整县推进

强化高位推动。聚焦乡村振兴第一仗，出台《宁乡市城乡人居环境综合整治整县推进工作方案》；市委领导到镇村调研必看农村"五治"（治厕、治垃圾、治房、治水、治风）工作；严格落实党政"一把手"负总责，实施挂图作战，镇村两级对标形成了书记负总责、分管领导具体抓的工作格局，人居环境整治责任体系更加清晰。

严格考核督办。将人居环境整治推进工作作为重要指标纳入绩效考核体系，成立督查暗访工作小组，对各乡镇（街道）、村（社区）

推进人居环境整治情况进行常态化明察暗访。

突出全民共治。市委常委联点带头，利用群众晚上闲暇时间，全覆盖召开"屋场会""户主会"，把"屋场夜话"作为推进基层治理体系现代化建设的有效平台，形成了全社会共同参与人居环境整治的浓厚氛围，群众幸福感、获得感、满意度大幅提升。

2. 实施五大行动，推动人居环境整治落实见效

实施"全域洁净"行动。一是全域动员改厕所。将农村改厕工作列为市政府一号民生工程，按照"群众自愿、应改尽改"原则和"先建后补、以奖代补"方式，严把改厕技术质量关，确保建一个、成一个、用一个。二是分类减量治垃圾。全面启动农村垃圾分类村创建工作，积极探索构建"源头减量、上门回收、二次细分、集中处理"的工作机制，力争农村垃圾资源利用最大化。抓好源头减量，实行闭环运行和农村资源最大化利用。三是创新厨余治理。废水经污水管网接入人工湿地进行过滤排放，废渣转化为高效生态肥料用于农业生产，沼气接入建档立卡贫困户家中用于生产生活，厨余垃圾实现全绿色就地转化。四是加强农业固体垃圾治理。与种植大户、新型农业主体签订农药包装物和废旧农膜离田协议等方式，利用各村（社区）垃圾分拣中心回收农药包装物和废旧农膜。

实施"碧水保卫"行动。一是全域整治小微水体。成功创建菁华铺乡陈家桥村、双江口镇槎梓桥村、大屯营镇靳兴村3个市级小微水体管护示范片区，29个乡镇（街道）均成功创建一个及以上县级小微水体示范片区，打造景观湿地。二是多措并举治理畜禽养殖污染。全面开展"除臭剿劣"攻坚战等专项行动，对全市禁养区范围内畜禽养殖场（小区）和养殖专业户进行整治。三是着力推进农药化肥减量。以精准测报为技术基石，大力推广测土配方施肥等新技术，推进化肥负增长行动，实现化肥增效。四是加强农业生态保护。通过低镉品种推广、生石灰撒施、土壤调理剂推广、有机肥推广、优化水分管理等措施进行修复治理，完成了耕地土壤环境质量类别划分等工作。

实施"蓝天保卫"行动。一是控尘。印发《宁乡市 2020 年关于开展裸露黄土复绿控尘专项整治工作的通知》，复绿裸露地块 187 块、面积 7102 亩。规范渣土运输，实施渣土白天运输制度。二是控烧。制定秸秆禁烧及综合利用专项实施方案，查处露天焚烧垃圾、秸秆行为。大力推广秸秆肥料化、饲料化、燃料化、基料化、原料化。三是控车。全面推进非道路移动机械登记、造册、上牌工作。全市共计新能源公交车 374 台，占全市公交车总数 85%。四是控排。推进挥发性有机物在线监控设施和治污设施用电监测系统的安装，对全市 26 台燃气锅炉进行低氮改造 16 台，12 台签订改造协议。五是控煤。巩固禁燃区高污染燃料禁燃成果，累计收缴散煤炉 476 个，拆除（改造）燃煤锅炉 90 台。六是控油。把安装油气回收监控系统作为审批成品油经营资质的必需条件。

实施"秩序整治"行动。坚持规划引领，规范建房秩序，切实提升村容村貌。一是标本兼治控农房。以专项整治"治标"，以建章立制"治本"，坚持建新拆旧、一户一宅，确保农村建房规范有序。二是全员动手治庭院。坚持党建引领、党员示范，按照房前屋后无杂物、庭院内外码整齐、家禽家畜全圈养的标准，发放倡议书 37 万余份，发动全民参与庭院治乱行动。三是共建共管护公路。全域推广"五边"（田边、屋边、林边、水边、土边）公路管理，实现 4394.79 千米国、省、县、乡道路"路长制"全覆盖，打造乡镇示范街区 15 条，获评省"四好农村路"示范县，形成全民共建共管共享的工作格局。四是植树造绿美乡村。实施"五场"（拆除养殖场、清退沙场、关停矿场、空心屋场、建设工地）覆绿，打造国家森林乡村 13 个。

实施"乡风文明"行动。深化农村精神文明建设，通过订立村规民约、推出"新风庭院"评选、开展"屋场夜话"交流、组建乡贤五老宣讲队、青年志愿者服务队等有力举措，破除陈规陋习，提倡新事新办，使新时代文明新风蔚然成风。2019 年宁乡获批全国新时代文明实践中心建设试点县。

3. 推进加大基础投入，强化人居环境整治基础保障

创新投入机制。建立健全村民筹工筹劳筹资机制，大力实施"政府投料、群众投工"修路、"政府送树、群众栽树"绿化的"双投"新模式，引导农民主动参与人居环境整治。

全面夯实基础。全力实施 5 镇 56 村乡村振兴示范镇村创建，共铺排环境整治、产业发展、基础设施、公共服务等各类项目 404 个，共计投入资金 5.4 亿余元。

建设美丽屋场。加快乡村振兴"一廊一带一片"人居环境整治项目建设，打造了以菁华铺乡陈家桥村为典型代表的一批高品质、高颜值、成规模、上档次的美丽屋场。屋场管理方面，按照"公司 +农户"的模式建设民宿景点，让游客赏花怀旧住民宿，感受浓浓乡愁。推广"红黑榜"评选机制，通过表彰奖励优秀农户，曝光脏、乱、差农户，着力转变"干部干、群众看"的尴尬局面。以"功德银行"建设为依托，记录凡人善事、激发德治活力，打造正能量的"储蓄罐"。

（三）经验启示

1. 建章立制是基础

宁乡市推进农村人居环境治理的许多举措都是高位推动、规划先行。绘蓝图、画红线等举措既是全局观和大局意识的体现，也为全面推进人居环境治理提供了政策保障、意见指导和监督护航。出台一系列生态保护红线调整方案，制定了《宁乡市建设工程监督检查程序规定》和《宁乡市行政处罚程序规定》等4个规范性文件。已启动25个乡镇、245个村（社区）规划编制。成立城乡人居环境管理委员会，全市上下形成了党政"一把手"亲自抓、分管领导直接抓、一级抓一级、层层抓落实的工作推进机制。

2. 因地制宜是方针

宁乡市农村人居环境治理并未一味借鉴和生硬照搬其他省市的成功经验，而是根据当地农村的显著特征和发展水平，制定一系列推进人居环境整治的具体实施方法。充分发挥村干部、党员和乡贤在村民中的良好形象和正面示范作用，向村民们宣讲相关政策，带头响应号召。利用好农村人情社会、村民口耳相传等特征，能加速信息在乡村的流通，督促村民们为了不垫底、不成为谈资而努力做到不拖后腿，各村在具体实施方法上亦结合实际情况灵活调整。

3. 以点带面是战略

以美丽屋场建设为当前重点工作，以持续推进农村人居环境综合整治为主攻方向，以陈家桥村模式为城乡统筹示范区的样板工程，集中连片打造了一批农村"五治"示范美丽屋场，全面推进全市美丽乡村建设。在美丽屋场建设进程中，发挥党员先锋模范作用，以党员带群众，形成了"组织召开屋场会—群众讨论商议—达成统一意愿—积极参与建设—共同管理维护"的美丽屋场建设路径。

4. 群众参与是保障

增强农民群众的主人翁意识和环保意识非常关键。只有让广大群众意识到他们是人居环境整治的主要力量和受惠者，从而自发地主动参与进来，避免让政府推一步动一步，这样才能持续长远地推进建设、享受成果。在"厕所革命"中，推动群众由"要我改厕"变为"我要改厕"，以投工投劳投资、提供餐饮等形式参与到改厕工作中来。由此形成了良性循环：村民参与治理有成效、有成果，享受到了实实在在的好处，更加愿意参与到治理中来，不断推动美丽乡村建设向前发展。只有让广大群众意识到环境保护是一个做则有益、不做则有害的工程，以"防"代替"治"，才能真正拥有绿水青山。

第五章

践行山水林田湖草沙是生命共同体

一、长江上游（重庆段）：一体化提升生态屏障质量

（一）案例背景

2016 年 1 月 5 日，习近平总书记在重庆召开的推动长江经济带发展座谈会上指出，"长江拥有独特的生态系统，是我国重要的生态宝库。当前和今后相当长一个时期，要把修复长江生态环境摆在压倒性位置，共抓大保护，不搞大开发"[①]。重庆地处长江上游和三峡库区腹心地带，2018 年 10 月 23 日，长江上游生态屏障（重庆段）山水林田湖草生态保护修复工程列入国家第三批试点工程。随后两年内，重庆市启动了"全域土地综合整治""长江干流及主要支流 10 公里范围内废弃露天矿山生态修复"等国家生态修复项目[②]。2019 年 4 月，习近平总书记在重庆考察时指出，"要深入抓好生态文明建设，坚持上中下游协同，加强生态保护与修复，筑牢长江上游重要生态屏障"[③]。

---

① 《习近平在推动长江经济带发展座谈会上强调 走生态优先绿色发展之路 让中华民族母亲河永葆生机活力》，新华社，2016年1月7日。

② 曾立，申晓佳：《生态修复的重庆探索》，《重庆日报》2021年7月26日第1版。

③ 《再赴重庆考察，习近平这15句话说进了百姓心坎里》，人民网，2019年4月18日，http://www.people.com.cn/GB/59476/review/20190418.html。

截至 2021 年 10 月，长江上游生态屏障（重庆段）山水林田湖草生态保护修复工程试点的 289 个子项目已累计完工 286 个，取得"山青、水秀、林美、田良、湖净、草绿"的阶段性修复成果。不仅如此，工程试点中的"生态地票""森林指标横向交易"等创新政策还入选自然资源部生态产品价值实现十大典型案例，广阳岛生态保护修复入选全国第四批"绿水青山就是金山银山"实践创新基地。工程试点入选自然资源部、世界自然保护联盟发布的基于自然的解决方案典型十大案例，获"重庆市民最喜欢的十大改革项目"之一，初步探索形成了人与自然和谐共生的实践经验①。

（二）主要做法和成效

1. 坚持问题导向，把握生态保护修复方案整体布局

突出问题导向。影响长江"一江碧水、两岸青山"的关键在于大流域范围内城镇建设发展和生产生活带来的山上山体破坏、森林植被退化、水土流失，山下面源污染、次级支流水质恶化等一系列强关联的系统性生态问题。

强化规划方案管控。试点区内先后高标准编制了广阳岛长江生态文明创新实验区规划、主城区"两江四岸"治理提升统筹规划、主城"四山"保护提升实施方案，同时以区为单元探索开展国土空间生态修复专项规划编制试点，按照统筹兼顾、分类施策等原则，研究生态保护修复的重点区域、重点工程和总体目标。

衔接其他相关规划。重庆市试点申报工作恰好与重庆市委、市政府《重庆市乡村振兴战略行动计划》《重庆市城市提升行动计划》《重

---

① 申晓佳：《重庆生态保护修复交出阶段性答卷》，《重庆日报》2021年10月19日第5版。

庆市污染防治攻坚战实施方案》《重庆市国土绿化提升行动实施方案》等行动计划同步编制，财政、生态环境、住房和城乡建设、交通、农业农村、水利、林业等部门给予大力支持，一方面尽量将试点工程纳入上述计划方案，另一方面将上述文件中符合系统性整体性的工程纳入试点项目。

2. 注重系统治理，突出重点区域优先示范治理

实施系统治理。分析问题内在因果关系，找准"病根"，以试点工程为"药方"对症下药开展修复，对山上山下、地上地下以及流域上下游进行系统修复、综合治理。实施集中连片矿山地质环境恢复治理工程，综合治理河流水域，建设改造污水管网，迁移或拆解主城两江岸线餐饮船和停泊船；推进农田整治、土壤污染治理；实施国土绿化工程，实施退耕还林还草、植树造林、森林抚育。2020 年，重庆市森林面积增加到 432.9 万公顷，林木蓄积量提高到 2.41 亿立方米，森林覆盖率提高到 52.5%；草原生态系统明显改善，草地资源面积增加到 2.48 万公顷；重庆市纳入国家考核的 42 个断面水质达到或优于Ⅲ类的比例为 100%；湿地面积增加到 20.7 万公顷，湿地类型自然保护区、市级以上湿地公园分别增加到 10 处、26 处 [1]。

突出重点区域。聚焦生态问题集中连片的重点区域，推进铜锣山集中连片废弃矿坑系统修复整治工程、缙云山国家自然保护区生态系统修复整治工程、广阳岛生态系统保护修复工程 3 个区域性系统示范工程。

3. 重视生态本底，突出保护与修复双向协同发力

保护重点生态资源。将"四山"作为重庆山城特别生态管控单元，划定管制区范围。强化试点区自然保护地、峡口、江心岛、滨江

---

① 曾立，申晓佳：《生态修复的重庆探索》，《重庆日报》2021年7月26日第1版。

城中山体的生态保护和管控，严格保护湾、沱、滩、浩、半岛等重庆特色生态景观，限制开发建设活动，开展违法建设整治，培育建立稳定的区域生态系统。

严防生态二次破坏。遵循乡野原生、因地制宜思路，充分利用本土植物、低养护植物进行植被修复，不搞大挖大建，减少机械化工程，减少混凝土使用，严防边治理、边破坏。对能够自然恢复的，减少人工干预实现自然恢复；对无法自然恢复的，通过人工修复工程和自然恢复相结合方式，促进生态再造。

4. 统筹资金整合，完善多元化投入机制

整合财政资金。通过项目衔接，有效促进中央奖补资金与规划、自然资源、生态环境、住房和城乡建设、交通、农业农村、水利、林业等部门专项资金整合利用，形成了中央资金引领、地方财政整合资金、社会资本参与的试点资金保障渠道。

拓展地票生态功能。按照"宜耕则耕、宜林则林"原则，对自然保护区等重要生态功能区建设用地复垦成林草地后，形成生态地票，通过市场交易实现价值，复垦成林地的，5年后还可形成林票进行二次交易。已成功交易生态地票3785亩，亩均价格19万元左右。

创新融资渠道。例如，九龙坡区探索由村集体经济组织主导废弃矿山治理恢复，将废弃矿坑作为城市建设弃土有偿回收地，既消纳了建筑弃土，又回填了废弃矿坑，还将所得收入用作矿山治理恢复，实现多重效益。

探索森林面积横向生态补偿机制。江北区与酉阳县签订《横向生态补偿提高森林覆盖率协议》，约定购买7.5万亩森林面积指标，价款1.875亿元，促进了远郊区县森林资源资产增值，起到试点区一域带全局的效果。

5. 实施长效治理，政府、企业、社会等多方共同参与

政府加大落实力度，建设生态保护修复项目监管平台。围绕重庆市委、市政府三大攻坚战和八项行动计划部署，促进国家试点与市级重大项目协同推进。基于二（三）维地图，建设全市生态保护修复工程项目"一张图"，实现全市生态修复工程的全生命周期管理，通过互联网、微信公众号等平台发布生态保护修复成果，提高公众参与度，加大群众监督力度。

落实企业主体责任，利用民宿平台共建共治生态工程。按照"谁污染谁治理"原则，强化企业生态治理主体责任。建立重庆市矿山地质环境治理恢复基金，严格规定在产矿山企业建立基金账户，边生产、边治理，采用政府奖励加企业治理结合方式，实施重钢虹桥院和重钢有机化工厂地块原址场地污染土壤修复工程，涉及面积650亩、总方量15.9万立方米。发挥巴渝民宿土地政策、项目、资金的聚合平台作用，开展多方共建共治，用好修复工程的生态景观成果和闲置土地、农房等资源，打造巴渝特色民宿，促进生态修复成果增值。

突出第三方专家团队支撑，强化科学技术研究。围绕试点工程系统性评价、工程标准体系、关键生态修复技术等难题，强化科技创新和应用，组建专家团队、聘请技术支撑单位、加强工程技术体系和标准研究、组织课题组，开展重庆市山水林田湖草生态保护修复技术标准框架、重点工程系统性整体性评价指标体系和方法等研究。

（三）经验启示

1. 生态本底调查与监测是系统治理的基础

习近平生态文明思想指导地方以系统工程的思路开展生态环境保护工作。长江上游（重庆段）结合正在开展的第三次全国国土调查，

充分利用生态环境、林业、水利等相关部门在水土环境污染、生物多样性等方面的调查评价成果，在生态修复工程事前、事中和事后开展监测分析和效果评价，瞄准生态问题，做好生态诊断，量化生态效益指标。生态本底调查与监测在其中发挥了重要基础作用，值得借鉴。

2. 生态理念引领和技术可行性分析是重要保障

习近平总书记强调，"要坚持精准治污、科学治污、依法治污，保持力度、延伸深度、拓宽广度，持续打好蓝天、碧水、净土保卫战"[①]。长江上游（重庆段）整体工作以生态环境问题的预防和解决为导向，有针对性或实事求是地来解决。在可行性方面，尤其是技术可行性上做到了可控。在生态修复中，以生态理念引领生态功能修复，兼顾景观美化，修复后以自然维护为主，又能减少后期投入，是可持续的经验模式。

3. 加强典型模式总结与标准规范研究

长江上游（重庆段）围绕改善和提升流域生态系统安全性，带动改善和提升流域水、减少地质灾害，同时拉动田园经济。在废弃矿坑修复整治工程上，因地制宜，以自然修复为主、人工修复为辅；在人工修复中，充分利用本地材料、本地物种，尽量消除人工痕迹。这是山水林田湖草生态保护修复工程的整体性、系统性和连续性的典型做法。

二、"北疆水塔"系统治理：提升水安全保障功能

（一）案例背景

新疆天山以北地区（"北疆"地区）是我国多民族共同生存发展

① 《习近平在中共中央政治局第二十九次集体学习时强调 保持生态文明建设战略定力 努力建设人与自然和谐共生的现代化》，《人民日报》2021年5月2日第1版。

的重要地区，"一山两河"（阿尔泰山、额尔齐斯河、乌伦古河）是具有国家意义的重要生态安全屏障，不仅关系到全疆的稳定发展，也关系到国家安全稳定和可持续发展大局。素有"北疆水塔"之称的额尔齐斯河，是流经我国、哈萨克斯坦、俄罗斯的重要国际河流，既是阿勒泰地区的主要水源，也向乌鲁木齐、石河子、克拉玛依等地输水。

20世纪80年代以来，由于矿产资源长期开采、水资源过度开发、草原超载放牧、人类活动加剧等的影响，叠加干旱区生态系统脆弱、气候变化、地下水位下降等自然因素，额尔齐斯河流域河谷生态系统呈逆行演替趋势，部分河段水质下降，流域水土流失加剧、森林草地退化，生物多样性功能降低等问题凸显。为此，为守护好祖国西北绿水青山，亟须加大额尔齐斯流域系统治理力度，提升"北疆水塔"区域水安全保障功能，助力新疆的长期稳定发展。

2018年，新疆额尔齐斯河流域山水林田湖草生态保护修复工程试点项目纳入国家第三批试点。经过不懈努力，额尔齐斯河和乌伦古河水质达到Ⅱ类，自然湿地保护率达到53%，绿洲生产生活环境与新疆水安全保障水平大幅提升。退耕还林面积达到53万余亩，森林覆盖率为22.65%，水土流失治理率超过15%；新增草原修复面积累计约72万亩，草原综合植被覆盖度为42.2%。农村人居环境整治村庄超过300个，城镇污水集中处理率和城镇生活垃圾集中处置率分别达到96%和98%，集中式饮用水水源地水质达标率达到100%。流域生态环境质量大幅度提升，人居环境明显改善，走出了一条经济发展和生态文明相得益彰的路子[①]。

---

① 师庆三，张哲：《推进"金山"常在"银水"长流——新疆阿勒泰地区额尔齐斯河流域生态保护与修复实践》，《中国环境报》2022年2月7日第3版。

（二）主要做法和成效

1. 加强生态治理示范推广和生态理念宣传

"绿水青山就是金山银山，冰天雪地也是金山银山"的发展理念已在阿勒泰地区扎根铸魂。自2016年以来，阿勒泰就将生态文明思想纳入干部教育培训，积极总结项目中的经验亮点，定期发行简报及专报，开展山水项目专题培训及宣传评比活动，强化各部门之间、各县市之间的协同和信息共享，做到目标统一、任务衔接、纵向贯通、横向融合，提高山水林田湖草一体化保护修复的效率。2020年10月以来，阿勒泰市委党校开设"学习贯彻习近平生态文明思想"课程，积极宣传山水项目，与相关科研院校专家联合编著的《绿水青山生态文明建设与绿色发展新范式——阿勒泰山水林田湖草系统建设实践》一书，已正式出版；在重点地质环境修复项目点设计具有山水项目特色的工程碑；将生态环境保护示范区创建纳入生态文明建设总体布局，布尔津县、哈巴河县等已成功创建成为第三批、第四批国家生态文明建设示范县（市）。

2. 强化生态修复保护的系统科学治理

对重点项目、重大工程的施工设计方案，由地委、行署领导组织相关专家进行论证，遵循生态系统内在的机理和规律，科学规划、因地制宜、分类施策。

重视专家咨询团队的建设与合作。与多家高校及科研院所合作并建立了以中国工程院院士、中国科学院院士为主的专业技术指导委员会，适时召开专家座谈会，指导完善各项技术工作标准。与专家团队联合提出额尔齐斯河流域山水林田湖草生态保护修复实施方案，并实地调研论证、逐个项目讨论评审，同时采取专家包干方式保证项目质量，由院士亲自参与项目的论证、评标个别重点项目，确保方案科学可行、措施精准。

重视具体方案的科学规划设计。结合阿勒泰地区生态环境实际，充分聚焦区域内面临的生态问题，依据山水林田湖草生态保护修复思路，充分考虑项目的合理性、可行性、重要性、效益性。在前期规划上，将项目按不同生态功能，划分为北部阿尔泰山生态涵养功能区、中部两河一湖生态安全维护区、南部荒漠草原生态保育区 3 个片区 7 大类 44 个大项，强化了重点区域荒漠化治理，实施矿山生态修复，强化农田和绿洲治理，开展退耕退牧还草扩大自然生态空间，促进农牧民转产转业，减少人类活动对生态系统干扰。

重视生态保护修复的系统研究。就生态修复技术、区域复合生态系统机制与生态安全格局构建等主题系统开展了相关课题研究（包括监测体系），总结提炼山水林田湖草生命共同体保护修复模式，及时跟踪评价生态保护修复工程成效，为西北干旱半干旱地区生态保护修复提供经验借鉴。

3. 重视生态治理组织保障与制度建设

阿勒泰坚持系统思维、创新思维，统筹各项制度措施，努力促成区域联动、部门协同的系统统筹工作局面。实行全过程、全流程监督，有效推动山水林田湖草修复工作。一是构建了自治区、地区、县（市、景区）及地直各相关部门（单位）三级联动的项目推进机制。二是建立健全资金管理、项目管理、绩效评价等 8 项制度，对项目建设实行目标管理；各项目县（市、景区）结合实际制定了相应的制度和办法，让试点工作有章可循。三是搭建"1 平台 1 台站"（山水林田湖草系统监测平台和额尔齐斯河环境风险预警观测野外台站）。在重点区域、重点项目建设千里眼高空远程瞭望监测系统，搭建大数据一体化服务平台，动态实时监测生态治理工程进展。四是深入开展项目资金绩效评价。招标引入第三方机构参与项目全周期资金绩效评价，改变以往资金使用主管部门、使用单位开展自评，再由财政部门对自评质量进行评估的政府内部评价方式，完成年度绩效目标设定和监控。五是建立"双重审计"制度。招标选定 20 家审计第三方公司重点对山水工程规划目标、资金投入及工程的实施情况进行全过程跟踪审计，招标选定 7 家财务审计公司对项目进行财务审计，从源头加强了项目资金管理，防范了资金风险。

4. 创新"生态＋"模式促进绿色发展

阿勒泰地区坚持原则性和灵活性相结合，将山水林田湖草生态保护修复工程试点项目与脱贫攻坚、乡村振兴和农村人居环境改善等工作统筹结合、协同推进，努力实现生态、经济、社会效益共赢。

生态＋脱贫攻坚模式。全地区利用生态移民项目，转移保护区核心区 473 户牧民，建设现代化牧业集中养殖区，配套污水处理厂等措施，既保护了生态环境，又巩固了脱贫成果。生态＋产业发展模式。通过地质环境治理及生态修复项目系统、整体修复后，盘活存量土地，提升土地节约集约利用水平。生态＋乡村振兴模式。实施农村人居环境整治完善农村生活污水、垃圾处理、卫生厕所等基础设施建设，治理农田残膜回收、增绿等工程。生态＋教育＋旅游模式。打造切木尔切克镇黑白花岗岩矿区"网红打卡地"、七彩河休闲旅游度假区，以及地质环境修复、湿地系统修复与生物多样性、矿山修复生态文明实践展示基地等，展示生态修复成效，引领干部群众增强绿色发展人人有责、贵在坚持的行动自觉。

（三）经验启示

1. 重视顶层设计在系统生态修复中的作用

自治区一级顶层设计，地方政府层层联动、形成合力是"北疆水塔"生态保护修复试点成功的必备因素。各地在推进系统工作时，应加强顶层设计和协调工作，制定相关工作指南，细化工作要求和技术要求，下发相关省份参照执行，提升生态修复工程的联动性和工作的规范性、科学性。

2. 重视对项目资金配套能力及其使用的监管

山水林田湖草试点工程的资金重头在地方配套。试点区域多处于国家生态安全战略区，经济欠发达，配套资金主要由部门项目资金和地方债资金组成。在目前尚未形成成熟的生态产品价值实现机制的情况下，无论是地方配套还是吸引社会资本都存在较大难度，所以可能存在因资金短缺带来工程实施的进度压力。因此，建议定期跟踪工程进展情况，深入了解资金配套状况，督促地方采取有效方法满足试点工程的按时推进，同时，在山水林田湖草生态保护修复过程中，通过项目及资金的整合与监管，提高生态保护修复资金的投入产出效率和使用率。

3. 重视依托生态修复工程引导区域长效发展

通过统筹管理和系统布局，坚持生态优先、绿色发展为导向的高质量发展之路，依托生态修复工程，改善区域环境，带动经济增长，努力实现生态环境保护与经济社会发展的共赢，解决生态修复后的长效发展机制。

4. 注重生态保护和修复过程中的舆论引导

充分发挥传统媒体和新媒体作用，大力学习宣传习近平生态文明思想，加强自然生态系统国情宣传和生态保护法治教育。积极向公众公布生态保护修复的成效，提高公众支持生态保护和修复支撑体系建设、爱护相关设施设备的自觉意识。提高重大工程建设成效的社会认可度，积极营造全社会爱生态、护生态的良好风气。

三、乌梁素海流域系统治理：筑牢"北方绿色长城"

（一）案例背景

内蒙古乌梁素海流域是我国"北方防沙带"生态安全屏障的重要组成部分，是阻隔乌兰布和沙漠和库布齐沙漠连通的"重要关口"，是黄河生态安全的"自然之肾"。流域腹地的河套灌区是中国三大灌区之一和重要的商品粮油生产基地，是引领国家实施质量兴农战略的"重点区域"，生态安全屏障地位极其重要。流域范围包括整个河套灌区、乌梁素海海区、乌拉特前旗、乌拉特中旗与乌拉特后旗的阴山以南部分和磴口县的一部分，流域总面积约 1.63 万平方千米。

20 世纪 80 年代以来，由于过度开垦、过度放牧、围湖造田、矿山开采，加上污水大量排放，流域内沙漠化、草原退化、水土流失、土壤盐碱化、水环境质量恶化、生物多样性降低等生态环境问题严峻，流域生态系统结构和功能损坏严重、退化趋势明显，作为重要生态屏障的功能不断下降。2018 年 3 月，习近平总书记在参加十三届全国人大一次会议内蒙古代表团审议时强调，"加快呼伦湖、乌梁素海、岱海等水生态综合治理""在祖国北疆构筑起万里绿色长城"[①]。2018 年，内蒙古乌梁素海流域山水林田湖草生态保护修复工程纳入国家第三批山水林田湖草生态保护修复工程试点。分时间、分步骤、分

---

① 《习近平在参加内蒙古代表团审议时强调 扎实推动经济高质量发展 扎实推进脱贫攻坚》，《人民日报》2018年3月6日第1版。

区域，安排实施土地综合整治、矿山生态修复、流域水环境保护治理等 7 大类建设工程，总投资 56.78 亿元，坚持"湖内的问题，功夫下在湖外"，按照"山、水、林、草、湖、田、沙能力建设"和"点源、面源、内源、生态补水、物联网建设"及"水生态治理"等方面进行综合整治。经过不懈努力，在流域上游乌兰布和沙漠累计完成防沙治沙面 108.7 万亩，更新重建长 154 千米、宽 50 多米的防风固沙林带，有效遏制了沙漠东侵。积极引进先进的治沙技术，把沙漠治理与乡村振兴、精准脱贫、旅游开发、现代农业、清洁能源、特色小镇等结合起来一体化推进，试点取得阶段性进展和成效。2021 年 3 月 5 日，习近平总书记在参加十三届全国人大四次会议内蒙古代表团审议时再次强调，"乌梁素海我作过多次批示。现在看治理取得了明显成效，还要久久为功"①。

（二）主要做法和成效

1. 创新工作机制，统筹推进生态保护修复工程

强化高位推动。成立了由市委书记任总指挥的乌梁素海流域山水林田湖草生态保护修复试点工程项目实施指挥部及项目推进领导小组，全面统筹推进试点项目工程建设，研究解决项目建设中的重大问题。

强化制度为纲。出台了《关于推进乌梁素海点源污水治理专项工作实施办法（试行）》等政策性文件、《乌梁素海流域山水林田湖草生态保护修复试点工程资金绩效评价办法》等资金管理文件。推动建立工程建设信息化管理体系，使监管工作制度化、标准化、规范化和信

---

① 《习近平在参加内蒙古代表团审议时强调 完整准确全面贯彻新发展理念 铸牢中华民族共同体意识》，新华社，2021年3月5日。

息化。

积极创新推进机制。工程建设上，市政府委托市国有企业淖尔开源公司为项目业主，淖尔开源公司通过公开招投标方式，确定投资人。工程管理上，采用第三方全过程工程咨询服务管理模式，公开招标。绩效评估上，全面细化绩效目标，实时动态监控，由全过程管理公司向市财政局、自然资源局、生态环境局按时报送季度、年度和总体绩效评价报告，市主管部门不定期选择部分项目实地抽查。

2. 强化规划引领，科学制定工程实施方案

注重科学论证。与科研机构和高等院校开展合作，成立了以中国科学院院士为首的 18 人专家顾问团队，为统筹乌梁素海流域山水林田湖草生态保护修复提供技术支持。

强化顶层设计。编制了乌梁素海流域治理 1 个总体规划和 8 个专项规划，即"一中心、二重点、六要素、七工程"。同时，出台了《关于坚决整改中央环保督察"回头看"反馈问题 加快推进乌梁素海综合治理的实施意见》和 13 个配套办法、《乌拉山自治区级保护区及周边林区内牧民搬迁退出实施方案》和《乌兰布和沙漠综合治理与绿色发展规划》等规划方案，并进一步细化完善实施方案。

全过程工程咨询服务。上海同济工程咨询有限公司为项目开展全过程工程咨询工作，形成了贯穿项目全过程的工程咨询管理服务链。

3. 实施治理工程，确定"分区分类分步骤"的修复思路

科学实施乌梁素海流域生态保护修复工程，根据流域内不同的自然地理单元和主导生态系统类型，将乌梁素海流域生态保护修复分为乌兰布和沙漠、河套灌区农田、乌拉山、阿拉奔草原、环乌梁素海生态保护带、乌梁素海水域 6 个生态保护修复单元，实施整体保护、系统修复、综合治理，分阶段、分步骤、分区域，重点考虑资金年度投入强度、可行性及实施能力等，先行启动对生态安全格局产生重大影响的工程项目。经过多年生态治理与修复，乌梁素海流域生态环境质量改善明显，生物多样性也得到了有效提升，形成"一带、一网、四区"的生态安全格局，优化了自然生态系统要素的空间结构，提升了重要生态要素的生态功能。

4. 创新融资模式，重视吸引社会资本参与治理工程

政府统一协调实施和监管，确保协同共治、专款专用，围绕"资源资本化、生态产业化、治理长效化"治理目标，在锁定政府支出责任（中央、自治区、市级财政奖补资金）的前提下，创新设立专项产业基金，采用DBFOT（"设计—建设—投资—运营—移交"）模式具体实施，通过"项目收益+耕地占补平衡指标收益"方式实现资金自平衡，进而引入社会资金、组建项目公司，实现市场化运作。巴彦淖尔市政府授权平台公司代表政府方出资和对项目的投资、建设、运营、基金管理进行公开招标。由中标的基金管理公司发起，市属国有公司与中标投资人共同出资，设立产业发展专项基金。专项基金与项目中标人共同出资成立乌梁素海流域生态保护修复试点工程投资有限公司（SPV）作为项目实施主体，具体负责项目的整体设计、施工、运营和融资等工作，并明确移交退出机制。专项基金首期规模45.2亿元，其中政府投资平台出资15.1亿元，其他主体出资30亿元。

5. 保护与发展协同，推动产业生态化与生态产业化

产业生态化推动长效发展。以"天赋河套"品牌建设为引领，开启了绿色高质量发展的新引擎，全力建设河套全域绿色有机高端农畜产品生产加工服务输出基地，将其打造成为农产品区域公用品牌，积极发展现代农牧业、清洁能源、数字经济、生态旅游和生态水产养殖，产业生态化实现区域经济效益提升。"天赋河套"品牌授权的12

家企业 53 款产品实现溢价 25% 以上，带动全市优质农产品整体溢价 10% 以上，河套优质农畜产品的知名度、影响力和市场竞争力显著提升。

生态产业化实现区域和谐共生。试点实施带动以现代农牧业、清洁能源、数字经济、生态旅游为代表，将生态建设项目与沙产业发展紧密结合，治沙方式由以生态保护为主向保护、开发、利用综合治理转变，治沙投入由以政府投入为主向全社会参与、多元化投入转变，治沙效益由单纯注重生态效益向生态效益、经济效益、社会效益并重转变。

（三）经验启示

1. 建立多方参与保护修复的统筹协调机制

山水林田湖草生态保护修复工程要对各类自然生态要素进行整体性系统性保护修复，需要加强统筹协调，积极调动各方力量，构建齐抓共管联合推进机制，涉及多个项目协同推进，多项技术综合利用。因此，需要"构建政府为主导、企业为主体、社会组织和公众共同参与的治理体系"，各类生态要素纳入联合治理框架，各级政府机构需要明确责任分工，履行主体责任，整合集成资金、政策、组织机构、技术手段等，强化信息互通、资源共享、动态监管和绩效评估，形成各部门齐抓共管、协同推进的工作格局，统筹推动重点任务和重点项目建设。

2. 统筹财政专项资金和推动多元化市场资本投资

明确支出责任，同时统筹整合中央、省、市安排的生态环保领域等性质相同、用途相近的资金，切实提高资金使用效益；充分发挥财政资金引导作用，探索市场化资金筹措机制，通过设立生态基金、运用 PPP 模式、发行绿色债券等方式，引导和支持社会资本参与生态修复工程，实现了参与主体的多元化和投入的多渠道，提升生态修复财力保障，实现资源资本化、生态产业化、治理长效化的治理目标。

3. 强化生态修复全过程系统规划与科学治理

坚持"山水林田湖草沙是生命共同体"理念，统筹山水林田湖草沙全要素、全地域治理，通过分区分类分阶段精准施策，兼顾区域内粮食生产、环境保护和经济发展等生产、生活和生态多重目标，以问题识别、目标设定、工程布局、措施优选、适应性管理为抓手，根据区域特点因地制宜开展生态保护修复工作，实现区域多种生态系统服务协同促进。

4. 创新区域生态保护修复与绿色发展协同推进

坚持"绿水青山就是金山银山"理念，在保护修复生态项目过程中，大力发展绿色产业，在发展中保护、在保护中发展，推动农、林、牧、渔等第一产业和生态旅游、农家乐等第三产业发展，实现生态保护与地方经济发展、企业发展、农牧民收入增加等协同发展，探索区域新型绿色产业发展格局，走上更加完善、更加深入、更加循环、更加持续的良性发展道路。

第六章

践行用最严格的制度保护生态环境

一、福建省：生态环境审判"三加一"机制

（一）法治守护"绿色底线"，形成可推广的"福建经验"

福建是我国首个国家生态文明试验区，素有"八山一水一分田"之说，具有得天独厚的生态优势。为保护生态基底，筑牢绿色发展屏障，福建法院着力构建生态审判体系，建立环境资源审判庭，对涉及生态环境保护案件，实行集刑事、民事、行政和非诉行政执行案件于一体的"三加一"归口审理，最大限度发挥专业化审判机构的优势。

生态环境"三加一"审判机制，为福建的绿水青山构建起司法"防护林"。生态环境案件具有高度复合性、专业性、技术性，福建法院针对此特征，因地制宜设置环境资源审判组织，构建专业法庭、集中管辖法院、巡回法庭相结合模式，实行集刑事、民事、行政和非诉行政执行案件于一体的"三加一"归口审理模式，建立专业的审判组织运行体系，发挥专业化审判机构的优势和作用。

福建省生态环境审判"三加一"机制实施以来成效显著。至

2020 年末，全省 95 个法院已设立环境审判机构 77 个，环境法官和辅助人员 350 余人，环境审判机构数、环境法官人数均居全国法院前列。2018—2020 年，全省法院审结涉及生态环境保护案件 16492 件。其中，刑事案件 3219 件，民事案件 3402 件，行政案件 3341 件，非诉行政执行案件 6530 件。2018 年 6 月，福建省高院作为三家单位之一在福建生态环境保护大会暨国家生态文明试验区建设推进会上作典型发言①。福建法院生态环境司法保护工作举措连续多年写入最高人民法院工作报告，26 个创新案例入选最高人民法院《中国环境资源审判》白皮书，福建省高院多次在最高人民法院举办的全国性会议上作典型发言，最高人民法院先后在福建召开第一次全国法院环境资源审判工作会、生态文明建设司法保障研讨会等，充分肯定并大力推广生态环境司法保护"福建经验"。

（二）完善制度体系，细化执行过程，铸就司法利器

1. 优化职能配置

明确环境审判专门机构的职能定位，统筹适用刑事制裁、民事赔偿、行政监督和生态修复补偿的责任方式，从有利于推进生态环境保护、有利于提升审判工作质效出发，依法、科学、合理界定案件管辖范围：涉及破坏森林资源、矿产资源、环境污染等危害生态环境的刑事案件有 31 类；涉及海域使用权、采矿权纠纷和大气、水、噪声等民事、行政案件和环境公益诉讼案件共 18 类。

2. 优化管辖方式

推进环境资源案件跨行政区划集中管辖，指定福州铁路法院管辖部分跨地域、跨流域的重大生态环境案件，破解分段治理存在的弊

---

① 高建进：《为绿水青山厚植司法"防护林"》，《光明日报》2020 年 11 月 29 日。

端，解决跨行政区污染和地方保护问题；对福州、厦门、泉州、莆田等部分城区生态环境资源案件集中划归一个区级法院管辖，在重点林区、矿区、海域、水域设立生态巡回法庭、办案点和服务站 153 个，就地立案、开庭和调解，构建开放、便民的阳光司法机制。着力构建广泛的生态保护多元共治共享体系，设立全国首个省级审判机关派驻省河长制办公室专门机构，在全国率先实现全省三级法院派驻河长办法官工作室全覆盖，全省各级法院在河长办、林业站、景区管理处、湿地保护区等共成立"法官工作室"200 余个，强化协同治理、多元解纷。

3. 构建多元化纠纷解决中心

发扬新时代"枫桥经验"，注重矛盾的基层化解、就地化解，推动行政调解、行政裁决、人民调解的有机衔接，打造生态环境纠纷多元调解一站式服务中心。如宁德法院建立司法行政多元调处中心，实现对海上养殖综合整治产生的争议就地服务、就地排查、就地化解。参与综合化治理体系建设，主动通过司法建议等形式就环境保护行政执法薄弱环节向政府和有关单位建言献策。2018—2021 年，全省法院共向相关部门提出司法建议 432 条。龙岩法院先后就固体废物处置、水土流失治理、林权流转、森林资源保护等问题，向环保、林业、水利等部门发出司法建议 36 件，均得到反馈落实。

4. 创新专家陪审员制度

积极落实人民陪审制度，在环境公益诉讼及其他社会影响重大的生态环境案件中，由"三名法官 + 四名人民陪审员"组成七人大陪审合议庭进行审理。率先在全国法院建立技术咨询专家管理制度，漳州中院先行先试生态环境技术调查官制度，厦门中院将国内多位知名专家学者纳入审判智库。全省法院共聘任咨询专家 120 人、专家陪审员

198 人、特邀调解员 131 人，为疑难复杂案件审理提供专业技术支持。

（三）"严惩"结合"调解"，打好执法"组合拳"

1. 生态环境犯罪需要重拳严惩

生态环境案件具有高度复合性、专业性、技术性，必须走专业化审判之路。福建法院因地制宜设置环境资源审判庭，通过专业法庭、集中管辖法院、巡回法庭相结合，建立专业的审判组织运行体系。与此同时，针对当地的重点生态空间林、矿、海、水体等设立生态巡回法庭、办案点和服务站 153 个，就地立案、开庭和调解，同时成立"法官工作室"200 余个，强化协同治理、多元解纷。

福建各地"三加一"归口审理刑事、民事、行政和非诉行政执行案件。对于影响较大的生态环境刑事案件，积极开展区域专项行动，打击环境资源犯罪的同时深挖地方黑恶势力，开展黑恶势力大排查，除恶务尽、正本清源，坚持依法从重处罚，有效震慑、坚决杜绝破坏生态环境的违法犯罪行为。

2. 多元调解助力生态和谐

基层法院对接海洋渔业局、公安边防等有关职能部门，设立司法行政多元调处中心，针对涉海上养殖综合整治矛盾纠纷，开展相关案件调解化解工作。对于涉及生态环境的民事、行政和非诉纠纷，着力于基层化解、就地化解，推动行政调解、行政裁决、人民调解的有机衔接，开展生态环境纠纷多元调解一站式服务，尽力促成案结、事了、人和。福建各级法院加强环境资源行政争议实质性化解，支持和促进行政机关依法行政 [①]。

[①] 《生态环境审判"三加一"机制从这里走向全国》，澎湃新闻，2020年12月9日，https://www.thepaper.cn/newsDetail_forward_10332607。

二、贵州省：赤水河流域跨省生态补偿机制

（一）创新生态补偿制度，构建百姓富生态美的新未来

赤水河流域位于川、滇、黔三省交界地带，流域面积 18932 平方千米，流经贵州、云南、四川的 13 个县区。目前，赤水河流域是长江上游生态环境和水质最好的一级支流，是长江上游一级支流中少有的以生态保护为主、干流尚未进行开发建设、基本保持原生态的河流，是长江上游重要的生态屏障。

流域具有独特的自然地理环境。赤水河流域具有地域历史文化、民俗文化、酒文化、红色文化、生态文化等文化内涵，既是革命老区，又是乌蒙山集中连片特困区。促进流域环境保护与经济的协调发展，是地区进行流域管理的难题。推行生态补偿是赤水河流域发展的内在需求，是促进流域生态文明建设的有效手段，将有利于找准保护和发展的结合点，有利于拓宽贫困地区群众增收的渠道，有利于提高保护生态环境的积极性，有利于恢复和扩大绿色生态空间，具有十分重大而深远的意义。

生态补偿政策实施以来，仁怀市荣获全国"生态文明建设示范区"表彰，赤水市被命名为"绿水青山就是金山银山"创新实践基地。赤水河作为全国首个跨省流域的横向生态补偿机制试点，为全国下一步探索建立多省生态补偿积累了宝贵经验。

（二）落实生态补偿制度："定方案""算清楚"结合"强执行""重生态"

1. 明确补偿方案并形成执行共识

贵州在总结省内流域生态补偿成功经验的基础上，组织起草了

《云贵川赤水河流域横向生态补偿方案》，在财政部、生态环境部的支持和帮助下，云南、贵州、四川三省人民政府签署《赤水河流域横向生态补偿协议》，率先在长江流域建立第一个跨省生态补偿机制，搭建合作共治的政策平台，实行流域环境保护统一规划、统一标准、统一环评、统一监测、统一执法，形成赤水河流域上下联动大保护格局，共同提升赤水河流域环境保护整体水平。

2."明算账"理清省内和省际补偿金额

赤水河流域省内上下游横向生态补偿机制有据可依：按照贵州省政府印发实施的《贵州省赤水河流域水污染生态补偿暂行办法》和《贵州省赤水河等流域生态保护补偿办法》，在赤水河上游毕节市和下游遵义市开展赤水河流域水污染横向生态补偿：上游出境断面水质优于Ⅱ类水质标准，下游缴纳生态环境补偿资金；上游出境断面水质劣于Ⅱ类水质标准，上游缴纳生态环境补偿资金。截至 2021 年，下游遵义市向上游毕节市累计缴纳横向生态补偿资金 0.93 亿元①。

赤水河流域跨省上下游横向生态补偿机制的主要做法是，2018 年 2 月，由贵州省牵头发起，推动云贵川三省人民政府签署《赤水河流域横向生态补偿协议》，明确三省按照 1∶5∶4 比例，共同出资 2 亿元设立赤水河流域横向生态补偿资金，每年云南出资 2000 万元、贵州出资 10000 万元、四川出资 8000 万元；根据赤水河干流及主要支流水质情况界定三省责任，按 3∶4∶3 的比例清算资金，达到协议约定的水质要求，每年云南分享 6000 万元、贵州分享 8000 万元、四川分享 6000 万元。按照约定清算，贵州省每年拨付云南省生态补偿资金 2000 万元，三年共计 6000 万元，有效调动了赤水河源头和上游水

---

① 数据来源：《贵州：为美丽中国建设贡献力量》，贵州农经网，http://gznw.guizhou.gov.cn/gznjw_ydb/zx/snxw17/848428/index.html。

源涵养地生态保护积极性，有力保障了赤水河上游水质稳定[①]。

3. 统筹资金支持流域生态环保项目

2018—2021 年，贵州省财政厅统筹中央和省级预算内投资、水污染防治专项资金、赤水河流域专项保护资金等 31.8 亿元，支持赤水河流域沿岸 9 个县区开展生态修复和环境治理。

4. 安排资金打造赤水河流域整体治理模式

2021 年，贵州省级财政安排赤水河流域"小水电"退出项目专项资金 5 亿元，支持赤水河流域小水电分批、分类处置到位，逐步消除赤水河流域小水电对生态环境的影响。2018—2021 年，省级财政安排 3.59 亿元，用于全省长江流域重点水域禁捕退捕。

四个方面的机制特别是贵州在全国率先探索的赤水河流域跨多省横向生态补偿机制，搭建了流域上下游之间合作共治的政策平台，设立了区域间联防联控、流域共治和产业协作的工作制度，形成了"成本共担、效益共享、合作共治"的流域保护和长效治理机制，体现了"保护者受益、利用者补偿、污染者受罚"的激励原则，调动了上游地区强化生态环境保护的积极性和主动性，推进了赤水河流域的生态保护修复。2018 年赤水河流域水质总体良好，所有监测断面均达到或优于规定水质类别，出境断面水质稳定达到 Ⅱ 类，获得"中国好水"优质水源地称号。

（三）推广生态补偿成效："因地制宜"结合"因时而变"

1. 克服跨区困境，坚决执行"共同决定"

云南、贵州、四川三省共同立制，为赤水河流域跨省治理确立

---

① 数据来源：《云贵川三省互动，政企民联动，上中下游共享赤水河"红利"》，生态环境部官方微博，https://weibo.com/ttarticle/p/show?id=2309404607907995189413。

了法律红线，也是对 2020 年 12 月通过的《中华人民共和国长江保护法》的进一步延伸。三省"共同决定"和条例的实施，提升了赤水河流域治理的整体性和系统性，既是地方立法形式的创新，也是流域类保护地方立法的积极探索。"共同决定"对三省共同遵守原则、共同建立机制和共同采取行动等问题作出规定。三省未来将加强行政执法和刑事司法衔接，完善落实生态环境损害赔偿机制，支持推动流域生态环境保护公益诉讼；统一赤水河流域生态环境标准，加大对流域内污染物的防治与监管；健全赤水河流域生态环境、水文、气象、航运、自然灾害等监测网络体系和信息共享系统；协同推进对流域山水林田湖草沙一体化保护修复和自然保护地体系建设。"共同决定"是三省对赤水河流域保护的统一要求，即按照统一规划、统一标准、统一监测、统一责任、统一防治措施的要求，共同推进赤水河流域保护。

2. 严格的制度需因地制宜，尊重地方实际情况

三省的"条例"则是根据各省实际情况而制定，具有地方特色。四川省地方条例重点对水资源保护、水污染防治、水生态修复等方面进行了详细规定；云南省地方条例对农业面源污染作出了明确说明。值得注意的是，三省"条例"都设置专章对"文化保护与传承"进行规定，要求赤水河流域县级以上人民政府应当将红色文化保护列为文化遗产保护重要内容。

3. 在实践中深化生态补偿制度改革

多省共治的难点在于上、中、下游地区利益均衡问题，因为赤水河流域的自然资源禀赋差异较大，各省、市、县发展水平也不同，利益协调主要体现在两方面：一是流域保护所需的资金由谁来出；二是环境保护对当地经济社会发展的影响要如何协调，比如限制化肥、农药的使用，给当地农民造成的经济损失由谁来补偿等。针对利益协调问题，2013 年，赤水河流域就曾探索建立跨省生态补偿机制，但因为缺乏权威依据，生态补偿工作一度停滞。2018 年 2 月，云南、贵州、四川签订了《赤水河流域横向生态保护补偿协议》，2019 年，贵州省和四川省各出资 2000 万元补偿上游的云南省，基本解决了上下游投入和收益不对等问题。三省将不断完善该流域生态补偿长效机制，确定补偿标准、扩大补偿资金规模，同时也鼓励建立市场化生态补偿机制，推动流域内受益主体参与流域生态环境保护。

三、海南省：生态环境资源巡回审判机制

（一）积极回应群众期待，海南打造环境资源巡回审判样板

海南以环境资源"三合一"归口审理、环境资源跨区域跨流域提级集中管辖、全域覆盖环境资源巡回审判等改革举措，打造环境资源审判"海南样板"。海南是我国生态环境最优良的省份之一。海南用最严格的生态环境司法确保全省生态环境只能更好，不能变差。2020年，全省法院共受理环境资源刑事、民事、行政三类案件共计 2674宗，其中刑事案件 905 宗、民事案件 1542 宗、行政案件 227 宗。案件类型主要包括非法采砂、围海造田、破坏海岸带环境、盗伐滥伐林木、非法猎捕珍贵濒危野生动物、非法占用农用地、非法倾倒废物等典型生态环境相关案件。

海南设立环境资源审判庭和巡回法庭 14 个，覆盖四大自然保护区、多个重要的生态区。保护的触角延伸至海南的陆地、森林、海洋、岛屿、岛礁，海南全域环境资源巡回审判及提级集中管辖布局已

经初步形成[1]。

该机制是深入践行司法为民根本宗旨的重要内容，积极回应人民群众对生态环境司法工作的新要求和新期待，充分体现了人民法院牢固树立群众观点和宗旨意识，不断改进司法工作作风，完善司法便民利民举措，方便人民群众诉讼的工作方向。在健全完善该项机制过程中，海南省高级人民法院立足全省各级法院生态环境司法保护工作实际，以方便人民群众诉讼为出发点，结合海南依山临海的地理特征，针对不同生态区域群众的环境司法需求，将生态审判机构"搬迁"至重点林区、自然保护区、流域、海域等地方设立巡回法庭、办案点和服务站等，实行就地立案、就地审判、就地调解、就地执行、就地以案释法、就地提供法律咨询、就地开展调查研究、就地摸排化解矛盾纠纷、就地指导人们调解、就地提出司法建议等，让生态环境司法保护工作机制更多地惠及广大人民群众。

（二）巡回审判重点全覆盖，就地宣传教育成效显

1. 覆盖生态环境保护重点区域

海南法院已形成全域环境资源巡回审判及跨区提级集中管辖布局。在设置8个环境资源审判庭的基础上，着眼全省各区域生态保护的地域特点，因地制宜重点布局，在自然保护区、主要河流流域等生态保护核心区域布局巡回审判机构，分别在鹦哥岭、霸王岭、尖峰岭、吊罗山四大自然保护区及万泉河、三亚育才生态区共设立6个环境资源巡回法庭，在三沙群岛法院设立环境资源海上巡回法庭1个。

---

① 《海南发布10项自贸区社会治理类制度创新案例》，海南日报，2019年7月25日，https://www.hainan.gov.cn/hainan/5309/201907/94ac7c80a6de4494936ae459ec156e35.shtml。

2. 探索生态环境恢复性司法裁判模式

海南法院在逐步完善全域环境资源巡回审判布局的基础上，将恢复性司法理念引入裁判，改变以往"一判了之"的做法，在环境资源巡回审判中针对盗伐林木罪、滥伐林木罪、非法占用农地罪 3 类案件，针对其常常出现"判了再犯"的特点，创新采用恢复性司法裁判方式，即除判处被告人刑罚外，还判令其就地或异地补植林木、恢复土地原状、整治受污染水流等，最大限度地针对环境进行改善恢复。同时，联动生态环境保护部门、林业部门、水务部门和科研院所等部门对修复效果进行评估，形成"破坏—判罚—修复—监督" 4 个环节完整闭环，最大限度确保环境修复取得实效。

3. 积极推行就地审判、就地宣传

针对部分基层群众环境资源法律意识薄弱的现状，海南省尝试在注重环境资源案件审理"合目的性、合法性、合理性"三性合一的同时，进一步加强环境资源法律法规的宣传。全省法院环境资源审判坚持集中审判与巡回审判相结合，尽可能就地审理案件，方便群众诉讼。同时，通过甄选典型案例进一步推进就地办案释法、巡回宣传普法形式开展环境资源法治宣传，达到"审理一案、教育一片、影响一片"的效果，进一步增强基层人民群众的环境资源保护意识。环境资源巡回审判法庭在三亚"天然氧吧"育才生态区设立，在发挥审判职能的同时，又能将其建设成为三亚市环境资源保护的教育基地。不仅让环境司法触角充分延伸，更通过对环境资源类案件的巡回审理、普法宣传，让更多群众了解环境资源审判工作，提升环境保护意识，共同维护当地良好的生态环境。

海南推行全域环境资源巡回审判以来，极大减轻了当事人讼累，解决了边远山区群众告状难、部分当事人因不便利等原因无法到庭等问题。2018 年 1 月—2020 年 12 月，海南省法院各环境资源巡回法庭审理案件 365 宗，其中环境资源刑事案件 358 宗、环境资源民事案件 2 宗、环境资源民事公益诉讼案件 5 宗。各环境资源巡回法庭将庭审开到群众身边，先后开展法律知识宣讲 70 多次，发放法律知识和环境生态常识宣传手册 2500 多册。2018 年 1 月—2020 年 12 月，海南省法院判处缓刑采用恢复性司法的刑事案件共 372 宗，涉及被告人481 人，判令被告人恢复生态补植树木 222572 株，判令以增殖放流形式放流鱼苗、虾苗、甲壳类共计 702770 尾，判令被告人修复农田204.58 亩。

全省各级法院坚持以人民为中心，大力推广灵活机动的生态环境巡回审判模式，充分发挥生态巡回审判办案、宣传、服务"三位一体"的作用，确保司法服务延伸至城镇、乡村等各个领域，打通司法便民最后一公里，有效解决了偏远山区、海岛群众的司法诉求。在省高级人民法院的统一谋划部署下，部分法院还专门出台了关于生态巡回法庭工作的若干规定，通过不断健全生态巡回审判工作制度，改进司法服务方式，使生态环境巡回审判机制更好地维护人民群众的根本利益，为人民群众提供更加优质的生态环境司法诉讼服务，切实提升了生态环境司法工作效果。

4. 首创海事审判"三合一"

2017 年三沙群岛法院设立了环境资源海上巡回法庭，充分彰显了司法主权，进一步发挥环境资源审判宣传教育和犯罪预防的功效，三沙群岛法院海上环境资源巡回法庭经常深入岛屿向当地居民普法宣传，当地居民环境资源法治意识显著提升。2020 年 9 月，省高院与省检察院联合印发《关于建立海上刑事案件个案指定管辖工作机制的意见（试行）》，法、检两家建立工作机制，将海南法院具有管辖权的海上交通肇事、走私、破坏生态环境资源刑事案件通过个案指定方式，指定海口海事法院管辖。最高人民法院于 2021 年 10 月授予省高级人民法院对海南法院具有管辖权的发生在海上的破坏海洋生态环境资源犯罪案件指定管辖权。海口海事法院成为全国第一家具备海事环境资源审判民事、刑事、行政三种职能的海事法院，充分体现了全方位最严司法保护的先进司法理念，海事环境资源三合一归口审理的集聚优势日益凸显。2022 年 5 月 6 日省高院、省检察院、海南海警局联合印发了《关于特定海事刑事一审案件集中指定管辖试点工作的意见》，全面理顺了海上环境资源执法协作关系。海口海事法院审理的"文某（VAN）非法捕捞水产品案"入选 2021 年全国海事审判典型案例。

（三）"家门口诉讼"：提升审判质效，守护美好家园

1. 规范巡回审判制度运行，确定办案地区、法庭人员

在城市及发达地区，由于交通方便、律师众多，群众诉讼较为方便。但在经济欠发达且群众因交通、经济、知识文化等方面的原因不便到法庭参加诉讼的农村，开展巡回审判是十分必要的，有必要确定为巡回审判地区。需实现重点区域环境资源审判全覆盖。依托重点生态区域行政管理机构，在自然保护区、风景名胜区、生态功能区、海洋生态文明综合试验区、矿区、饮用水源地、林地、湿地等重点区域，设立环境资源巡回法庭（工作站）。

为保证审判活动的严肃性，巡回法庭至少应配备一名审判人员和一名书记员。巡回审判的法官在职责划分上可以实行分片负责的原则，确定一个法官负责几个固定乡镇的巡回审判工作。这样的安排有利于法官熟悉当地的民风和习俗，也有利于法官与当地司法所、人民调解委员会等组织的配合与联系。

2. 就地审判搞好法律宣传

针对部分基层群众因缺少相关法律知识而盲目猎捕、砍伐被判处刑罚问题，在环境资源巡回审判过程中通过甄选典型案例、"以案释法"形式进行环境资源法治宣传，普及各类环境保护知识和环境法律知识。采取"审理一案、教育一片"正向引导，基层群众的法治意识得到提升。各环境资源巡回法庭将庭审开到群众身边，把和群众生活最贴近的案件作为典型案例公开审理。同时，巡回法庭应深入集贸市场、厂矿企业、田间地头，把法律宣传资料送到老百姓的手中，使辖区群众的法律意识普遍增强。

3. 扎实推进生态环境修复，生态环境资源得到有效保护

海南法院从有效保护环境资源角度出发，探索并试行恢复性司法裁判模式，并充分发挥了环境资源执法司法联动机制作用，确保环境修复取得实效。2018—2021 年全省法院判处缓刑采用恢复性司法的刑事案件共 398 宗，涉及被告人 507 人，判令被告人恢复生态补植树木 229699 株（按照造林行距 3 米 ×5 米即每亩种植 44 株的较高造林密度计算，相当于补种树木 5200 余亩），判令以增殖放流形式放流鱼苗、虾苗、甲壳类共计 1157949 尾，判令被告人修复农田 204.58 亩、修复林地 220.387 亩。

第七章

践行全社会共同建设生态文明

一、北京冬奥会：全民共促碳中和

（一）案例背景

低碳发展是当今世界各国普遍重视的发展理念，也是落实《奥林匹克 2020 议程》的重要组成部分。北京 2022 年冬奥会和冬残奥会（以下简称"北京冬奥会"）坚持"绿色办奥"理念，积极探索低碳奥运的措施与机制，推进林业固碳工程、鼓励涉奥企业自主行动、实施碳普惠项目，努力实现碳中和目标。此外，借助北京冬奥会的巨大影响力，通过上述措施发挥示范引领效应，将加快带动我国绿色环保产业发展，促进群众养成简约适度、绿色低碳的生活方式，推动经济社会绿色、高质量发展，服务新时代生态文明建设，推动城市和区域可持续发展，切实增强人民群众的获得感和幸福感，助力中国 2030 年前碳达峰、2060 年前碳中和目标的实现。

（二）主要做法和成效

1. 推进林业固碳工程

政府建立基于林业碳汇的北京冬奥会碳排放补偿机制。推动北京市造林绿化和其他造林绿化项目增汇工程建设，推动张家口市京冀生态水源保护林建设，将其间工程所产生的碳汇量捐赠给北京冬奥组委，用以中和北京冬奥会的温室气体排放量。北京市 36000 公顷造林绿化工程和张家口市 33335 公顷京冀生态水源保护林工程，已确定为北京冬奥会提供林业碳汇。

民间组织积极响应林业固碳工程。为了重新恢复张家口崇礼区的生态环境，应对气候变化，为北京冬奥会提供坚实的生态保障，由中国绿色碳汇基金会组织策划、老牛基金会捐赠首期资金的"老牛冬奥碳汇林项目"已经开展实施。公民通过种一棵树成为北京冬奥会碳汇林的捐赠者，可以获得电子捐赠证书，以及为捐赠的树木定制有寄语的专属树牌和挂牌服务。捐赠者可以通过"呼唤森林"App 查看所植树木所在造林地块的位置坐标以及定期更新的造林地块实景图片。同时，"呼唤森林"将利用区块链存证技术的可追溯、可监管、防篡改等特性，存储北京冬奥会碳汇林中捐赠者的信息，确保捐赠者信息的安全可靠。此举大大促进了公民进行低碳行为的热情。

2. 鼓励涉奥企业自主行动

北京冬奥组委鼓励涉奥企业向北京冬奥会捐赠全国及北京碳排放权交易市场排放配额、国家核证自愿减排量，以中和北京冬奥会部分温室气体排放量。倡导涉奥企业建立自主低碳行动方案，采取低碳生产、低碳办公、低碳出行等低碳节能措施。2018 年，在全国低碳日主题宣传活动上，北京冬奥会官方合作伙伴代表共同签署"低碳冬奥倡议书"，倡导各方共同实现北京冬奥会低碳排放目标。中国石油、国家电网和三峡集团均以赞助核证碳减排量的形式，分别向北京冬奥组委赞助 20 万吨二氧化碳当量的碳抵消量[①]。

---

① 《北京冬奥会排放的碳是怎么被"中和"的？》，中国环境报，2022年2月18日。

北京市作为首批开展碳排放交易试点省市，截至 2021 年，已完成 7 个完整年度的履约工作，排放超过 5000 吨以上的企业均已全部纳入碳市场，重点碳排放单位 800 余家，成交额突破 19.4 亿元，主体覆盖了电力、热力、水泥、石化、工业、服务业、交通运输等 8 个行业。北京公交集团 2016—2019 年碳排放强度下降约 50%，降幅十分明显。2020 年，北京公交集团将剩余的碳排放配额在市场出售获得收益 300 万元，成为自身节能减排的很好奖励①。

3. 实施碳普惠制项目

在全社会积极倡导低碳生活方式，推广普惠制，搭建面向公众的自愿减排交易平台，鼓励企业、社会组织和个人的低碳环保行为，支持其捐赠国家、北京市及河北省等主管部门认定的碳减排量，积极参与多元化的低碳冬奥行动。

2018 年 10 月，河北省以张家口等城市为试点，制定并实施《河北省碳普惠制试点工作实施方案》，推进全省碳普惠制试点工作开展。启动运行全国碳排放权交易市场，推动北京冬奥会低碳管理核算标准的建立。建立北京冬奥会碳普惠机制，鼓励企业、社会组织、个人积极参与冬奥低碳行动。

2020 年北京冬奥组委正式发布"低碳冬奥"小程序，利用数字化技术手段记录用户在日常生活中的低碳行为轨迹，减少日常生活的碳排放。公众通过参与分享活动、发表绿色宣言、知识答题等活动获得碳积分。冬奥碳普惠完成数字化后，截至 2022 年 2 月 28 日，实现 270 余万人参与冬奥碳普惠活动，累计 9002 余万次减排，累计碳减排近 2 万吨，2 万新用户注册"低碳冬奥"小程序。"低碳冬奥"小程序

---

① 仝晓波，齐琛冏：《0.42吨 北京何以做到碳排放强度全国最优》，中国城市能源周刊，2021年3月29日。

自上线以来，不断鼓励和引导社会公众践行绿色低碳生活方式，起到了良好的社会示范效应，公众低碳减排规模持续壮大，低碳环保绿色生活理念不断深入人心。

近千人参加"奔向 2022 绿色起跑全民开动"2019 国际奥林匹克日冬奥主题活动，用奔跑来支持北京冬奥会实现绿色低碳的目标。环保人士、"北京榜样"代表、运动员代表、阿里巴巴集团代表等共同发出低碳环保倡议，号召所有人行动起来，共同为举办一届精彩、非凡、卓越的冬奥盛会，为加快建设天更蓝、山更绿、水更清的美丽中国作出更大的贡献。

公众参与绿色交通碳减排项目。公众在电子地图上进行注册登记后，乘坐地铁、公交、骑自行车、步行等绿色出行的方式均可计算出相应的减排量。通过平台把所有注册账户的减排量合计生成的产品，可以在北京碳市场上出售，收益再返回给注册账户。通过公众参与的方式，让市民更多地了解碳市场，采用绿色生活方式。

通过上述措施，强化了低碳发展理念、绿色发展理念在全社会的宣传推广，绿色发展正在从办奥理念转化为支撑未来长期可持续发展的最宝贵的奥运遗产。

（三）经验启示

1. 科技发展是生态文明建设的重要动力

北京冬奥会充分利用低碳技术，有利于生态文明建设的深化落实。北京冬奥会自主设计开发了碳排放"测（监测）—算（计算）—控（管控）—谋（谋划）"技术体系，研制"冬奥碳测"平台，将冬奥碳排放相关的人—机—物—环数据监测、碳排放核算、评估和管控功能集成于一体,科学量化了各项技术的减排贡献,让北京冬奥碳减排行动评估有据可依、有数可查、有物为证。

2. 赛事举办是引领低碳社会发展的重要契机

党的十八大以来,习近平总书记多次提出应牢固树立尊重自然、顺应自然、保护自然的意识,坚持走绿色、低碳、循环、可持续发展之路。2015 年,《中共中央 国务院关于加快推进生态文明建设的意见》中明确提出,生态文明建设是中国特色社会主义事业的重要内容,关系人民福祉,关乎民族未来,事关"两个一百年"奋斗目标和中华民族伟大复兴中国梦的实现。北京冬奥会作为我国重要的对外窗口,展示了当前齐抓共管的生态环境治理格局。北京冬奥会提出"绿色办奥"理念,充分表明我国对于生态环境保护和可持续发展的高度重视,将北京冬奥会作为落实生态文明建设重要载体的决心。通过持续开展各类教育和宣传活动,不仅强化了公众对于冬奥可持续的参与,更为重要的是促进了全社会可持续发展意识的提升,引导全社会形成深入人心的绿色、低碳可持续发展理念。

3. 政府主导、多方合作是推动全社会共建生态文明的重要力量

北京冬奥会在场馆建设、交通运营、电力发展和制度实施等方面,形成了政府主导、企业响应、全民参与的良好氛围。通过碳排放补偿机制建设不仅约束了企业增加碳排放的行为,更是充分调动企业碳减排的积极性。学校实施北京市中小学生奥林匹克教育计划,举办"冬奥""绿色""低碳"主题系列活动,形成更广泛的宣传效果。由此,鼓励全社会共同参与生态文明建设。

二、浙江丽水：全民实施"生态信用"

（一）案例背景

丽水是浙江省辖陆地面积最大的地级市，被誉为"浙江绿谷"，是习近平同志"绿水青山就是金山银山"理念的重要萌发地和先行实践地。习近平同志在浙江工作期间，曾8次深入丽水调研，2006年第7次到丽水调研时指出，"绿水青山就是金山银山，对丽水来说尤为如此"。2019年1月，国家推动长江经济带发展领导小组办公室正式印发《关于支持浙江丽水开展生态产品价值实现机制试点的意见》，明确丽水为全国首个生态产品价值实现机制试点城市。

2020年以来，丽水紧扣"生态信用领跑者城市"定位，在全国创新探索生态信用制度体系，以个人、企业、行政村为信用评价主体，以特色应用融合拓展深化为核心，创新"互联网+""生态信用+"应用场景，以"信用智治"探索高质量绿色发展新路径，拓展社会信用体系建设新领域，为打造"高水平建设和高质量发展重要窗口"贡献信用力量提供了"丽水思路"。

（二）主要做法和成效

1. 首创"生态信用"制度体系

一是建立"生态＋公共"评分模型。制定出台《丽水市个人生态信用评分规则表》和《丽水市绿谷分（个人信用积分）管理办法（试行）》。从生态环境保护、生态经营、绿色生活、生态文化、社会责任、一票否决项6个维度，计算出个人生态信用积分，再与浙江省自然人公共信用积分分值的50%加权形成丽水市个人信用积分（绿谷分）。

二是建立"刻度 + 着色"评分机制。推出个人信用评价等级着色码管控机制，将绿谷分信用等级分为 AAA 级、AA 级、A 级、B 级、C 级 5 个等级，分别代表信用极佳、信用优秀、信用良好、信用一般、信用差，对应绿、蓝、紫、黄、红着色的二维码，以激励"绿码"优先为导向，助推能识别能管控的数字化应用。

三是建立"正面 + 负面"清单体系。出台《丽水市生态信用行为正负面清单（试行）》，列出"个人生态信用积分正负面事项清单"。正面清单涵盖生态保护、生态经营、绿色生活、生态文化、社会责任 5 个维度的 12 个正向激励事项，负面清单明确了生态保护、生态经营、绿色生活、社会责任 4 个维度的 10 个负面事项，两者互相补充，为信用模型的变量选取和权重分配明晰了界限。

2. 探索企业生态信用"绿色监管"新模式

一是绘制数字监管"信用画像"。建立企业生态信用"数据池"和主体生态信用档案，明确企业生态信用评价范围，从生态环境保护、生态经营、社会责任、一票否决项 4 个维度 22 个指标细项构建企业生态信用评分模型。通过系统跑分，约 12000 家企业参评生态信用企业，归集到生态行政处罚、食品安全不良信息、环境违法信息等负面数据 44382 条。

二是构建信用分级"激励模型"。对生态守信企业予以正向激励，在税收优惠、专项资金补助、"双随机"抽查、融资贷款等方面给予政策支持，并开辟环保审批绿色通道、实行容缺受理，对符合条件的环评审批依法依规实行承诺制。

三是开发信用联动"执法场景"。联通污染源企业"数据池"和环境物联感知监测网络，构建由前端多方感知到大数据分析预警报警引擎，形成生态信用分级监管智能"预警—执法—反馈"流程闭环。2020 年全市在线监管入库的 270 家排污企业，累计异常预警 729 起，触动现场执法 213 起，其中涉水污染事件 104 起、涉气污染事件 109 起 ①。

3. 开拓基层生态信用"绿色治理"新路径

一是"信用载体"组织联合生态"保护者"。实行基层治理多元化生态信用评价机制，形成市域信用治理"大循环"和基层信用治理"微循环"。村民通过植树造林、五水共治、移风易俗等环境保护行为可获得镇（乡）、村级"个人生态信用积分"，通过村民自治组织评定，将村民日常生产生活行为纳入生态信用评分范畴，弘扬乡村生态信用文化。

二是"积分兑换"引导发展生态"受益者"。创新村级信用变现"微循环"载体，通过"绿币"攒"金子"的"绿色信用"理念鼓励居民积极开展绿色生活、赋予绿色行为可量化的价值。例如，鼓励村民用村级个人生态信用分兑换纸巾、肥皂、脸盆等生活用品，开展"生态跑步鸡"项目，使得低收入农户可通过积分兑换，零现金认养"生态跑步鸡"等。

三是"金融赋能"催生更多生态"建设者"。聚焦农村金融信贷改革创新，打造农村区域"数字信用地图"，动态导航金融机构高质量精准投放信贷资源。以行政村和乡镇为单位，分析区域农户的信用分布状况，评出 AAA、AA、A 三个区域等级，并按照"整体批发、集中授信"形式进行集中授信，实施差别化信贷优惠政策。着眼生态资源资产化、生态资产资本化，创新推出"生态贷""两山贷"等系列金融产品，对生态产品总值收益权、林权等生态产权进行价值

---

① 《浙江丽水污染源企业在线信用监管场景》，信用浙江网，2021年7月27日。

量化并实现金融"变现"，截至 2021 年共有 24 家金融机构开办"两山贷"业务，占比 71%，累计发放"两山贷"12.98 亿元，惠及农户 13952 户[①]。

4. 建设"丽水山耕"农产品区域公共品牌

生态信用制度结合生态产品价值实现，有力推动了"两山"高质量转化。丽水市依托丰富的生态资源，开展了卓有成效的"丽水山耕"区域公共品牌建设，大幅提升了农产品的市场价值。根据当地"九山半水半分田"的现状以及区域农业弱、小、散的特征，顶层设计推动，打造出"生态精品农业"的发展道路。以服务维护区域公共品牌品质，对标欧盟开展"丽水山耕"农产品质量安全指标研究，指导市农投公司对标欧盟完成"丽水山耕"四大食用类农产品标准修订工作，并选取茶叶、稻米、甜橘柚、茭白、干香菇和干黑木耳 6 类产品制定安全技术标准，关键指标均达到国际先进水平。大力推动区域公共品牌营销。拓展线上线下相融合的品牌宣传渠道。依托"丽水山耕"公共品牌，加强生态产品供给；加快林权、河权、农村住房使用权等农村产权改革和绿色金融、生态产品价值核算等制度创新，强化"两山"转化制度驱动和政策保障。"丽水山耕"区域公用品牌以 97.89 的品牌指数，蝉联 2019 年中国区域农业品牌影响力排行榜——区域农业形象品牌排行榜首位。2019 年实现"丽水山耕"农产品销售额 84.4 亿元[②]。庆元县、龙泉市、景宁畲族自治县庆元香菇中国特色农产品优势区通过农业农村部公示，实现了"零"的突破。围绕生态产品价值实现的农村农业创收，进一步激发了企业和基层群众参与生态文明建设的热情。

---

① 国家发展改革委：《浙江丽水：全面打响"生态信用"品牌》，2021 年 12 月 23 日。
② 《奋力谱写新时代丽水"三农"工作的新篇章》，浙江农业信息网，2020 年 1 月 8 日。

（三）经验启示

1. 调动积极性是全社会共建生态文明的基本保障

公众、企业等是践行习近平生态文明思想最普遍的主体，是生态文明建设的有力推动者，调动积极性是习近平生态文明思想全民共建的基本保障。丽水在生态信用体系建设方面的改革创新构建了全民参与生态文明建设的动力机制。在全国加快推进生态文明建设、探索生态产品价值实现机制过程中，要鼓励各地建立公众和企业的生态信用档案、正负面清单和信用评价机制，建立生态守信激励机制和生态失信约束机制，创建多元化的生态信用应用场景，建立生态信用数字化、动态化、实时化管理机制，鼓励社会各界坚守生态信用，共同参与生态文明建设。

2. "两山"转化是全民共建生态文明的底层逻辑

实践已表明，"金融赋能"催生生态"建设者"是丽水市有效开展生态信用"绿色治理"的重要途径之一。在这一过程中，生态资源资产化、生态资产资本化、生态产权价值量化并实现金融"变现"等支撑手段，恰恰与丽水市的另一张名片——"两山"转化的"丽水样本"内涵高度一致。丽水智慧、丽水经验下全面开展市县乡村四级生态产品价值核算，创新与生态产品价值核算挂钩的"生态贷"模式，深化生态产品政府购买与市场交易制度研究，完善基于生态系统生产总值（GEP）核算基础的政府采购生态产品机制。生态产品价值实现推动"绿水青山"向"金山银山"的转化，把"金山银山"做大，让人民享受到经济发展和美好生活环境的好处，才能形成加强生态环境保护的物质基础和民意基础，才能形成持久的生态美、产业兴、百姓富的良好发展格局。

3. 依托生态文明走出具有山区特色的共同富裕之路

丽水通过"生态信用"的创新方式，激励全社会共建生态文明，通过改革推动绿水青山转化为金山银山，是符合丽水实际、具有山区特色的绿色发展路径的变革，促进了当地的经济发展，是共同富裕的山区样板。丽水积极发展特色惠民富民产业，山区 26 个县实行"一县一策"，因地制宜发挥政策优势和资源禀赋优势，同时通过引进、成立、扶持企业，发挥龙头企业带头作用，推进乡村振兴，是实现共同富裕的重要支撑。丽水通过拓宽"两山"转化通道，有效地把生态优势转化为产业优势，推动富民产业发展壮大，不断打造山区生态经济新的增长点。

三、广东深圳：全民监督生态文明建设

（一）案例背景

深圳作为我国改革开放的"试验田"和"窗口"，在创造经济社会"深圳速度""深圳效益"的同时，始终高度重视生态文明建设，自觉践行"生态立市""环境优先"理念。继 2012 年、2018 年后，习近平总书记于 2020 年深圳经济特区建立 40 周年之际第 3 次前往深圳进行考察，在总结特区 10 条宝贵经验时指出，"必须践行绿水青山就是金山银山的理念，实现经济社会和生态环境全面协调可持续发展"①。党的十八大以来，深圳先后制定出台了《关于推进生态文明、建设美丽深圳的决定》《深圳市国家生态文明建设示范市规划（2020—2025 年）》《深圳率先打造美丽中国典范规划纲要（2020—

---

① 习近平：《在深圳经济特区建立40周年庆祝大会上的讲话》，新华社，2020年10月14日。

2035年）》等推动生态文明建设的纲领性文件。在此期间，城市生态环境质量不断提升，综合治理能力不断强化，空气质量连续9年稳居全国前十，能耗、水耗和碳排放强度仅为全国平均水平的1/3、1/8和1/5[①②]，"深圳蓝""深圳绿"成为亮丽的城市名片，是全国唯一一个获评生态文明建设示范市的副省级城市[③]。这些成绩的取得与连续实施了14年的深圳市生态文明建设考核制度密切相关，该制度将生态文明建设的硬目标、硬任务纳入年度考核，结果作为评价领导干部政绩、年度考核和选拔任用的重要依据，为全国树立了一个可推广、可复制、可学习的"制度品牌"，是生态文明建设"深圳模式"的重要内核，促使深圳成为全国生态文明建设的重要参与者、贡献者与引领者。

（二）主要做法和成效

1. 建立"刚性"考核约束体系

用"硬"制度消除生态文明建设中的软弹性，消除一切"可商量"的余地。一是实行考核结果刚性应用。将推动业务工作和组织部门考察干部密切结合，坚持刚性实施考核制度。考核奖惩动真格，对不合格的领导进行诫勉谈话、亮"红牌"或"黄牌"、两年内不提拔重用。并将10项指标结果进一步应用到市级绩效考核，占绩效考核权重的12%[④]。二是实行一票否决制。将生态文明建设考核列为全市4项"一票否决"考核之一，每年对全市40余个区、市的政府部门、

---

① 深圳市人民政府：《深圳市生态环境保护"十四五"规划》，2021年12月15日。

② 焦点访谈：《为有源头清水来》，央视网，2020年6月20日，https://tv.cctv.com/2020/06/20/VIDEa4tINKQuKJho2NjTNlky200620.shtml。

③ 生态环境部：《关于命名第四批国家生态文明建设示范市县的公告》，2020年10月9日。

④ 深圳市绩效管理委员会：《深圳市2021年绩效管理工作实施方案》，2021年3月3日。

重点企业生态文明建设任务完成情况进行考核。生态文明建设考核成为干部任免奖惩的"关键票"，成为深圳绿色发展的"指挥棒"。三是实行离任"生态审计"制度。考核结果作为审计的重要参考，对不顾生态环境盲目决策、造成严重后果的领导干部，依法严肃追究责任。2017年，深圳有48名领导干部被依法依规问责，其中有6人被诫勉，19人受到党纪政纪处分，其他人被通报批评或责令书面检讨①。

2. 持续优化生态文明考核机制

一是拓展考核对象。持续拓展考核范围，生态文明考核对象涵盖全市各区，包括与生态环境相关的政府部门及与环境污染治理有关的大型国有企业。经多年发展，考核对象从环保工作实绩考核初期的6个区、11个市直部门和2家重点企业，扩展到目前的11个区、19个市直部门和12家重点企业②③。目前，深圳市生态文明建设考核对象不仅涵盖了生态文明建设的管理部门、执行部门及实施部门等各个责任主体，而且还在全国最早将涉及资源、生态、环境等民生问题的重点企业也纳入考核范围，逐渐形成了环保部门统一监管、各职能部门齐抓共管、履职单位积极参与的生态文明建设新机制。

二是创设"双排名"制度。针对考核对象基础条件不同、职能要求不同，实施差异化考核，创新开展"双排名"制度④。于2017年在原先注重目标评价的基础上，首次设置了专门考察工作推进成效方面的独立指标体系，也就是实施"双排名"制度。通过把目标和工作区

---

① 广东省生态环境厅：《深圳以最严制度保障绿色发展》，2019年7月15日。

② 深圳市环境保护实绩考核工作领导小组：《2007年度深圳市环境保护实绩考核实施方案》，2008年3月12日。

③ 深圳市生态文明建设考核领导小组：《深圳市2021年度生态文明建设考核实施方案》，2021年3月10日。

④ 深圳市生态文明建设考核领导小组：《深圳市2017年度生态文明建设考核实施方案》，2017年8月16日。

分，使评价更全面、更客观、更反映工作实绩，有力地支持和鼓励各单位勇于啃硬骨头、敢于打硬仗，充分发挥了考核的正确导向作用，有效激励各级领导干部把思想和精力集中到加强生态文明建设上来。

三是引入评审团制度。深圳创新引入第三方评审团机制，要求各被考核单位的主要领导向 50 位评审团成员作现场陈述，现场评审团由党代表、人大代表、政协委员、生态环保领域专家、生态环保组织代表和各辖区居民代表组成，对 40 余家被考核单位逐一进行现场打分，避免政府既当"运动员"又当"裁判员"。此外，针对权重占比较高的推进生态文明建设重点工作、治污保洁工程等指标，实施专家评审，由城市规划、生态环保、工程建设等领域专家对各被考核单位的具体任务完成情况进行评估打分。引入公众参与的评审团制度后，生态文明建设考核对各单位的生态文明建设成效可以作出更加实事求是、客观公正、专业严谨的评价。

3. 向人居改善和民生需求倾斜

积极回应并不断满足民众日益强烈的环境诉求，是提升民众福祉、建设美丽中国的题中之义。深圳的生态文明建设考核，包括水、气、声等环境质量全部要素，将海绵城市建设、垃圾分类与减量、建筑废弃物治理等市政府重点工作也纳入考核，对于全面提升宜居环境发挥积极的作用。考核指标的设计充分体现了民生环境需求，公众满意度始终是权重最大的指标之一。考核实施过程中不断扩大公众参与考核的广度和深度，都体现了民生在深圳生态文明建设中沉甸甸的分量，确保了生态文明建设成果的最大受益者是广大市民。

2017 年以来，在考核指标权重方面，水环境质量的权重明显提高，有效推动了深圳市治水提质、黑臭水体治理的攻坚战。经过三年攻坚，深圳全市 159 个黑臭水体和自加压力整改的 1467 个小微黑臭水体全面消除黑臭[①]，在全国率先实现全市域消除黑臭水体目标，2020年获评全国黑臭水体治理示范城市。同时，五大河流考核断面水质全部达标，310条河流水质全面提升[②]，河流水质实现历史性突破。深圳市水上运动训练中心落户茅洲河，停办多年的龙舟赛重新开赛，大沙河生态长廊成为"让河流回归生活"的典范，一大批昔日的"臭水沟"蝶变为市民群众休闲娱乐的"打卡地"。在2022年度的考核实施方案中，又将"双碳"工作、生物多样性等国家最新决策部署设为具体指标，纳入考核落实。

（三）经验启示

1. 将增强人民群众获得感纳入制度设计目标

深圳市生态文明建设考核制度已成为推动生态环境保护、公众参与生态治理、绿色可持续发展的重要支撑。深圳通过不断探索实践，持续优化生态文明建设考核机制，实现了生态文明考核制度创新，为全国其他地方树立起制度经验。虽然生态文明的具体面貌不尽相同，但制度模式具有推广复制性，因此在全国加快推进生态文明制度建设中，可以借鉴"深圳模式"并在此基础上进行"升级改造"。在生态文明建设过程中，始终以人民为中心，将人民福祉放在首位，确保人民享受到生态文明建设成果；在制度设计时，将人民群众的满意度作为关键考核指标，突出人民获得感，让考核结果与群众的普遍认知保持一致；在确定考核目标时，将人民群众直观感受到的环境品质提升、污染治理成效、生态产品价值增加等作为基本考量，突出以民为本的核心导向。

---

① 深圳市人民政府关于2021年环境状况和环境保护目标完成情况的报告。

② 深圳市生态环境局：《2021年度深圳市生态环境状况公报》，2022年6月2日。

2. 将公众监督作为生态文明建设考核的重要程序

深圳以打造人与自然和谐共生的美丽中国典范为目标，把增进民生福祉作为检验先行示范区生态文明建设的基本量尺，积极推进市民群众参与到城市生态文明建设的整个过程，通过行使监督权，让公众参与监督政府的治理工作，对生态环境效果进行评价打分。在生态文明建设考核的实施过程中，应通过突出各领域公众的监督，让各类代表参与考核过程的检查、考核结果的评定以及考核意见的编制，体现群众评价在整个考核中的分量，将公众满意作为考核结果的决定性影响因素；通过公众评审制度促进公众参与，将裁判权交给广大人民群众，推动生态文明全面共建；通过"一票否决"情形，将公众监督作为考核是否能评定奖项的重要标准，形成了生态文明建设考核独特的"深圳模式"，值得全国推广学习。

3. 将人民日益增长的优美生态环境需要作为考核不断优化的出发点

生态文明是一个城市和区域发展水平、发展质量的标志。从环保实绩考核，到生态文明建设考核，深圳在不同阶段始终坚持在生态文明建设、生态环境保护上敢于动真格，并且收效显著，在推动经济高速发展的同时，实现了环境质量的稳步提升。生态文明建设考核应将人民群众最关心、最直接、最现实的利益问题优先作为考核内容，尤其是在高度城市化地区，城市高速发展导致噪声扰民、绿地侵占、水系退化等一系列城市生态环境问题日益凸显，考核指标、目标的设置应与市民需求紧密契合；应基于不同区域的自然禀赋特性、环境问题特征设置差异化考核评价指标，避免"一把尺子"量到底，充分反映不同区域人民群众的现实需求；应建立"刚性"考核制度保障体系，持续对政府考核内容、计分方式和权重进行调整和动态优化，以推进生态文明落地。

四、海南省：渔民变身"海上环卫员"

（一）案例背景

海洋垃圾污染是当前人类共同面临的严峻挑战。当前我国的海洋垃圾治理，社会主体参与程度往往有限，海洋垃圾治理的主体比较单一，建立和加强协同治理是我国构建海洋垃圾治理体系的突破点之一。作为海洋大省，海南近年来全面加强海洋垃圾特别是海洋塑料污染治理，海南省生态环境厅联合昌江黎族自治县人民政府在昌化渔港试行"渔船打捞垃圾"模式，通过建立"行政部门＋社区＋社会组织＋企业"共同参与机制，使渔民变身"海上环卫员"，参与海洋垃圾的打捞处置，提升全民海洋生态文明意识，逐步构建起海洋垃圾多元共治体系。

（二）主要做法及成效

1. 创新海洋存量垃圾治理方式，发动渔民参与

长期以来，海洋垃圾特别是塑料垃圾存量去除缺乏有效手段。渔民与海洋朝夕相处、唇齿相依，长时间在海上进行生产作业，渔船到达的海域广、撒网作业面积大且渔网能深入水体甚至海底，通过发动渔民参与打捞，海洋垃圾随着海流入网后，渔民将其收集上船，从而带离海域。在渔港选择上，一是考虑以家庭生计型渔船为主的渔港，作业方式利于捕获垃圾且方便上岸；二是考虑渔民多为当地居民且彼此联系紧密、社区居民生态环境意识相对较高、渔港和政府人员参与意愿较强的渔港，确保有较好的群众和社会基础。根据上述原则确定昌化渔港为首批试点渔港。选择有影响力的渔民作为首批"渔船打捞

垃圾"志愿者，颁发证书，从而带动其他渔民参与。

2. 建立衔接机制，形成工作链条

一是建立打捞与处置的协同衔接。与当地环卫部门及工作人员沟通，选择熟悉渔民生产生活的环卫人员配合渔民处置上岸垃圾，明确存储场所及转运步骤。海洋垃圾经渔民打捞分拣、环卫人员称重统计后，可回收部分由当地回收商回收再利用，不可回收部分进入环卫系统处置，收储垃圾的工具返还渔民重复利用，形成"渔民—渔船—渔港—回收利用"工作链条，实现海洋垃圾"去存量"。二是建立渔民社区与多元化社会主体的协同衔接。以昌化镇人民政府为代表的政府部门，以海南智渔可持续科技发展研究中心、海口市美兰区白沙门环保教育站等为代表的社会组织，以海南省环境科学研究院为代表的科研院所，以国家能源集团为代表的企业，联合昌化社区，通过科普宣教、提供免费环保垃圾袋等智力、物资及资金多种方式支持，充分动员社会力量参与，进一步丰富和巩固工作链条。

3. 建立激励机制，形成可持续模式

渔民是"渔船打捞垃圾"行动的核心主体，为持续调动渔民主动参与的积极性和热情，根据渔业社区的风俗习惯及渔民生产生活的实际需求，建立并不断完善"以精神激励为主，以物质奖励为辅"的激励机制。一是通过对渔民日常生活及出海作业关怀、对渔船打捞垃圾行动的持续宣传和报道，提升以渔民为主体参与者的成就感和获得感。二是通过对渔民参与积极性及打捞垃圾量进行评估，建立一套海洋垃圾减量积分制，定期开展积分兑换生活生产必备物资，通过物质奖励激发渔民的参与热情。

4. 加强宣传引导，以点带面提高社会参与度

及时总结试点经验，通过举办示范渔港渔船授旗仪式等多种形

式的现场活动、社区和校园宣讲等形式，不断扩大示范渔船队伍。定期开展工作总结，积极参加中欧对话、海洋日及海洋十年卫星活动等国内外研讨交流，邀请渔民代表演讲，分享"渔船打捞垃圾"行动成效。深入挖掘工作亮点，利用自媒体、地方和省级媒体及国家驻海南媒体等平台，加强对渔民先进事迹的宣传报道，累计公开报道113篇，"新渔夫与海的故事""'海洋猎人'让垃圾上岸"等故事在社会各界广泛传播，提高了社会对渔民参与海洋垃圾治理的认知度和认可度，引导各方社会力量参与到行动中来。

5. 海洋垃圾多元共治取得显著成效

"渔船打捞垃圾"行动实施一年多，从最初仅1艘渔船加入，增长至50艘渔船、近200名渔民，近30个社区、政府部门及各类社会群体直接参与海洋垃圾减量行动；从缝制渔船专用出海打捞垃圾袋的耄耋老人，到参与环保画展的在校儿童，参与海洋垃圾治理的社会范围不断扩大、力量不断增强。自行动开展以来，渔船累计打捞639次，垃圾种类主要以塑料碎片、塑料瓶、废弃蟹笼及废弃渔网为主，塑料类重量占比高达66%。

（三）经验启示

1. 充分发挥社会公众的力量

海南海洋垃圾多元共治体系试点工作，形成了从省、市县到镇村，从政府、渔民到社会机构等多方联动、常态化、动态化协同工作机制，逐步构建起以渔民为主体、社区及渔港等管理部门积极支持、环卫部门协同配合、社会组织广泛参与、媒体大力宣传推动的工作格局。海南探索的这一模式，注重调动社会公众的主观能动性，能充分发挥社会公众的力量，为其他地区构建生态文明多元共建提供了重要参考。

2. 注重成本效益的平衡

"渔民打捞垃圾"模式广度上覆盖较为全面，深度上能深入水体甚至海底，而且过程不产生额外油耗，不增加船舶燃油排放，其他物料成本及人力成本也非常低，又在制度设计中为参与者提供了精神和物质的双重奖励，起到了极大的激励作用。"渔船打捞垃圾"行动充分发挥了渔民的自主贡献作用，是绿色高效、可持续、可复制、可推广的海洋塑料垃圾去存量解决方案，也为其他地区开展生态环境治理全民行动提供了成本效益分析的案例参考。

3. 注重提升参与群体的生态文明意识

在试点工作持续推进过程中，海南相关部门通过宣传、激励等方式，不断深化广大渔民对海洋生态环境保护重要性的认识，并让参与者主动意识到自己可发挥的重要作用，公众的态度和行为逐渐发生转变。从最初的中立或者质疑到如今主动参与"渔船打捞垃圾"行动，从随手将垃圾丢向海里到积极践行"垃圾不落海"、主动打捞海洋垃圾，渔民的海洋生态环保主人翁意识不断提升，对海洋垃圾"减增量、去存量"起到重要作用。这启示我们，通过引导公众广泛参与、媒体宣传，可以感召更多公众身体力行开展生态文明建设，在更大尺度上促进生态文明意识的提升。

第八章

践行共谋全球生态文明建设

一、共建绿色"一带一路"

（一）绿色是"一带一路"的鲜明底色

"一带一路"已成为凝聚我国绿色发展共识、共享中国生态文明建设经验的重要途径，也在推动实现联合国 2030 可持续发展议程目标、共同应对气候环境挑战中持续发挥重要作用。

"一带一路"建设的绿色底色是必然选择。首先，"一带一路"共建国家主要为发展中国家，共建国家的人均 GDP 仅为世界平均水平的一半，部分地区仍处于工业化初期，贫困人口数量仍然较大，发展的需求强烈。其次，沿线部分国家能源禀赋相对高碳，有些国家发展方式落后，制造业和采矿业在经济中的占比较高，工业生产过程清洁化程度较差，能源利用效率较低。高碳的资源禀赋和偏重的产业结构使这些国家发展面临较大的生态环境风险和阻碍。最后，"一带一路"沿线主要国家的生态系统类型和生物物种多样，地理条件复杂且水资源紧张，气候和自然灾害脆弱性强。面临突出的生态问题和强烈的发展需求，只有通过绿色发展、高效地利用资源、提升应对气候和环境灾害的能力，才能实现可持续发展。

"一带一路"的绿色内涵逐渐丰满。习近平总书记2016年在推进"一带一路"建设工作座谈会上提到，"聚焦携手打造绿色丝绸之路"①。2017年在"一带一路"国际合作高峰论坛开幕式上他提出，"我们要践行绿色发展的新理念，倡导绿色、低碳、循环、可持续的生产生活方式，加强生态环保合作，建设生态文明，共同实现2030年可持续发展目标"②。2019年在第二届"一带一路"国际合作高峰论坛开幕式上，他进一步明确，"把绿色作为底色，推动绿色基础设施建设、绿色投资、绿色金融，保护好我们赖以生存的共同家园"③。2021年在博鳌亚洲论坛开幕式上，他提出将建设"更紧密的绿色发展伙伴关系，让绿色切实成为共建'一带一路'的底色"④。

（二）绿色"一带一路"建设成果丰硕

随着"一带一路"建设的走深走实和绿色内涵的不断深化，绿色"一带一路"建设已初现成效。2017年原环境保护部、外交部、国家发展改革委、商务部联合发布《关于推进绿色"一带一路"建设的指导意见》，正式提出建设绿色"一带一路"，并明确了绿色"一带一路"建设的初步思路，提出了发展方向和基本要求。

"一带一路"框架下的绿色多双边合作内容丰富。绿色"一带一路"建设囊括了生态环保项目、绿色基础设施、绿色能源、绿色投资、绿色金融等投融资、开发建设和经贸项目，也包含了绿色平台建

---

① 习近平：《总结经验 坚定信心 扎实推进 让"一带一路"建设造福沿线各国人民》，《人民日报》2016年8月18日第1版。
② 习近平：《携手推进"一带一路"建设——在"一带一路"国际合作高峰论坛开幕式上的演讲》，新华社，2017年5月14日。
③ 《习近平出席第二届"一带一路"国际合作高峰论坛开幕式并发表主旨演讲》，《人民日报》2019年4月27日第1版。
④ 习近平：《携手迎接挑战，合作开创未来》，《人民日报》2022年4月22日第2版。

设和绿色伙伴关系构建，以及区域绿色发展的秩序和规则建设及相关能力建设。截至 2022 年 3 月 23 日，中国已同 149 个国家和 32 个国际组织签署了 200 余份共建"一带一路"合作文件，不断深化与联合国环境规划署、联合国开发计划署、世界银行、二十国集团等国际机构和多双边组织的绿色领域的合作，澜湄环境合作中心、"中非合作论坛"等多双边平台建设不断深入，各类联盟和倡议也不断创立，例如，2019 年启动的"一带一路"绿色发展国际联盟和"一带一路"可持续城市联盟，以及 2021 年发起的《"一带一路"绿色发展伙伴关系倡议》和《"一带一路"绿色能源合作青岛倡议》。

　　基础设施成为绿色"一带一路"建设的重要领域。我国每年在"一带一路"共建国家可再生能源项目的投资超过 20 亿美元。2014—2018 年，中国企业以股权投资形式在"一带一路"共建国家建成的风电、光伏项目超过 127 万千瓦，通过设备出口方式参与建成的光伏项目装机超过 800 万千瓦。此外，中国企业将东南亚等国作为海外重要的光伏生产基地，形成了以越南、泰国、马来西亚等为代表的光伏生产集群，由中国企业投资的光伏组件工厂产能超过 100 万千瓦。为帮助黑山完成其作为欧盟候选国的气候承诺，国家电力投资集团有限公司与当地政府共同建设了莫祖拉风电项目，由 23 台中国制造的 2 兆瓦低风速风机构成。2017 年末开工后，一年内实现了首台机组并网，次年实现了工程竣工，每年可提供 1.1 亿千瓦时的零碳电力，贡献了约 5% 的黑山发电量，可为黑山减少约 3000 吨 / 年温室气体排放。在为克罗地亚建设佩列沙茨大桥的工程中，中国路桥公司严格按照欧盟要求，采取了多项绿色施工手段，包括以气泡幕的方式减少施工对海洋生物产生噪声影响，通过拦油坝、钻渣集中排放、废水 100% 回收等方式严格控制了海水污染。项目按照合同工期，于 2022 年初成功合龙。这座大桥的建设不仅将为当地居民提供通行便利，也将成为展示我国绿色建设能力的"广告牌"。

中国注重与共建国家共同提升区域绿色发展能力。中国与沿线各国共建"一带一路"生态环保大数据服务平台，收集了包括中国在内的 126 个国家的能源资源和环境生态数据、法律法规和行业政策、技术标准和绿色技术信息、环境保护和资源节约的优秀案例等相关信息，定期发布"一带一路"生态环保大数据分析报告，并共享了绿色联盟的相关研究成果，实现了信息的高效共享。"绿色丝路使者计划"是 2011 年启动的"中国—东盟绿色使者计划"的升级，惠及东盟及以外的 120 多个共建国家，超过 3000 人次完成培训，通过对接共建国家的产业需求，提供生态环保政策、标准等领域的经验，帮助其搭建更利于产业绿色发展的政策环境。2018 年 11 月，中、英机构一起发布了《"一带一路"绿色投资原则》，为"一带一路"项目投资防范生态环境风险提供了重要的指引。在绿色发展的相关领域，我国还通过"一带一路"框架协助全球环境治理：2017 年《联合国防治荒漠化公约》第十三次缔约大会上通过了《"一带一路"防治荒漠化合作机制》，推动"一带一路"共建国家携手开展荒漠化防治；"一带一路"应对气候变化南南合作计划中，为发展中国家累计安排了 12 亿元的投资并提供了技术和能力培训。随着各个领域工作的稳步推进，绿色发展伙伴关系更加紧密。

（三）经验启示

以基础设施互联互通，加强绿色"一带一路"建设。发挥我国在基建方面的优势，与"一带一路"共建国家一道挖掘清洁能源、绿色电力、公共交通、环保民生等领域的绿色发展新机遇。通过与共建国家绿色发展战略和绿色发展需求的对接，在增强我国企业绿色制造和绿色建设能力的同时，使我国绿色基础设施的建设理念、技术标准、建设和制造产能惠及共建国家，帮助其协调好经济发展、环境保护和民生改善的关系。

建立和完善对外绿色投融资体系。明确"绿色"项目覆盖范围，制定明确的目录清单和分类指南，实现中国与共建国家、国际社会绿色项目范围的"软联通"，支持引导"一带一路"绿色投资决策。践行绿色负责任投资理念，探索建立规范化、标准化和差异化的"一带一路"绿色投融资评估体系，为识别、评估和管理投资项目的生态环境风险提供量化标准。构建"一带一路"绿色投资金融支持体系，巩固亚投行、丝路基金、国家开发银行和中国进出口银行的融资规模，发掘和吸引其他多边合作机制和国际金融机构提供新增绿色融资，探索建立多元化主体的绿色投融资担保机构，鼓励社会资本提供绿色"一带一路"投融资。

分享绿色发展经验，提升理念认同，扩大绿色"朋友圈"。促进共建国家在顶层设计、污染防治、环境治理、生物多样性保护、应对气候变化和绿色低碳转型等关键领域的沟通交流和合作，以可再生能源、防沙治沙等中国优势产业、技术和政策为核心，推广中国绿色发展知识，为共建国家提供适应其发展阶段的参考经验。依托"一带一路"绿色发展国际联盟、"一带一路"生态环保大数据服务平台、"一带一路"绿色投资原则等多边合作机制，加强信息共享、推广最佳实践，吸引全球投资者共同参与，提升共建国家实现绿色发展的能力和信心。依托"一带一路"应对气候变化南南合作计划、绿色丝路使者计划等开展能力建设，帮助共建国家建立和完善绿色金融和投融资环境管理体系。

二、共建西南边境绿色长廊

（一）我国西南边境是生物多样性保护的重点地区

生物多样性保护越来越受到关注，成为全球环境治理的重要议题。20世纪中叶以来，生物多样性保护越来越受到人类的关注，涉及景观多样性、生态系统多样性、物种多样性、遗传多样性等多个方面，是全球生态安全和粮食安全的重要保障。基于《生物多样性公约》和自然保护地的连通性和生物多样性的跨区域保护需求，全球各国开展了多样的双边和多边合作保护活动，建立了跨境合作保护机制，全球约有33份国际环境协定涉及生物多样性保护，跨境自然保护区的数量不断增长，质量也在提升。

我国西南边境地区是全球生物资源种类最丰富的地区之一，亟须加强生物多样性保护。西南边境地区地形复杂、人口密度低，交通网络覆盖程度较低和经济发展水平较差也客观上保护了自然生态系统的完整性。根据Myers的定义，全球25个生物多样性热点地区中有4个分布于我国西南地区；10个受威胁最高的热点地区中，有2个与我国西南地区相关，分别为喜马拉雅地区和印缅越泰中走廊。根据《中国生物物种名录》2021版统计，云南省内共有11614个动物物种和19957个植物物种，分别占全国的19.3%和43.6%。中缅边境地区的高黎贡山自然保护区，就被誉为"世界物种基因库""最后的生物多样性保护"，是700多种动物和1690多种昆虫的栖息地。

（二）我国西南地区与边境国家开展了多层级、多方式的生物多样性保护工作

近年来，随着我国对生物多样性保护的重视程度不断增加，技术

水平和管理能力不断提升，与周边国家开展的合作范围不断扩展，跨境生物多样性保护取得了长足进展。

1. 以地方立法保障跨境生物多样性保护工作的稳定性

2018 年，云南省通过了我国首部生物多样性保护领域的专门地方性法规——《云南省生物多样性保护条例》，其中明确支持开展国际合作并建立跨境保护合作机制，通过建立跨境的生态廊道，保护生态系统的完整性和连通性。同时，推动建立了相关的政府规章——《西双版纳傣族自治州遗传资源及其相关传统知识获取与惠益分享暂行办法》，推动保护生物多样性、实施遗传资源及其相关传统知识获取与惠益分享。这些地方法律和规章的制定得到了来自全球环境基金的支持。

2. 共建生物多样性保护和研究机构

2015 年，中国科学院成立东南亚生物多样性研究中心，由中国科学院国际合作局主管，中国科学院西双版纳热带植物园牵头，中缅多家研究机构参与，聚焦中缅及其他东南亚国家生物多样性保护、生物资源可持续利用，开展联合科学研究并提供技术服务。自 2014 年以来，共开展 9 次中缅联合生物多样性野外科考，共发现发表了动植物新种 53 个，并发现了白腹鹭、孟加拉虎、云豹等珍稀濒危物种的踪迹，极大丰富了对中缅自然保护区动植物情况的了解，对完善中缅动植物名录、开展生物多样性保护具有积极意义。除此之外，东南亚生物多样性研究中心还协助启动了东南亚生物多样性信息平台，开展了 28 个区域性国际合作项目，为东南亚国家培训科技人才近 200 人次。

3. 联合执法打击贩卖野生动植物，合作开展森林火灾防控工作

边境地区民族众多，地理条件复杂，管理难度较大，偷捕盗猎、偷砍盗伐等活动频繁。为此，云南与缅甸、老挝等国共同制定了打击犯罪的地方条例，确定了非法交易的商品名单，联合开展打击犯罪的专项行动。2020年的专项行动中，共破获、查处各类野生动物资源违法犯罪案件8356起，打处违法犯罪人员7680人，缴获野生动物196018头（只），全部涉案价值3.2亿余元，有效保护了云南省90%的典型生态系统和85%以上的重要物种，取得了较好的成效。1999—2018年，云南共发生过境火灾51起，占全国总量的39%。为了应对森林火灾，国家森林消防局专门在云南设立了森林消防总队跨国（境）救援队，同时向老挝和缅甸捐赠森林防火消防车以提升其防火能力；云南省各级政府部门也与缅甸北部政府部门开展了森林火灾防控合作，开展森林火灾预防能力提升、森林防火知识联合宣传、火情通报、合作扑救森林火灾、定期会谈会晤等工作，边境民间合作也相当广泛，取得了一定的效果。

4. 建立跨境生物多样性保护区，提升生态保护和修复能力

大湄公河次区域森林资源丰富，是野生动物保护的热点区域。2005年，我国与部分东盟国家共同签署了大湄公河次区域经济合作框架，分别建立了生物多样性廊道。其后，在亚洲开发银行的支持下，云南联合广西依托于大湄公河次区域核心环境项目建立了生物多样性跨境保护区域，在林业管理、动物保护等领域开展了广泛的合作。2014年，亚太森林组织实施了老挝北部森林可持续经营示范项目，在老挝南塔保护区与中国西双版纳自然保护区开展生物多样性联合保护，开展了珍稀物种调查、联合巡护和跨境林火监测与预防等活动，取得了良好的效果。同年，中缅联合保护区项目纳入了"一带一路"国家战略规划。原国家林业局于2017年开始实施大湄公河次区域森林生态系统综合管理规划与示范项目，结合我国森林生态系统治理的成功经验，稳步推进大湄公河次区域森林生态系统综合规划、林区水资源管理、综合管理能力建设、林区发展与生计等活动。

5. 通过培训和信息平台搭建，提升生物多样性保护的基础能力

云南省通过国际合作开展了广泛多样的培训，并建立了生物多样性信息分享平台。2017 年分别完成了"中国云南省—老挝南塔省环境保护交流合作技术援助项目"和"琅勃拉邦省自然资源与环境厅能力建设项目"，加强了云南省与老挝南塔省、琅勃拉邦省的环境交流与合作，提升了老挝当地政府的环境治理和生物多样性保护的能力。2020 年，亚太森林组织与云南省共同启动了"普洱森林可持续经营示范暨培训基地项目"，依托万掌山林场，进行相关国家的人员培训和交流，推动区域性森林恢复。在"一带一路"绿色发展国际联盟的组织下构建起的"一带一路"生态环保大数据服务平台，已纳入 100 多个国家的生物多样性相关数据。云南省还基于在滇的研究机构、平台资源为"绿色丝路使者计划"提供了涉及生物多样性的培训。

6. 联合组织会议论坛，进行知识分享和交流

云南省举办了多种多样的会议和论坛，聚焦森林资源保护、生物多样性保护、水环境治理、可持续发展、应对气候变化等公共议题，进行了知识分享和交流，同时还针对具体区域，如高黎贡山国家级自然保护区等中缅北段区域、澜沧江—湄公河流域等，开展了针对性的对话和论坛。

（三）经验启示

1. 进一步完善法律政策体系，督促相关方案的落实

完善国内空间规划、空间利用和保护、监管等方面的法律制度，加快建立生物多样性保护、野生动物保护、野生植物保护、自然保护地、生物遗传资源保护等一系列的法律系统，各地根据当地生物资源特性，研究制定相应的地方法规。制定国家和各省的生物多样性保护的战略与规划，以及配套的专项领域行动计划，甄选并确定生物多样性保护的重大重点工程。健全自然保护地生态保护补偿制度，完善生态环境损害赔偿制度，健全生物多样性损害鉴定评估方法和工作机制，完善打击野生动植物非法贸易制度。建立和优化生物多样性跨境区域保护机制，并在《中华人民共和国生物安全法》《中华人民共和国森林法》等现有法律中加以明确，并通过设立政府间跨境保护共管委员会等方式加强符合两国或区域法律的规则制度建设。进一步推动全球生物多样性保护公约的谈判和实施，推动相关倡议的执行和落实。加大执法和监督力度，严格落实责任追究制度。

2. 继续开展多层级、多领域的合作，提升各方生物多样性保护的能力

继续在国家、区域以及地方政府层面开展多双边交流，重点在"一带一路"框架下建立合作交流机制，并提供符合发展中国家发展需求的各种援助和能力建设的支持。继续举行"澜沧江—湄公河环境合作圆桌对话""跨境生物多样性联合保护交流年会"等会议开展交流。通过"生物多样性与生态保护合作计划"等多种合作项目，提供技术援助和支持以建立生物多样性跨境保护人才队伍，定期开展生态监测并组织科研专家实地考察跨境生态系统，开展跨境生态环境恢复试点，明确跨境区域生物多样性提升目标。以生物多样性跨境保护区为主要抓手，依托专业性组织，开展联合保护实践。

3. 加强生物多样性保护宣传，以鲜活的地方实践案例讲好"中国故事"

以多种媒介手段和形式加大对生物多样性的宣传，利用好"世界环境日""世界地球日""国际生物多样性日""世界湿地日""防治荒漠化日""国际森林日"等重要时间节点，在全国范围内开展生物多样性保护知识进校园、进社区、进机关、进展馆的活动，将生物多样性保护作为义务教育中的一项知识，写入课本。遴选一批具有鲜明地方特色的生物多样性保护案例、人物和故事，进行文艺创作并加以宣传，讲好"中国故事"。

三、中蒙联合防治荒漠化

（一）中国在防治荒漠化中积累了大量经验并取得显著效果

受工业化和战争影响，全球多个国家和地区的自然生态受到破坏，土壤侵蚀、水土流失、草原退化和土地荒漠化现象严重，土地荒漠化在 20 世纪已成为人类关注的对象。城市化、气候变化和人类饮食结构的变化正在对土地资源产生巨大的压力，全球范围内 56.7 亿公顷的土地正在不同程度地退化，其中约 29% 的退化是由人类活动直接引起的。20 世纪初，"荒漠化（desertification）"首次由法国提出，1977 年联合国防治荒漠化会议（UNCOD）的召开和 1994 年《联合国防治荒漠化公约》（UNCCD）的签署，共有 197 个缔约方，标志着全球荒漠化治理进入了有章可循的新阶段。针对全球范围内日趋扩大的土地劣化和退化问题，在公约框架下，2007 年宣布 2010 年至 2020 年为联合国荒漠与防治荒漠化十年战略规划，并设立《2018—2030 年战略框架》。

中国是世界荒漠化最严重的国家之一，根据第五次全国荒漠化和沙化监测结果，全国荒漠化土地的面积为 261.16 万平方千米，沙化土地面积为 172.12 万平方千米，每年因荒漠化问题造成的直接经济损失超过 640 亿元，近 4 亿人直接或间接受到荒漠化问题的影响。经过 70 年的努力，自"三北"防护林工程的谋划至今，中国的荒漠化防治工作取得了显著的成效，土地净恢复面积全球占比 18.24%，位居世界第一，总体呈现整体遏制、持续缩减、功能增强、成效明显的良好态势。在取得成绩的同时，也积累了大量经验，我国在国际荒漠化治理当中的角色，也由受援国向援助国转变，通过打造平台、推广技术、构建体系和提供援助等 4 种方式，为全球荒漠化防治贡献力量。

（二）从打造平台、推广技术、构建体系和提供援助四方面贡献中国智慧

通过搭建平台和提供经验推动全球荒漠化防治。基于"一带一路""中非合作论坛""中国—阿拉伯国家合作论坛""中国—中东欧国家合作平台"等国际平台，建立双边或区域的合作机制，2017 年《联合国防治荒漠化公约》第十三次缔约大会上通过了《"一带一路"防治荒漠化合作机制》，推动"一带一路"共建国家携手开展荒漠化防治；自 2005 年起，中国生态环境部、国家林业和草原局及科研院所通过举办防沙、治沙技术研修班，共培训来自非洲、中亚、中东等地区的 100 多个国家、3000 多名学员，向遭受荒漠化威胁的发展中国家展示了中国的荒漠化防治技术，传播和推广了成熟的流沙固定与风沙灾害防治技术与理念；积极参与构建全球荒漠化防治体系，我国在建立了成熟的法律和政策体系的同时，也积极参与全球荒漠化防治的治理工作，多次担任《联合国防治荒漠化公约》科技委员会主席、缔约方大会主席等职务，支持加强区域履约机制和科学技术支撑体系，提出设立世界荒漠化和干旱日国际主题、全球防治目标等。

以中蒙联合治沙为例。中蒙同为土地荒漠化严重的国家，也都

是《联合国防治荒漠化公约》缔约国。不合理的超限放牧和矿产采挖加剧了蒙古国本就脆弱的生态系统的退化，导致 76.8% 的国土面临荒漠化威胁，90% 的草场存在不同程度荒漠化。2002 年 1 月蒙古国时任总理恩赫巴亚尔访问中国时提出希望两国有关部门加强合作、共同防治沙尘暴，双方签署了相关协议。2002 年中、日、韩三国与蒙古国一道对蒙古东南部荒漠—草原区开展过联合研究，搭起了"中日韩 + 蒙"东北亚沙尘暴联防联控合作架构；2003 年，中、蒙、日、韩四国建立了区域荒漠化监测和沙尘暴预警体系，我国政府向蒙古国捐赠两座沙尘暴监测站；2007 年，中国科学院与蒙古国就荒漠化防治展开了合作研究；2011 年，中、韩、蒙成立了东北亚荒漠化、土地退化和次区域与网络的合作机制，2011 年和 2013 年，联合国亚太经社会与中国国家林业局治沙办、林科院联合主办了"蒙古国防沙治沙技术研修班"和"蒙古国荒漠化防治培训班"，为蒙方提供技术培训课程和实地调研；2016 年，中、俄、蒙三国签署了《建设中蒙俄经济走廊规划纲要》，加强生态环保合作是其中一项重要内容，重点研究建立信息共享平台的可能性，开展生物多样性、自然保护区、湿地保护、森林防火及荒漠化领域的合作。中国在蒙古国布尔干省建立的固沙示范区经受住了 2021 年春蒙古国大范围沙尘暴的考验，固沙效果显著。

（三）经验启示

积极参与构建全球荒漠化防治体系，充分利用国际平台提升区域生态治理效能。积极参加国际荒漠化领域的重要会议、谈判和磋商，强化多边话语权，发出中国声音。充分利用联合国防治荒漠化公约平台，进一步加强国际交流合作特别是"一带一路"防治荒漠化国际合作，积极联合日、韩等国，加快推动包括中、蒙在内的东北亚地区沙尘暴监测网络建设，尽早建立东北亚沙尘暴联防联控合作机制，尽快实现沙尘暴监测信息和数据共享。借鉴国际立法做法，积极探索制定针对沙尘暴防治的专门双边或多边协定，推进区域荒漠化防治合作的法制化，在法律层面明确缔约方所应承担的责任和义务，以确保各方合作切实有效。积极开展区域性生态系统治理示范区建设，借鉴我国毛乌素等沙漠治理成功经验，科学实施规模化防沙治沙、沙化土地封禁保护、防沙治沙综合示范，探索建立草原生态智慧管理系统，促进沙区生态系统正向演进，促进周边国家大规模开展生态保护修复和治理。

以治沙经验推动生态文明建设经验"走出去"，树立我国负责任大国的形象。我国防沙治沙领域的技术已经达到全球领先水平，联合国荒漠化防治最佳模式汇编多次收录了"中国经验"和"中国模式"，中国的防沙治沙已成为全球典范。以防沙治沙议题为引领，推动生态文明领域的政府、民间和企业、科研机构的全球性合作，支持更多"中国经验"和"中国模式"走出去，传播生态文明理念。

参考文献

[1] 马克思恩格斯文集[M].北京：人民出版社，2009.

[2] 恩格斯.自然辩证法[M].北京：人民出版社，2018.

[3] 马克思，恩格斯.共产党宣言[M].北京：人民出版社，2018.

[4] 习近平.习近平谈治国理政（第四卷）[M].北京：外文出版社，2022.

[5] 习近平.习近平谈治国理政（第三卷）[M].北京：外文出版社，2020.

[6] 中央党校采访实录编辑室.习近平在上海[M].北京：中共中央党校出版社，2022.

[7] 中央党校采访实录编辑室.习近平在福建[M].北京：中共中央党校出版社，2021.

[8] 中央党校采访实录编辑室.习近平在浙江[M].北京：中共中央党校出版社，2021.

[9] 中央党校采访实录编辑室.习近平在福州[M].北京：中共中央党校出版社，2020.

[10] 中央党校采访实录编辑室.习近平在厦门[M].北京：中共中央党校出版社，2020.

[11] 中央党校采访实录编辑室.习近平在宁德[M].北京：中共中央党校出版社，2020.

[12] 中央党校采访实录编辑室.习近平在正定[M].北京：中共中央党校出版社，2019.

[13] 中央党校采访实录编辑室.习近平的七年知青岁月[M].北京：中共中央党校出版社，2017.

[14] 本书编写组.梁家河[M].西安：陕西人民出版社，2018.

[15] 本书编写组.当好改革开放的排头兵——习近平上海足迹[M].上海：上海人民出版社，2022.

[16] 本书编写组.干在实处 勇立潮头——习近平浙江足迹[M].杭州：浙江人民出版社，2022.

[17] 本书编写组.闽山闽水物华新——习近平福建足迹[M].福州：福建人民出版社，2022.

[18] 习近平.摆脱贫困[M].福州：福建人民出版社，1992.

[19] 习近平.之江新语[M].杭州：浙江人民出版社，2007.

[20] 习近平.知之深 爱之切[M].石家庄：河北人民出版社，2016.

[21] 碳达峰碳中和工作领导小组办公室，全国干部培训教材编审指导委员会办公室.碳达峰碳中和干部读本[M].北京：党建读物出版社，2022.

[22] 习近平.干在实处 走在前列：推进浙江新发展的思考与实践[M].北京：中共中央党校出版社，2006.

[23] 习近平.论坚持人与自然和谐共生[M].北京：中央文献出版社，2022.

[24] 习近平.论"三农"工作[M].北京：中央文献出版社，2022.

[25] 习近平.论把握新发展阶段、贯彻新发展理念、构建新发展格局[M]. 北京：中央文献出版社，2021.

[26] 习近平.论中国共产党历史[M]. 北京：中央文献出版社，2021.

[27] 新华社国内新闻编辑部.习近平经济思想的生动实践述评[M].北京：新华出版社，2022.

[28] 中共中央宣传部.习近平新时代中国特色社会主义思想学习问答[M].北京：学习出版社，2021.

[29] 中共中央文献研究室.习近平关于社会主义生态文明建设论述摘编[M].北京：中央文献出版社，2017.

[30] 中共中央宣传部，国家发展和改革委员会.习近平经济思想学习纲要[M].北京：人民出版社，2022.

[31] 习近平. 共谋绿色生活，共建美丽家园——在2019年中国北京世界园艺博览会开幕式上的讲话[J]. 中华人民共和国国务院公报，2019（13）：13-14.

[32] 习近平. 共同构建地球生命共同体——在《生物多样性公约》第十五次缔约方大会领导人峰会上的主旨讲话[J]. 中华人民共和国国务院公报，2021（30）：9-10.

[33] 习近平. 在深入推动长江经济带发展座谈会上的讲话[N]. 人民日报，2018-06-14（002）.

[34] 习近平. 推动我国生态文明建设迈上新台阶[J]. 求是，2019（3）：4-19.

[35] 中央党史和文献研究院. 中国共产党党史[M]. 北京：人民出版社、中共党史出版社联合出版，2021：第十章第二节.

[36] 陆昊. 全面提高资源利用效率[N]. 人民日报，2021-01-15（009）.

[37] 孙金龙. 我国生态文明建设发生历史性转折性全局性变化[N]. 人民日报，2020-11-20（009）.

[38] 李干杰. 坚决打好打胜污染防治攻坚战[N]. 人民日报，2020-01-16（009）.

[39] 陈沸宇等. 坚定不移走生态优先、绿色发展的现代化道路[N]. 人民日报，2021-10-24（001）.

[40] 中华人民共和国国务院新闻办公室. 中国应对气候变化的政策与行动[N]. 人民日报，2021-10-28（014）.

[41] 中华人民共和国国务院新闻办公室. 中国的生物多样性保护. [EB/OL]. http：//www. scio. gov. cn/ztk/dtzt/44689/47139/index. htm，2021-10-09/2022-6-20.

[42] 罗兰. 生态优先 和谐发展[N]. 人民日报海外版，2021-07-01（009）.

[43] 崔书红. 加强生态保护监管，建设生机勃勃的美丽家园[EB/OL]. https：//www. mee. gov. cn/zcwj/zcjd/202111/t20211122_961213. shtml，2021-11-22/2022-06-20.

[44] 中华人民共和国国务院新闻办公室. 国新办举行2021年生态文明贵阳国际论坛新闻发布会[EB/OL]. http：//www. scio. gov. cn/xwfbh/xwbfbh/wqfbh/44687/46157/index. htm，2021-07-07/2022-06-20.

[45] OECD. Towards Green Growth： A Summary for Policy Makers[R]. 2011.

[46] World Bank. Inclusive Green Growth： The Pathway to Sustainable Development [R]. 2012.

后　记

　　为深入学习贯彻习近平生态文明思想，2020年10月，国务院发展研究中心党组批准资源与环境政策研究所设立习近平生态文明思想研究室，要求将其建设成为习近平生态文明思想理论研究、政策研究、实践经验总结和对外交流传播的重要平台，并通过学习不断提高为中央提供生态文明领域决策服务的水平。2021年，国务院发展研究中心党组设立"习近平生态文明思想的深刻内涵和丰富实践研究"重点课题，对习近平生态文明思想的理论内涵、重大实践和典型案例开展系统研究。本书是国务院发展研究中心该项重点课题的集体成果。国务院发展研究中心原党组书记马建堂高度重视课题研究，担任本书主编，确定研究总体框架和主要思路，并为本书作序。国务院发展研究中心副主任隆国强带领课题组深入学习、深入调研，指导课题组总结和提炼观点，并为本书作序。

　　来自国务院发展研究中心资源与环境政策研究所、办公厅（人事局）、公共管理与人力资源研究所的研究人员组成课题组（成员名单附后），大家认真学习习近平生态文明思想，悉心钻研，开展讨论交流，深入实地考察，致力于学深悟透、准确把握习近平生态文明思想的深刻内涵和精神实质，并学以致用，自觉用习近平生态文明思想指导相关决策咨询研究工作。

课题组成员按照分工认真完成课题报告，在课题报告基础上提炼编撰成此书。全书主体内容共分为三篇，所有内容都在课题研究中进行了多次讨论，体现了大家共同学习和研究习近平生态文明思想的成果，各篇内容主要执笔人如下。

第一篇包括导言和两章内容。导言由高世楫执笔。第一章系统论述习近平生态文明思想的内涵，每节执笔人分别为：高世楫和王海芹、谷树忠和杨艳、李佐军和俞敏、高世楫和王海芹、谷树忠和杨艳、常纪文和吴平、高世楫和李维明、郭焦锋和李继峰。第二章由王海芹和黄俊勇执笔。

第二篇包括导言和八章内容。导言由王海芹执笔，第一章由张辉和徐越执笔，第二章由王海芹和黄俊勇执笔，第三章由常纪文和吴平执笔，第四章由杨艳和高世楫执笔，第五章由陈健鹏执笔，第六章由李继峰执笔，第七章由李维明执笔，第八章由杨艳和谷树忠执笔。

第三篇包括导言和八章内容。导言由吴平执笔，第一章由李维明和黄俊勇执笔，第二章由吴平和王亦楠执笔，第三章由李继峰、俞敏、吴平、吕红执笔，第四章由陈健鹏和洪涛执笔，第五章由杨艳执笔，第六章由吴平执笔，第七章由黄俊勇、吴平、王海芹执笔，第八章由韩雪和李维明执笔。海南省生态环境厅、广东省深圳市生态环境局、湖南省宁乡市人民政府、浙江省丽水市发展改革委、浙江省安吉县人民政府等单位为案例材料的收集提供了大量帮助。

课题协调和全书统稿由高世楫、王海芹、李维明、吴平、黄俊勇完成。资源与环境政策研究所焦晓东、熊小平、牛雄为全书形成做出贡献。中国科技战略咨询研究院苏利阳副研究员、福建省旅游发展集团有限公司杜悦悦博士也为本书的完善提出宝贵意见和建议。中国发展出版社社长王忠宏、总编辑梁仰椿等领导同志及相关人员，对全书的出版、校正、完善，做出大量周到的考虑和安排。

学习、研究、传播习近平生态文明思想是一项长期重大的政治任务和研究任务。我们将以"功成不必在我、功成必定有我"的使命和担当精神，持之以恒学深悟透习近平生态文明思想，并力争把习近平生态文明思想所蕴含的立场、观点、方法转化为思想上的自觉，全心全意做习近平生态文明思想的坚定信仰者、深入研究者和忠实传播者。

国务院发展研究中心"习近平生态文明思想的深刻内涵和丰富实践研究"课题组

课题顾问

马建堂　国务院发展研究中心原党组书记、研究员

隆国强　国务院发展研究中心党组成员、副主任、研究员

课题负责人

高世楫　国务院发展研究中心资源与环境政策研究所所长、习近平生态文明思想研究室主任、研究员

课题协调人

王海芹　国务院发展研究中心资源与环境政策研究所习近平生态文明思想研究室常务副主任、研究员

李维明　国务院发展研究中心资源与环境政策研究所资源政策研究室主任、研究员

吴　平　国务院发展研究中心资源与环境政策研究所气候政策研究室主任、研究员

课题组成员

高世楫　国务院发展研究中心资源与环境政策研究所所长、习近平生态文明思想研究室主任、研究员

张　辉　国务院发展研究中心办公厅（人事局）主任（局长）

李佐军　国务院发展研究中心公共管理与人力资源研究所党支部书记、副所长、研究员

常纪文　国务院发展研究中心资源与环境政策研究所副所长、研究员

郭焦锋　国务院发展研究中心资源与环境政策研究所副所长、研究员

谷树忠　国务院发展研究中心资源与环境政策研究所三级职员、研究员、全国政协委员

王海芹　国务院发展研究中心资源与环境政策研究所习近平生态文明思想研究室常务副主任、研究员

李维明　国务院发展研究中心资源与环境政策研究所资源政策研究室主任、研究员

洪　涛　国务院发展研究中心资源与环境政策研究所能源政策研究室主任、高级经济师

陈健鹏　国务院发展研究中心资源与环境政策研究所环境政策研究室主任、研究员

吴　平　国务院发展研究中心资源与环境政策研究所气候政策研究室主任、研究员

李继峰　国务院发展研究中心资源与环境政策研究所能源政策研究室副主任、研究员

熊小平　国务院发展研究中心资源与环境政策研究所气候政策研究室副主任、研究员

王亦楠　国务院发展研究中心资源与环境政策研究所研究员

牛　雄　国务院发展研究中心资源与环境政策研究所研究员

杨　艳　国务院发展研究中心资源与环境政策研究所副研究员

俞　敏　国务院发展研究中心资源与环境政策研究所副研究员

韩　雪　国务院发展研究中心资源与环境政策研究所副研究员

焦晓东　国务院发展研究中心资源与环境政策研究所高级经济师

郝春燕　国务院发展研究中心资源与环境政策研究所高级经济师

徐　越　国务院发展研究中心办公厅（人事局）综合与法规处（新闻办公室）副处长（副主任）、副研究员

吕　红　重庆社会科学院（重庆市人民政府发展研究中心）生态与环境资源研究所副所长、研究员，国务院发展研究中心"西部之光"访问学者

黄俊勇　福建省平潭综合实验区自然资源服务中心事业干部，国务院发展研究中心资源与环境政策研究所挂职干部